FOM-Edition

FOM Hochschule für Oekonomie & Management

Weitere Bände in dieser Reihe
http://www.springer.com/series/12753

Hans-Dieter Schat

Erfolgreiches Ideenmanagement in der Praxis

Betriebliches Vorschlagswesen und Kontinuierlichen Verbesserungsprozess implementieren, reaktivieren und stetig optimieren

Hans-Dieter Schat
FOM Hochschule für Oekonomie &
Management
Stuttgart, Deutschland

FOM-Edition
ISBN 978-3-658-14492-0 ISBN 978-3-658-14493-7 (eBook)
DOI 10.1007/978-3-658-14493-7

Die Deutsche Nationalbibliothek verzeichnet diese Publikation in der Deutschen Nationalbibliografie; detaillierte bibliografische Daten sind im Internet über http://dnb.d-nb.de abrufbar.

Springer Gabler

Lektorat: Angela Meffert

Gedruckt auf säurefreiem und chlorfrei gebleichtem Papier

Springer Gabler ist Teil von Springer Nature
Die eingetragene Gesellschaft ist Springer Fachmedien Wiesbaden GmbH
Die Anschrift der Gesellschaft ist: Abraham-Lincoln-Str. 46, 65189 Wiesbaden, Germany

Vorwort

Dieses Buch richtet sich an zwei Zielgruppen:

- Unternehmen, die ein Ideenmanagement aufbauen wollen (oder – etwa aufgrund von Druck durch Betriebsrat oder Kunden – ein Ideenmanagement aufbauen müssen).
- Unternehmen, in denen das Ideenmanagement eingeschlafen ist, nicht gelebt wird oder aus anderen Gründen nach einem neuen Ansatz verlangt.

Entsprechend werden zunächst die betriebswirtschaftlichen und juristischen Grundlagen dargestellt. Eine Anleitung zum Aufbau eines Ideenmanagements folgt in Kap. 2, von der Analyse der Ausgangssituation über das Projektmanagement bis zum Controlling des Ideenmanagements.

In Kap. 3 werden typische Problemsituationen eines in die Jahre gekommenen Ideenmanagements dargestellt und Lösungsmöglichkeiten aufgezeigt. Die Leitfrage lautet: Wie kann das Ideenmanagement kontinuierlich verbessert werden? Weiterhin werden die „Stellschrauben" für ein erfolgreiches Ideenmanagement vorgestellt. Dabei kann der Autor auch auf die Ergebnisse der Erhebung „Erfolgsfaktoren im Ideenmanagement. Studie 2016" zurückgreifen, die mit Daten von über 100 Unternehmen die größte aktuelle empirische Erhebung zum Ideenmanagement ist und an der der Autor von der Konzeption an beteiligt war.

Querschnittsthemen wie die Organisation von Ideenkampagnen, die Auswahl geeigneter Software oder die Schnittstelle zum Innovationsmanagement werden in Kap. 4 eingehend dargestellt.

Damit ergibt sich die Struktur des Buches, die folgende Abbildung zeigt:

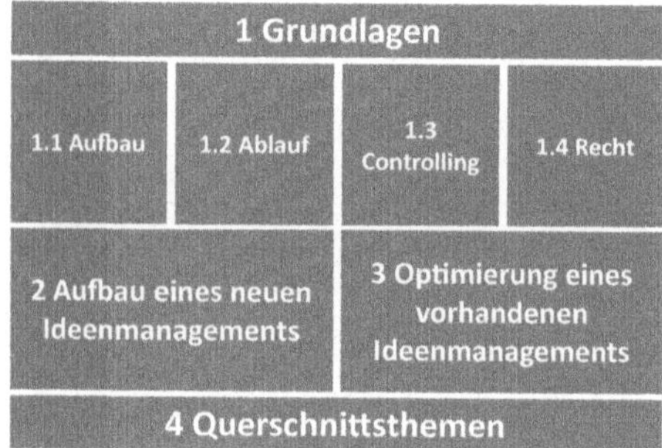

Viele Menschen haben mich in den rund 30 Jahren begleitet, die ich mich nun als Einreicher, Gutachter, Führungskraft, Beauftragter für das Betriebliche Vorschlagswesen und als Wissenschaftler, Autor und Vortragender mit dem Ideenmanagement beschäftige.

Hans-Rüdiger Munzke, Inhaber des Ingenieurbüros IdeenNetz, gab auch bei diesem Buchprojekt wichtige Informationen und Hinweise – herzlichen Dank für die langjährige berufliche Freundschaft!

Konrad Beer, Geschäftsführer der IMB Consulting, machte mich mit den rechtlichen Regelungen in Österreich vertraut und fördert seit Jahrzehnten die Erhebung von Kennzahlen und Statistiken für das Ideenmanagement im deutschsprachigen Raum.

Dr. rer. pol. Olaf J. Böhme, Verbandspräsident von IDEE-SUISSE®, der Schweizerische Gesellschaft für Ideen- und Innovationsmanagement, informierte zum rechtlichen Rahmen des Ideenmanagements in der Schweiz.

Thomas Haumann gab Einblicke in erfolgreiches Ideenmanagement einer Bank, also einer Branche, die traditionell nicht unbedingt mit „Ideenmanagement“ in Verbindung gebracht wird.

Christiane Kersting vernetzt seit 30 Jahren Ideenmanager – ohne ihr Engagement wäre das Ideenmanagement im deutschsprachigen Raum nicht das, was es heute ist.

Nils Landmann hat die „Erfolgsfaktoren – Studie 2016“ initiiert und Einsichten aus seiner Berater- und Software-Expertise beigesteuert.

Mit Markus Lehleiter konnte ich team-/communitybasiertes Ideenmanagement diskutieren.

Wilfried Peters hat eindrucksvoll mit einem Turnaround im Ideenmanagement gezeigt, dass er kluge Gedanken zum Ideenmanagement nicht nur äußern, sondern auch umsetzen kann.

Prof. Dr. Thomas Abele, Nils Landmann und Kerstin Specht haben frühe Versionen des Manuskripts gegengelesen und ausführlich kommentiert, besten Dank für viele hilfreiche Impulse.

Auf Konferenzen, Workshops und anderen Veranstaltungen konnte ich mich mit vielen Ideenmanagern austauschen: Diese Vernetzung unter den Ideenmanagern ist eine große Stärke der „Zunft"! Möge sie sich ausbreiten und lange erhalten bleiben.

Ich danke der FOM Hochschule für Oekonomie & Management, insbesondere Herrn Professor Thomas Heupel, für die Aufnahme des Buches in die FOM Edition und Herrn Dipl.-jur. Kai Enno Stumpp für die Begleitung während des Erstellungsprozesses.

Die Verantwortung für alle Fehler und Unzulänglichkeiten bleibt selbstverständlich bei mir – und ich freue mich über alle Hinweise, die zu einer kontinuierlichen Verbesserung beitragen (Hans-Dieter.Schat@fom.de).

Inhaltsverzeichnis

1 Betriebswirtschaftliche Grundlagen und juristischer Rahmen

Dieses Kapitel beantwortet zwei Fragen, die am Beginn jedes Buches stehen: Warum dieses Thema? Und: Worum genau geht es? Konkret geht es also um die Motivation für Ideenmanagement und um die Definition der wichtigsten Begriffe.

Anschließend wird die Grundstruktur von Ideenmanagement vorgestellt sowie

- die Grundstruktur beim Einführen von Ideenmanagement und
- die Grundstruktur beim Optimieren eines bestehenden Ideenmanagements.

Abschließend folgen die beiden Kern-Unterkapitel: Die betriebswirtschaftlichen und die juristischen Grundlagen.

1.1 Motivation

> Ideen liegen ja quasi überall herum, sie werden vor jedem Kaffeeautomaten diskutiert. Sie sind so zahlreich wie Häuser in einer Stadt. Aber „Idee + Herzblut" im Gesamtpaket gibt es selten!
>
> Man braucht sehr viel Energie für Innovationen, weil sie sich ja durchsetzen müssen – am Markt, gegen das Althergebrachte, gegen Anfeindungen und Zweifler, gegen anachronistische Bestimmungen und Bedenkenträger aller Art (Dueck 2013, S. 9).

Gunter Dueck, die „Wild Duck" der Innovation, bringt es gleich zu Beginn seines Buches „Das Neue und seine Feinde" auf den Punkt: Ideen schön und gut – aber wir müssen sie managen, damit sie tatsächlich zu Innovation führen. Ideen ohne Management sind nett, aber nutzlos.

H.-D. Schat, *Erfolgreiches Ideenmanagement in der Praxis*, FOM-Edition,
DOI 10.1007/978-3-658-14493-7_1

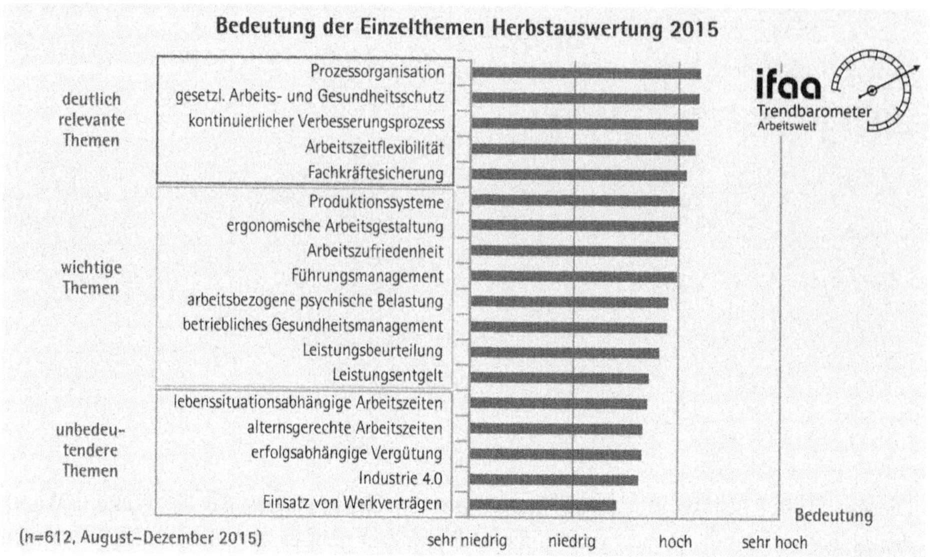

Abb. 1.1 Bedeutung von Einzelthemen ifaa Trendbarometer Herbstauswertung 2015. (ifaa 2016)

Abb. 1.2 Die vielen kleinen Ideen bringen Erfolg. (Zentrum Ideenmanagement 2011)

Das Institut für angewandte Arbeitswissenschaft befragte im Herbst 2015 über 600 Fachleute und Entscheider der Metall- und Elektroindustrie nach der Bedeutung verschiedener Themen, das Ergebnis ist in Abb. 1.1 dargestellt.

Zwei der Top-Drei-Themen sind direkt mit dem Ideenmanagement verbunden: die Prozessorganisation und der Kontinuierliche Verbesserungsprozess.

Neuerungen im Betrieb können unterschiedliche „Innovationshöhe" erreichen: von der kleinsten Verbesserung bis zum revolutionär neuen Ansatz. Ideenmanagement kann auch revolutionäre Ideen managen, doch die Stärke liegt in den vielen kleinen Ideen. Viele kleine Bienen gemeinsam produzieren den Honig – dies ist das Bild, das hier zugrunde liegt und in Abb. 1.2 dargestellt wird.

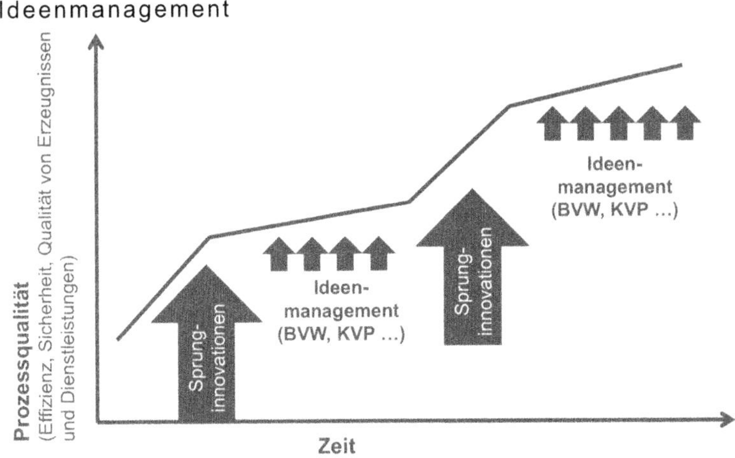

Abb. 1.3 Große und kleine Ideen, Sprunginnovation und Ideenmanagement. (Schat 2011 nach Imai 1992)

Selbstverständlich haben für den Ideenmanager[1] große und kleine Ideen ihren Platz. Aus Sicht des Ideenmanagements bauen große und kleine Ideen sogar systematisch aufeinander auf, wie in Abb. 1.3 zu sehen.

Tendenziell sind die großen Ideen – die Sprung-Innovationen – im Innovationsmanagement zu Hause, und die vielen kleinen Ideen finden sich im Ideenmanagement wieder. Aber manchmal wächst eine Idee, beginnt also im Ideenmanagement und wird dann vom Innovationsmanagement übernommen. Manchmal ist eine Innovation schon fast ausgereift, und es fehlen nur noch ein paar kleine, gute Ideen, um sie zu perfektionieren: Ideen- und Innovationsmanagement sollten eng zusammenarbeiten.

1.2 Definitionen

Grundsätzlich: Definitionen sind für die Praxis weniger wichtig. Einige Unternehmen realisieren beispielsweise ein sehr effektives Betriebliches Vorschlagswesen, das bei näherem Hinsehen eigentlich ein Kontinuierlicher Verbesserungsprozess ist. Ein weiteres, häufig vorgefundenes Beispiel: „In der Praxis scheint der Begriff Ideenmanagement oft anstelle des Begriffs BVW verwendet zu werden, da das Betriebliche Vorschlagswesen mit bürokratischen Abläufen assoziiert wird und damit negativ belegt ist." (Jeberien et al. 2013, S. 7) Solche „Wort-Kosmetik" kann funktionieren, und das ist wichtiger als die korrekte Benennung. Wichtig ist, dass dieser Prozess funktioniert und das Unternehmen voran-

[1] Derartige Gattungsbezeichnungen umfassen Frauen wie auch Männer. Dies stellt keine Diskriminierung dar, sondern dient ausschließlich der besseren Lesbarkeit.

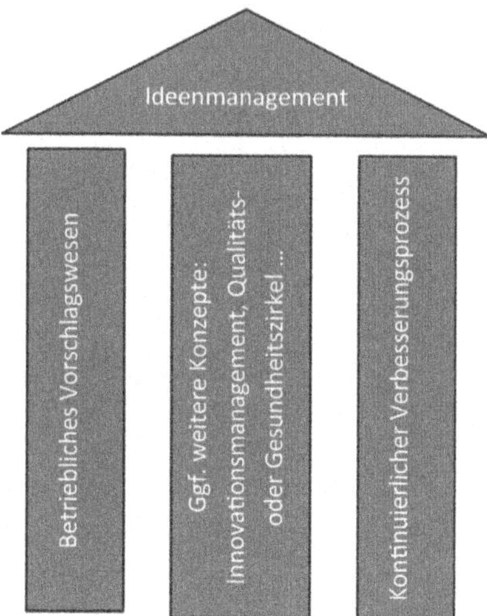

Abb. 1.4 Säulen des Ideenmanagements

bringt, einerlei, wie er heißt. Aber die Verständigung unter Ideenmanagern wird leichter, wenn man sich auf die einheitliche Verwendung einiger Begriffe einigt.

Ideenmanagement „umfasst die Generierung, Sammlung, Auswahl und Umsetzung von Ideen zur Verbesserung und Neuerung von Prozessen und Produkten. Nach neuerem Verständnis gehören zum Ideenmanagement das ‚Betriebliche Vorschlagswesen' (BVW) und der kontinuierliche Verbesserungsprozess (KVP)." (REFA-Institut 2016, S. 28) Diese Grundstruktur wird in Abb. 1.4 gezeigt – derartige Darstellungen finden sich in vielen Veröffentlichungen zum Ideenmanagement.

Im Betrieblichen Vorschlagswesen entwickeln Beschäftigte tendenziell aus eigenem Antrieb, mit selbstgewählten Methoden und außerhalb der eigentlichen Arbeitszeit Verbesserungsvorschläge für eine selbstgewählte Problemstellung. „Tendenziell" heißt: Selbstverständlich kann ein Ideenmanager im Betrieb darüber informieren, in welchen Bereichen besonderer Handlungsbedarf besteht und daher Verbesserungsvorschläge besonders gewünscht sind. Selbstverständlich kann ein Ideenmanager als Prozess- und Methodencoach die Einreicher beraten. Selbstverständlich kann ein Ideenmanager für das Einreichen werben und so den „eigenen Antrieb" verstärken. All dies sollte ein guter Ideenmanager auch tun. Aber grundsätzlich kann kein Beschäftigter zur Beteiligung am Vorschlagswesen verpflichtet werden, grundsätzlich sind die Wahl von Gegenstand und Methode den Einreichern freigestellt, und grundsätzlich ist ein Verbesserungsvorschlag für das Betriebliche Vorschlagswesen eine Sonderleistung, die nicht mit dem normalen Gehalt abgedeckt ist und entsprechend gesondert vergütet werden muss.

Kurz und knapp lässt sich vielleicht formulieren: Im Betrieblichen Vorschlagswesen werden Verbesserungsvorschläge spontan entwickelt, im Kontinuierlichen Verbesserungsprozess werden Verbesserungsvorschläge in einer moderierten Gruppe entwickelt (Tab. 1.1).

Tab. 1.1 Unterscheidung BVW und KVP. (bayme und vbm 2012, S. 5)

Kriterium	Betriebliches Vorschlagswesen (BVW)	Kontinuierlicher Verbesserungsprozess (KVP)
Rechtliche Aspekte	Mitbestimmungspflichtig: Betriebsvereinbarung erforderlich	Nicht geregelt
Prämierung	Ja	Optional: Berücksichtigung im leistungsabhängigen Entgelt (z. B. Leistungsbeurteilung)
Prozess	Freiwillige Zusatzleistung	Teil der Arbeitsaufgabe
	Spontane Ideenfindung	Gelenkte Ideenfindung
	Erarbeitung außerhalb der Arbeitszeit	Erarbeitung innerhalb der Arbeitszeit

Ein eigenes Thema ist das Innovationsmanagement (Abschn. 4.13). In einigen Unternehmen werden Ideen- und Innovationsmanagement zusammengefasst, in anderen Unternehmen sind Ideen- und Innovationsmanagement zwei getrennte Bereiche, die sich aber ständig austauschen. So können auch Ideen, die eigentlich ins Innovationsmanagement gehören, und Innovationsansätze, die besser als Verbesserungsvorschläge bearbeitet werden, in das jeweilige System eingesteuert werden. Einerlei ob Ideen- und Innovationsmanagement zusammengefasst oder getrennt werden: Der Einreicher sollte sich nicht um diese Unterscheidung kümmern. Wenn ein Einreicher ein gutes Konzept – wo auch immer – einreicht, sollte eine passende Bearbeitung und am besten auch Umsetzung sichergestellt sein.

Zum Innovationsmanagement selbst liegt bereits gute Literatur vor. Daher konzentriert sich dieses Buch auf das Ideenmanagement.

Basis des Betrieblichen Vorschlagswesens ist der Verbesserungsvorschlag. Hier schlägt ein Beschäftigter (oder eine Gruppe von Beschäftigten) eine Verbesserung der bislang üblichen Vorgehensweise vor. Der Vorschlag muss neu (zumindest für diesen Anwendungsfall) sein und auch tatsächlich zu einer Verbesserung führen. Außerdem darf der Verbesserungsvorschlag nicht eine Leistung sein, die ohnehin erwartet werden kann, weil sie Teil der Stelle oder der Arbeitsaufgabe des Einreichers ist oder der Einreicher beauftragt wurde, eine solche Verbesserung zu entwickeln. Die klassische Definition lautet:

> Ein VV [= Verbesserungsvorschlag] muß dabei folgende Anforderungen erfüllen:
>
> - er soll eine möglichst genau dargestellte Lösung zur Verbesserung des gegenwärtigen Zustandes enthalten und beschreiben, was, wie, wann, wo zu verbessern ist (Konkretheit und Konstruktivität),
> - er muß zumindest für den vorgesehenen Verwendungsbereich eine zeitgerechte Neuerung darstellen (Neuheit im Anwendungsbereich),
> - er kann nur dann prämiiert werden, wenn er nicht unmittelbares Arbeitsergebnis der zugewiesenen dienstlichen Tätigkeit beziehungsweise bei Behörden nicht Ergebnis der pflichtgemäßen Erledigung von Dienstgeschäften ist, sondern eine über den Rahmen des Arbeitsvertrages hinausgehende freiwillige Leistung darstellt (Sonderleistung) (Grochla et al. 1978, S. 5).

Auch diese Definition eines Verbesserungsvorschlags gilt nur „tendenziell". In etlichen Unternehmen können auch Zeitarbeiter Verbesserungsvorschläge einreichen, obwohl diese Beschäftigte des Zeitarbeitsunternehmens und damit nicht eigene Beschäftigte sind. Bei einigen Unternehmen können auch Kunden oder Lieferanten (bzw. deren Beschäftigte) Verbesserungsvorschläge einreichen. Ein Verbesserungsvorschlag muss (für den Anwendungsfall) neu sein – damit sind Störmeldungen (die Glühlampe ist ausgefallen) und Hinweise auf das Abweichen von vorgegebenen Standards und Arbeitsweisen eigentlich keine Verbesserungsvorschläge. Einige Unternehmen finden es jedoch praktisch, diese Art von Hinweisen auch über das Betriebliche Vorschlagswesen anzunehmen und zu verwalten, diese Unternehmen zahlen dann allerdings weniger oder gar keine Prämie. Schließlich: Der Verbesserungsvorschlag darf nicht aus dem Bereich stammen, für den der Einreicher ohnehin zuständig ist – doch ist hier im Laufe der Entwicklung des Vorschlagswesens eine Entwicklung zu beobachten.

Diese Regel ist einerseits sinnvoll, weil so eine Doppelbezahlung (Gehalt und Prämie) für die gleiche Arbeit vermieden wird. Anderseits kann man diese Regel auch so eng auslegen, dass man nur Vorschläge für Probleme einreichen kann, die weit vom eigenen Arbeitsgebiet entfernt liegen – anders formuliert: Man darf nur Verbesserungen für Bereiche vorschlagen, mit denen man keinerlei praktische Erfahrung hat. Und das ist eine offensichtlich sinnlose Regel. Verbesserungsvorschläge sind tendenziell besonders effektiv, wenn sich der Einreicher in diesem Bereich besonders gut auskennt, und das ist vornehmlich im eigenen Arbeitsbereich so. Lösungsansätze werden in Abschn. 4.24 besprochen.

Im Kontinuierlichen Verbesserungsprozess entwickeln Beschäftigte tendenziell zu bestimmten Zeiten („KVP-Sitzung") sowie mit vom Betrieb vorgegebenen und geschulten Methoden innerhalb der Arbeitszeit Verbesserungsvorschläge für eine vom Betrieb vorgegebene Problemstellung. Auch dies gilt nur „tendenziell", denn die Kollegen reden auch über die KVP-Sitzung hinaus über die Probleme. Methoden werden nicht immer ganz konsequent und rein den Vorgaben entsprechend eingesetzt, häufig ist lediglich das Ergebnis und nicht die Reinheit der Methode wichtig. Und auch hier kommt immer wieder der entscheidende Gedanke unter der Dusche oder am Sonntagnachmittag – also wenn die Entspannung einsetzt und die Gedanken freier werden. Und schließlich findet zwar die KVP-Sitzung während der Arbeitszeit statt und ist so durch das normale Gehalt abgedeckt, dennoch fließen in vielen Betrieben besondere Erfolge im Kontinuierlichen Verbesserungsprozess in die Leistungsbeurteilung und so in die leistungsabhängige Vergütung ein.

Zusätzlich zu Betrieblichem Vorschlagswesen und Kontinuierlichem Verbesserungsprozess können noch Qualitätszirkel, Arbeitsschutzausschuss, Projektgruppen und andere Säulen das Ideenmanagement ergänzen – sei es offiziell im Regelwerk, sei es, dass einfach Vorschläge aus diesen Säulen auch in das Ideenmanagement eingereicht werden können (einen Überblick gibt Abb. 1.5).

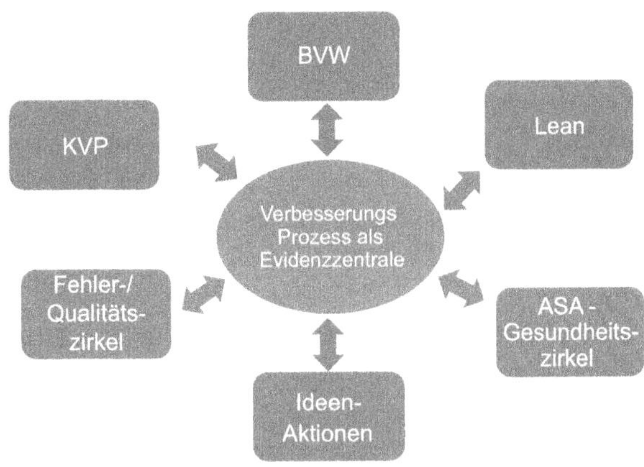

Abb. 1.5 Weitere Säulen im Ideenmanagement. (Nach Haumann 2015)

1.3 Grundstruktur des Ideenmanagements

Eine zentrale Aufgabe von Ideenmanagement ist die Optimierung von Prozessen. Ideenmanagement selbst ist ein Prozess. So ist die Grundstruktur, mit der ein Ideenmanagement eingeführt und optimiert wird, die gleiche, die auch im Ideenmanagement selbst angewendet wird. Diese Grundstruktur wurde von W. Edwards Deming (1986) in seinem Buch „Out of the crisis" vorgestellt und wird ihm zu Ehren auch „Deming Circle" genannt. Nach den Anfangsbuchstaben der vier Phasen spricht man auch vom P-D-C-A-Zyklus. Eine der heute gerne verwendeten Darstellungen stammt von REFA (Abb. 1.6).

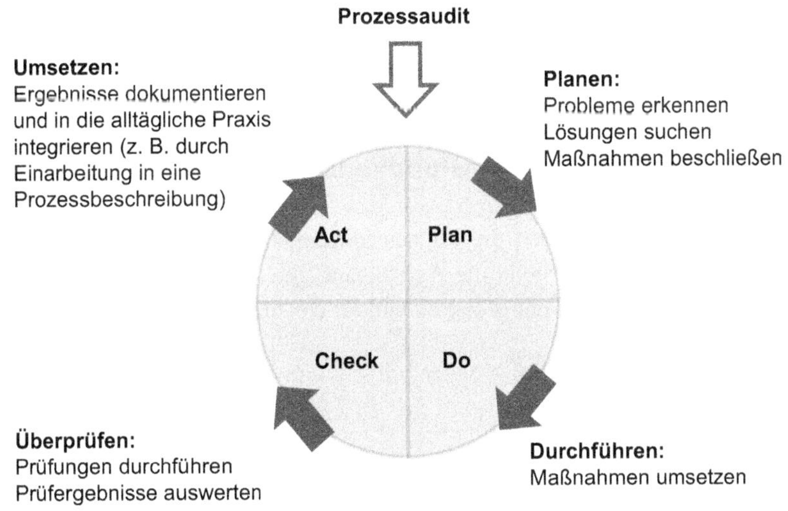

Abb. 1.6 P-D-C-A. (Nach REFA 2003)

Planen Das ist nicht zunächst nur „Beseitigen, was stört" oder „Verbessern, was schlecht läuft". Planen beginnt damit, das Problem zu verstehen, einen Zielzustand zu definieren und Maßnahmen festzulegen, mit denen dieser Zielzustand möglicherweise erreicht werden kann. Verschiedene Untersuchungen haben ergeben, dass eine größere Anzahl von Unternehmen für ihr Ideenmanagement keine Ziele definiert hat oder diese nicht in einen Zielvereinbarungsprozess eingebunden sind – und diese Unternehmen deutlich schlechtere Ergebnisse in ihrem Ideenmanagement erzielen (Abschn. 4.29).

Durchführen Maßnahmen umsetzen – aber zunächst eher in einem kleinen Bereich, in einem Bereich, in dem wenig Schaden angerichtet werden kann, und vor allem in einem Bereich, in dem die Auswirkungen gut zu beobachten sind. Tendenziell eher früh umsetzen, auch wenn dann nicht alles perfekt abläuft. Wenn möglich: Statt eines langen Gutachtens einen Versuch starten, am besten gemeinsam mit dem Einreicher. Ob der Versuch gelingt oder nicht: Das Ergebnis spricht für sich.

Check Ein alter Qualitäter-Spruch sagt: „Kannst Du's nicht messen, kannst Du's vergessen." Wissenschaftlicher haben es die Entwickler der Balanced Scorecard ausgedrückt: „What you measure is what you get." (Kaplan und Norton 2005, S. 172). Kurz: Ohne ein vernünftiges Controlling funktioniert Ideenmanagement nicht gut (Abschn. 4.19). Durch das Umsetzen bekommt man neue Informationen – und sei es „nur", dass ein bestimmtes Vorgehen eben nicht funktioniert.

Act Wenn das versuchsweise Durchführen zu einem guten Ergebnis geführt hat, dann wird diese Vorgehensweise als Standard auf den gesamten Prozess übertragen. Im Ideenmanagement ist das als „Umsetzung" oder „Realisierung" bekannt.

Der P-C-D-A wird an verschiedenen Stellen dieses Buches wieder erscheinen, er ist eben ein Grundkonzept des Ideenmanagements.

1.4 Betriebswirtschaftliche Grundkonzepte

In diesem Unterkapitel werden die für das Ideenmanagement wichtigen betriebswirtschaftlichen Konzepte vorgestellt: die Aufbau- und die Ablauforganisation, der Zielvereinbarungsprozess und das Controlling im und für das Ideenmanagement.

1.4.1 Aufbauorganisation

Die erste Frage der Aufbauorganisation im Ideenmanagement ist: In welcher Abteilung ist das Ideenmanagement anzusiedeln? Hierauf gibt es keine für alle Unternehmen gültige Antwort. Grundsätzlich stellen sich zwei Fragen:

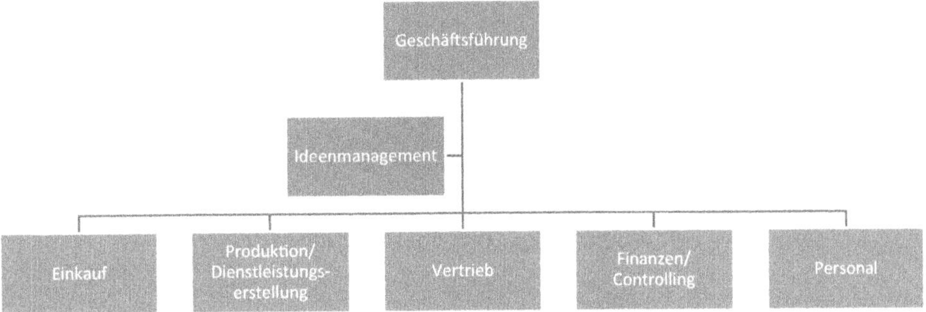

Abb. 1.7 Ideenmanagement als Stabsabteilung

1. Welche Ziele soll das Ideenmanagement erreichen?
2. In welcher Abteilung kann das Ideenmanagement diese Ziele am besten erreichen?

Vor diesem Hintergrund werden einige Möglichkeiten und Argumente dargestellt.

1.4.1.1 Ideenmanagement in der Geschäftsführung

Dieses aufbauorganisatorische Konzept ist in Abb. 1.7 visualisiert.

Ideenmanagement wird so als Stabstelle betrachtet, die der Geschäftsführung berichtet. Die Nähe zur Geschäftsführung hat Vor- und Nachteile. Von Vorteil ist das deutliche Signal: Die Geschäftsführung will Ideenmanagement, sie setzt sich geradezu selbst als oberster Ideenmanager ein. Die Aufforderungen an Einreicher, Gutachter, Entscheider und Umsetzer, ihre Aufgaben im Ideenmanagement zu erledigen, erhalten durch die Nähe zur Geschäftsführung eine gewisse Durchschlagskraft. Doch hat die Nähe zur Geschäftsführung auch Nachteile, man kann fragen: Soll wirklich jeder noch so kleine Verbesserungsvorschlag in die Nähe der Geschäftsführung kommen? Ist dort die nötige Fachkompetenz vorhanden? Hat die Geschäftsführung genügend Kapazitaten, sich tatsächlich um das Ideenmanagement zu kümmern?

1.4.1.2 Ideenmanagement in der Personalabteilung

Dieses aufbauorganisatorische Konzept ist in Abb. 1.8 dargestellt.

Wenn man Ideenmanagement als Führungsansatz und als Kulturarbeit begreift, dann ist es nur konsequent, es auch im Personalbereich anzusiedeln. In vielen Unternehmen managt der Personalbereich ohnehin eine Reihe ähnlicher Serviceabteilungen: Kantine, Ausbildungswerkstatt, Fortbildung und Betriebliches Gesundheitsmanagement sind typischerweise im Personalbereich angesiedelt. Dieser hat also Kompetenzen im Managen von Sozial- bzw. Serviceabteilungen und kann so auch das Ideenmanagement gut betreuen. Aber es stellt sich die Frage: Ist das Ideenmanagement als „Sozial- bzw. Serviceabteilung" dort richtig verortet? Kantine, Ausbildungswerkstatt, Fortbildung und Betriebliches

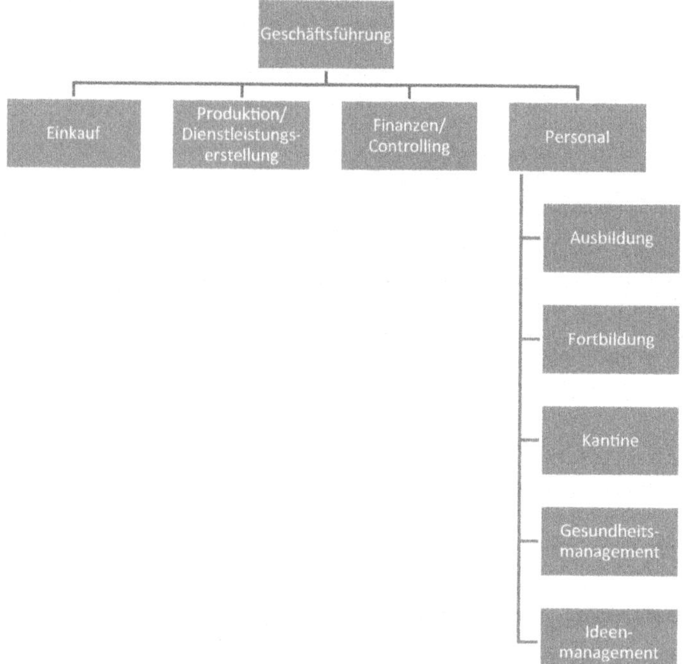

Abb. 1.8 Ideenmanagement in der Personalabteilung

Gesundheitsmanagement sind typischerweise Abteilungen mit nur geringem Einfluss auf das Betriebsgeschehen. Diese Abteilungen gibt es, weil sie eben dazu gehören, ein echtes Controlling und ein ernsthafter Zielvereinbarungsprozess finden nicht unbedingt statt. Ist das die richtige Positionierung für das Ideenmanagement? Es gehört irgendwie dazu, hat aber kaum Einfluss, und bei den Kennzahlen und Ergebnissen nimmt man es nicht so genau? Ja, es gibt Unternehmen, in denen das Ideenmanagement diesen Status hat, doch sind die damit verbundenen Nachteile offensichtlich.

1.4.1.3 Ideenmanagement in der Produktion bzw. in der Dienstleistungen erbringenden Abteilung

Dieses aufbauorganisatorische Konzept ist in Abb. 1.9 visualisiert.

Wenn sich in einem Unternehmen die Masse der Verbesserungsvorschläge auf die Produktionsprozesse bzw. die Prozesse bezieht, die die Leistungen erbringen, dann kann es sinnvoll sein, das Ideenmanagement hier zuzuordnen. Verbesserungsvorschläge bleiben dann im eigenen Bereich und können auf dem „kleineren Dienstweg" bearbeitet werden. Das bringt für diese Vorschläge Vorteile – Verbesserungsvorschläge für Unterstützungsprozesse werden so aber möglicherweise nicht optimal bearbeitet.

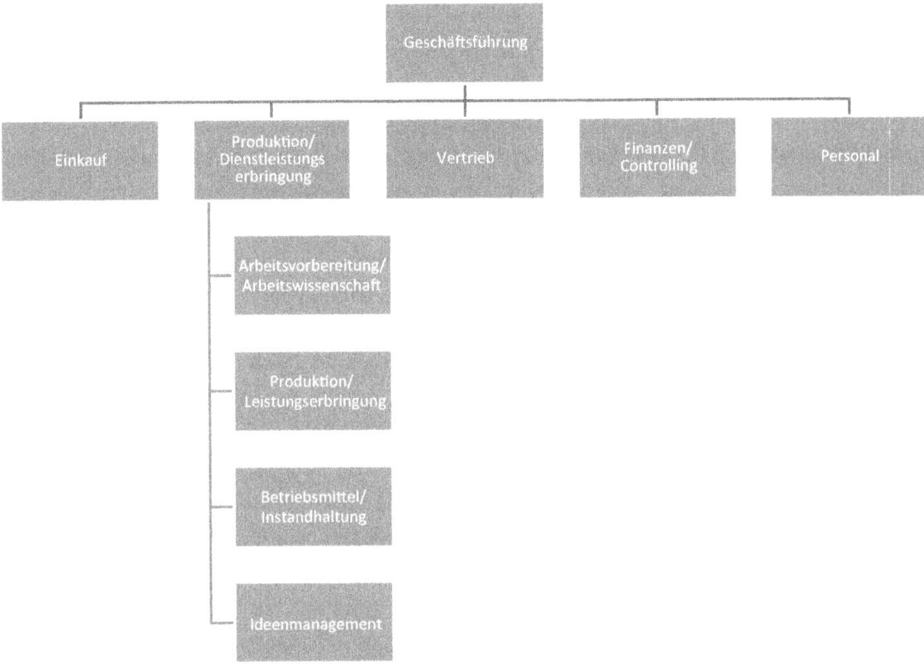

Abb. 1.9 Ideenmanagement in der Produktion bzw. in der Dienstleistungen erbringenden Abteilung

1.4.1.4 Ideenmanagement in der DV-/IT-/OE-Abteilung

Diese Abteilung kann „Datenverarbeitung"/DV, „Informationstechnik"/IT und/oder „Organisationsentwicklung"/OE heißen – der genaue Aufgabenzuschnitt ist je nach Unternehmen unterschiedlich.

Dieses aufbauorganisatorische Konzept wird in Abb. 1.10 dargestellt.

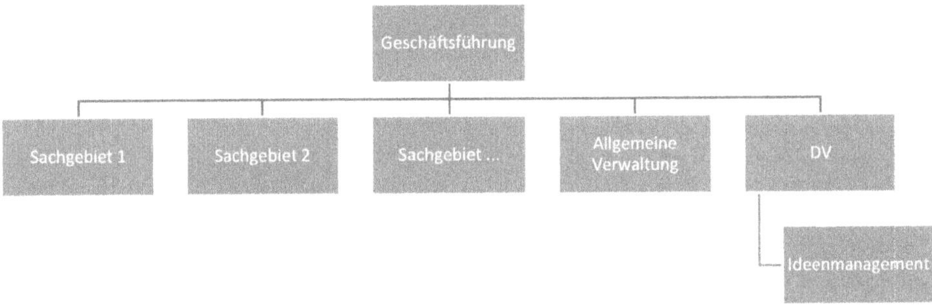

Abb. 1.10 Ideenmanagement in der DV-Abteilung

In einer Reihe von Unternehmen und anderen Organisationen sind praktisch alle relevanten Prozesse DV-gestützt. Damit führt jeder realisierte Verbesserungsvorschlag fast automatisch zu Anpassungen in DV-Prozessen. Häufig ist in derartigen Organisationen die IT-/DV-Abteilung zugleich der zentrale Engpass. Eine Kernaufgabe ist dann die optimale Priorisierung der DV-Anpassungsaufgaben. Dies kann zu Konflikten führen, wenn Verbesserungsvorschläge zwar angenommen und vielleicht auch prämiert wurden, dann aber aufgrund von Kapazitätsengpässen der IT/DV nicht umgesetzt werden. Beispielsweise kann schnell vermutet werden, die IT/DV-Engpässe seien nur vorgeschoben. Oder: Wenn Änderungsanforderungen auf dem normalen Dienstweg nicht zum Erfolg führen, dann werden sie noch einmal als Verbesserungsvorschlag eingereicht, und die IT-/DV-/OE-Abteilung muss zweimal den gleichen Sachverhalt begutachten und die Priorisierung begründen – was weitere Kapazität in dieser ohnehin überlasteten Abteilung kostet. Da kann es sinnvoll sein, das Ideenmanagement in der IT-/DV-/OE-Abteilung anzusiedeln. So kennt der Ideenmanager die aktuelle Situation in der Abteilung und kann Einreichern realistische Einschätzungen zu den Erfolgsmöglichkeiten eines Verbesserungsvorschlags geben. Dopplungen können so ebenfalls schneller erkannt werden.

Im Grunde genommen ist die Zuordnung des Ideenmanagements zur IT-/DV-Abteilung nur ein Spezialfall der Zuordnung zur Produktion bzw. zur Leistungen erstellenden Abteilung: In jedem Fall wird das Ideenmanagement der Abteilung zugeordnet, die im Unternehmen den Engpass darstellt und damit den größten Hebel für Optimierungen bietet.

1.4.1.5 Ideen- im Innovationsmanagement

Derzeit findet sich diese Zuordnung eher selten, doch in einigen Unternehmen ist ein Organigramm, wie in Abb. 1.11 gezeigt, sehr sinnvoll.

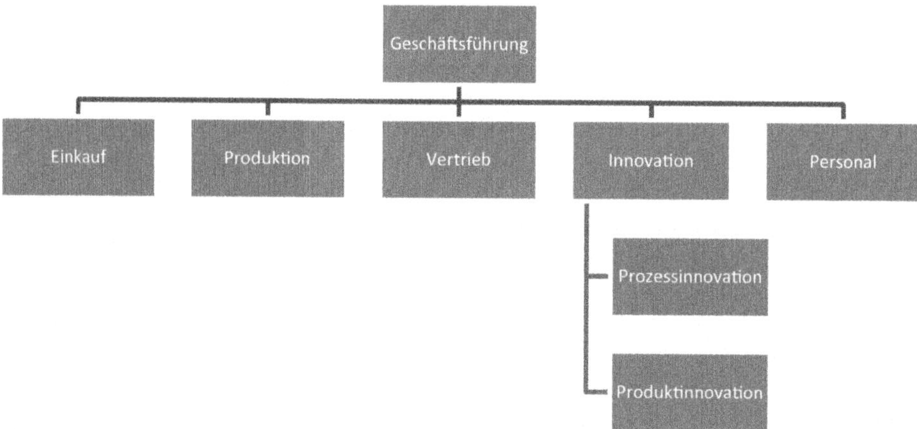

Abb. 1.11 Ideen- im Innovationsmanagement

Einige Unternehmen habe keine klassische „Forschungs- und Entwicklungsabteilung“, sondern eine integrierte Innovationsabteilung, die sich neben Forschung und Entwicklung auch um das Aufspüren und Anwenden neuer Trends kümmert. Dies alles sowohl für die Entwicklung neuer Produkte und Dienstleistungen (Produktinnovation) als auch für Verbesserungen sowie neue Wege bei der Erstellung von Produkten und Dienstleistungen. Sowohl bei Produkten wie auch bei Prozessen werden große Verbesserungen (Sprunginnovationen) und die kleinen Verbesserungsschritte (inkrementelle Verbesserungen) bearbeitet.

Durch diese Integration können die Beschäftigten sich ebenso an der Produktinnovation beteiligen wie sie sich heute in vielen Unternehmen bereits an Prozessinnovationen beteiligen.

Unter Ideenmanagern wird noch diskutiert, ob dies die Organisationsform für das Ideenmanagement der Zukunft ist oder ob dies nur für einige wenige Unternehmen sinnvoll ist.

1.4.2 Ablauforganisation

Für die Ablauforganisation, also die Bearbeitung der Vorschläge von der Einwerbung über die Einreichung und Begutachtung bis zur Realisierung, haben sich zwei Pole herausgebildet: das zentrale und das dezentrale Ideenmanagement, letzteres auch als „Vorgesetzten-Modell“ diskutiert. Dazwischen und daneben finden sich weitere Formen.

Zunächst werden die einzelnen Rollen im Ideenmanagement beschrieben, sodann die aufbauorganisatorischen Modelle, in denen diese Rollen auf unterschiedliche Art und Weise zusammenspielen.

1.4.2.1 Die Rollen

Im Folgenden werden die typischen Rollen im Ideenmanagement dargestellt. Selbstverständlich können in Einzelfällen weitere Rollen erscheinen (Sekretärin im Ideenmanagement, externer Ratgeber eines Einreichers, Anbieter von Ideenmanagement-Software), doch diese zusätzlichen Rollen ändern am grundsätzlichen Ablauf des Ideenmanagements nicht mehr viel.

Einreicher/Ideengeber

Der „Einreicher“ oder „Ideengeber“ ist die zentrale Rolle im Ideenmanagement. Zu Beginn des Vorschlagswesens war der Einreicher immer ein Arbeiter. Auch der Kontinuierliche Verbesserungsprozess setzte die ersten Vorschlagsgruppen aus Arbeitern ein. Im Laufe der Zeit entwickelte sich das Ideenmanagement auch im Dienstleistungsbereich. Nun konnten beispielsweise auch Krankenschwestern, Verkäufer und Bademeister Verbesserungsvorschläge einreichen oder in Verbesserungsgruppen des Kontinuierlichen Verbesserungsprozesses, eines Qualitäts- oder Gesundheitszirkels Ideen entwickeln. Einreicher waren also lange Zeit ausschließlich direkt in der Leistungserstellung arbeitende Beschäftigte. Später wurde das Ideenmanagement auch für Vorarbeiter, Meister, gar für Angestellte geöffnet – doch hielt sich in vielen Betrieben noch lange die Meinung, Ideenmanagement sei etwas für die Arbeiter. Auch heute noch finden sich genügend Unternehmen, in denen die Beteiligung im Bürobereich deutlich schlechter ist als im Bereich der direkten Leistungserstellung.

Einreicher und Ideengeber entwickeln Verbesserungsvorschläge und Ideen. Hintergrund sind die Kenntnisse und Erfahrungen, die die Einreicher besitzen, weil sie direkt die Produkte und Dienstleistungen erstellen und daher über Wissen verfügen, das weder Projektingenieure noch Führungskräfte haben können. Dies war auch der ursprüngliche Ansatz des Ideenmanagements: Unternehmen wollten das Erfahrungswissen der Beschäftigten aus der Leistungserstellung nutzen.

In vielen Unternehmen ist heute der Kreis der Einreicher deutlich erweitert: Auch kaufmännische Angestellte sowie untere und mittlere Führungskräfte verfügen über Erfahrungen und Einsichten, die die obersten Führungskräfte so nicht haben können. Mit einem guten Ideenmanagement können Unternehmen auch diese Ideen nutzen. Ähnliches gilt für Leih-/Zeitarbeiter und für die Mitarbeiter von Fremdfirmen, beispielsweise von Monteuren, die in unserem Betrieb eine Anlage aufbauen. Kunden bzw. Beschäftigte von Kundenunternehmen können in einigen Unternehmen ebenfalls Vorschläge einreichen. Hierzu sind dann Absprachen mit den jeweiligen Arbeitgebern der Einreicher (also den Zeitarbeits-, Lieferanten- und Kundenunternehmen) notwendig, die aber in der Praxis unkompliziert sind.

Führungskraft

Der direkte Vorgesetzte ist eine der wichtigsten Personen für jeden Beschäftigten. Der unmittelbare Chef hat das gleiche (oder ein etwas umfangreicheres) Arbeitsgebiet wie bzw. als seine Mitarbeiter. Damit ist der direkte Vorgesetzte häufig der erste Ansprechpartner, wenn ein Mitarbeiter einen Verbesserungsvorschlag entwickelt – sei es, dass dies zu den offiziellen Aufgaben der Führungskraft gehört, sei es, dass sich dies im Alltag einfach so entwickelt. Auch an den Verbesserungsgruppen des Kontinuierlichen Verbesserungsprozesses ist der Meister oder Teamleiter direkt oder indirekt beteiligt.

Die Haltung der direkten Führungskräfte zum Ideenmanagement entscheidet häufig über den Erfolg des Ideenmanagements. Signalisiert eine direkte Führungskraft, dass Ideen und Vorschläge wirklich gewünscht sind und setzt diese Führungskraft auch Vorschläge um, dann ist aus diesem Bereich mit vielen Vorschlägen zu rechnen. Kann die Führungskraft dann auch noch ihre Mitarbeiter coachen und Hilfestellung bei der Entwicklung von Verbesserungsvorschlägen und Ideen leisten, dann werden aus dem Bereich dieser Führungskraft sogar viele gute und realisierbare Vorschläge und Ideen kommen.

Leider gilt auch das Gegenteil: Wenn direkte Führungskräfte das Ideenmanagement ablehnen, dann wird in diesem Unternehmen das Ideenmanagement kaum funktionieren.

Dies führt gelegentlich zu Spannungen zwischen direkten Führungskräften und Ideenmanagern. Nicht immer bemühen sich mittlere Führungskräfte und Ideenmanager, die Rolle und Position des Gegenübers wirklich zu verstehen.

Zunächst einmal sind Meister, Gruppen- und Teamleiter für den reibungslosen Ablauf des Tagesgeschäftes zuständig: Der Meister in der Produktion muss dafür sorgen, dass die geplante Menge in der gewünschten Qualität produziert wird. Der Teamleiter im Vertrieb ist für gute Vertriebszahlen verantwortlich. Neuerungen können dabei stören. So ist es verständlich, wenn Meister und Teamleiter nicht spontan Freunde des Ideenmanagements sind.

Allerdings gehört heute in fast allen Unternehmen nicht nur die aktuelle Leistung zum Verantwortungsbereich einer direkten Führungskraft, sondern auch die Verbesserung dieser Leistung. Die geplante Menge muss in der gewünschten Qualität mit x Prozent weniger Ressourceneinsatz produziert werden als noch vor einem Jahr, und ein Jahr später müssen noch weniger Ressourcen ausreichen. Die Vertriebszahlen müssen im nächsten Quartal nicht nur besser sein, sondern auch mit geringerem Reisekostenbudget erreicht werden. Hier kann das Ideenmanagement ins Spiel kommen. Insbesondere, wenn der Ideenmanager auch als Prozess- und Methodencoach arbeitet, kann das Ideenmanagement den direkten Führungskräften beim Erreichen ihrer Ziele helfen. Damit ist dann eine Situation geschaffen, bei der direkte Führungskräfte sogar aktiv auf das Ideenmanagement zugehen und dessen Unterstützung einfordern. In einigen Unternehmen ist das Ideenmanagement als Profitcenter organisiert, und die Kosten für Workshops und Schulungen des Kontinuierlichen Verbesserungsprozesses und des Betrieblichen Vorschlagswesens werden den Kostenstellen der anfordernden Bereiche angelastet. Das funktioniert – wenn der Nutzen, den die direkten Führungskräfte durch das Ideenmanagement erhalten, größer ist als die Kosten.

In vielen Unternehmen ist die Verbesserung gegenüber dem Vorjahr ein Kriterium für die Leistungsvergütung der Meister, Gruppen- und Teamleiter. Dann lohnt sich die Zusammenarbeit mit dem Ideenmanagement auch ganz individuell.

Zur Rolle der direkten Führungskraft gehört auch, mit den Beschäftigten zu besprechen, wo die aktuellen Bedarfe und Engpässe im Betrieb liegen, in welchen Bereichen also Ideen und Verbesserungsvorschläge besonders willkommen sind.

Einreicher und direkter Vorgesetzter sind die beiden einzigen Rollen, die für ein Ideenmanagement zwingend notwendig sind. Gerade im Mittelstand findet sich immer wieder ein „Ideenmanagement", bei dem Beschäftigte Verbesserungen vorschlagen, die direkte Führungskraft darüber entscheidet und bei einer Umsetzung auch eine Prämie vergibt oder bei häufigen guten Ideen die leistungsabhängige Vergütung entsprechend erhöht. Wenn dann die direkte Führungskraft auch noch bei der Entwicklung der Ideen unterstützt, dann ist dies eine für kleinere und mittelgroße Unternehmen, bei denen über die meisten Vorschläge vom direkten Vorgesetzten selbst entschieden werden kann, eine durchaus sinnvolle Organisationsform des Ideenmanagements.

Ideenmanager

In einigen Unternehmen wird „BVW“ noch als „Betriebliches Vorschlags-Verwaltungs-Wesen“ ausbuchstabiert. Dies ist in der Tat eine Aufgabe des Ideenmanagers: Vorschläge und Ideen zu verwalten. Mit einem Vorschlag können Ansprüche auf eine Prämie, auf ein höheres leistungsabhängiges Entgelt, gar auf eine Vergütung nach dem Gesetz über Arbeitnehmererfindungen verbunden sein. Daher muss die Verwaltung rechtssicher erfolgen und dokumentiert sein. Auch wenn unter Ideenmanagern manchmal abfällig über die Verwaltung gesprochen wird: Dieser Teil der Rolle eines Ideenmanagers ist notwendig, kostet Zeit und Energie und muss angemessen organisiert sein.

Die Rolle des Ideenmanagers wird sehr unterschiedlich ausgefüllt. Manche Ideenmanager bleiben passiv und nehmen Vorschläge an, wie sie gerade kommen. Workshops im Rahmen des Kontinuierlichen Verbesserungsprozesses werden organisiert, wenn eine Abteilung dies anfordert. Eigene Ziele oder Initiativen verfolgt ein solcher „Ideenmanager“ nicht, vielleicht sollte man diese Rolle eher als „Ideenverwalter“ bezeichnen.

Am anderen Ende des Spektrums überblicken Ideenmanager das gesamte Unternehmen. Sie leiten Ziele des Ideenmanagements (Abschn. 4.29) ab, vereinbaren diese Ziele und beschreiben so den Nutzen, den das Ideenmanagement dem Unternehmen bietet. Wenn irgend möglich, werden die Ziele in Kennzahlen (Abschn. 4.19) gefasst und so nachprüfbar dokumentiert.

Um die Ziele des Ideenmanagements für das Unternehmen zu erreichen, planen Ideenmanager Aktivitäten – dies können Kampagnen (Abschn. 4.17), Anpassungen des Prämiensystems (Abschn. 4.24), Schulungen und Workshops für Führungskräfte und Beschäftigte und vieles mehr sein. Ideenmanager können als Prozess- und Methodencoach (Abschn. 4.8) direkt eingreifen und die Beschäftigten befähigen, mehr Ideen mit höherem Nutzen zu entwickeln.

Diese aktiven und strategisch handelnden Ideenmanager sind IdeenMANAGER im eigentlichen Sinne.

Gutachter

Zu Beginn des Betrieblichen Vorschlagswesens wurden die Vorschläge beim Inhaber oder Geschäftsführer eingereicht. Dieser hatte einen guten Einblick in alle Bereiche des Unternehmens und konnte selbst kompetent über die Vorschläge entscheiden.

Im Laufe der Industrialisierung wurden die Betriebe immer komplexer, technische Fachleute wurden eingestellt, und nun fragte der Geschäftsführer zu den technischen Details von Verbesserungsvorschlägen auch nach der Einschätzung dieser Fachleute.

In der Zeit des Zweiten Weltkrieges nahm das Vorschlagswesen einen großen Aufschwung, die Anzahl der Vorschläge wuchs. Die vielen Vorschläge konnten nun nicht mehr von der Geschäftsführung bearbeitet und entschieden werden, hierfür wurden eigene Beauftragte eingesetzt. Diese Beauftragten hatten naturgemäß nicht den Überblick über das gesamte Unternehmen und dessen technische Details und waren umso mehr auf die Einschätzung der Fachleute im Betrieb angewiesen. Diese Verlagerung der Entscheidungskompetenz führte auch dazu, dass der Gutachter als Problem erlebt wurde:

Kam die Anfrage zu einem Detailproblem vom Geschäftsführer, so erhielt dieser schnell eine Antwort – schließlich war er der Chef. Die Antwort wurde häufig mündlich, im Gespräch zwischen Geschäftsführer und Fachmann, gegeben. Das war mit wenig Aufwand verbunden. Nun kam die Anfrage vom Beauftragten für das Vorschlagswesen – dieser hat häufig keine hohe Position in der Hierarchie. Die Einschätzung des Fachmanns war schriftlich, eben als Gutachten, zu geben. Dies ist mit höherem Aufwand verbunden – und manche Fachleute sind zwar hervorragende Kenner ihres Fachgebietes, aber verfassen nur ungerne längere Schriftstücke. Nicht umsonst ist mancher Ingenieur eben Ingenieur und nicht Schriftsteller geworden. Beides zusammen, die hierarchische Stellung des Vorschlagswesens und die Notwendigkeit schriftlicher Gutachten, führt dazu, dass in vielen Unternehmen die Gutachten nicht so termingerecht und nicht so aussagefähig angeliefert werden, wie dies aus Sicht des Vorschlagswesens zu wünschen wäre.

Aus Sicht des Gutachters stellt sich die Problematik so dar:

Als Gutachter werden die besten Fachleute für das jeweilige Gebiet angefragt. Die besten Fachleute haben in einem Unternehmen typischerweise mehr als genug zu tun. Zusätzlich zu all den wichtigen und dringenden Alltagsaufgaben soll nun also noch ein Gutachten erstellt werden.

Möglicherweise stellt der Verbesserungsvorschlag eine „Lösung" dar, die für jeden Fachmann auf den ersten Blick sinnlos oder nicht praktikabel ist. Dann soll dieser ohnehin überlastete Fachmann noch einen Text verfassen, der einem offenkundig nicht fachkundigen Einreicher die Unsinnigkeit des Vorschlags erklärt, und zwar auf eine leicht verständliche und sehr diplomatische Art – schließlich soll der Einreicher nicht abgeschreckt werden.

Möglicherweise zielt der Verbesserungsvorschlag auf eine offensichtliche Lösung ab, die in der entsprechenden Fachabteilung bereits ausgearbeitet wird. Dann muss der Gutachter den Prioritätsanspruch der Fachabteilung begründen – was ihm nicht gerade als sehr wertschöpfende Tätigkeit erscheinen dürfte.

Möglicherweise stellt der Verbesserungsvorschlag eine Lösung dar, die die Fachabteilung zwar schon angedacht hat, aber aufgrund des im Vergleich dürftigen Nutzens mit einer geringeren Priorität versehen und nicht weiter verfolgt hat. Im Vorschlagswesen wird aber nur der Nutzen, nicht der Nutzen im Vergleich zu anderen Verbesserungsmöglichkeiten abgefragt. Wie soll nun der Fachmann begründen, dass der Vorschlag zwar sinnvoll ist, aufgrund der Überlastung der Fachabteilung dennoch nicht verwirklicht wird? Hierzu ein Beispiel aus einer studentischen Arbeit:

> Eine spontane Anmerkung, eines sichtlich verärgerten Mitarbeiters auf einem der Fragebogen der Mitarbeiterbefragung, welche ich im Rahmen dieser Arbeit durchgeführt habe, [...]: „Ich habe aktuell einen Verbesserungsvorschlag eingereicht, der aber aus Kapazitätsgründen nicht umgesetzt wird. Für mich ist eine Begründung mit diesem Argument nicht nachvollziehbar! Das führt dazu, dass die Bereitschaft einen Verbesserungsvorschlag einzureichen, gesenkt wird" (Schmid 2008, S. 33).

Der verärgerte Mitarbeiter hat nicht verstanden, dass eine Engpassabteilung nur die relativ wirtschaftlichsten Projekte umsetzen kann, nicht aber alle möglichen überhaupt nützlichen Projekte. Selbstverständlich darf das Ideenmanagement nicht als Instrument missbraucht werden, eine durchdachte und gut begründete Priorisierung von Verbesserungsprojekten zu umgehen. Allzu leicht gerät der Gutachter in die Rolle, zusätzlich zu seinen sonstigen Aufgaben auch noch diese Priorisierung verteidigen zu müssen – und in diesen Fällen ist leicht nachvollziehbar, warum mancher (potenzielle) Gutachter lieber nicht mit dem Ideenmanagement zusammenarbeitet. Daher: Im zuvor zitierten Fall ist es die Aufgabe des Ideenmanagers, dem verärgerten Einreicher die Konzepte von Opportunitätskosten und der Priorisierung von Engpassressourcen zu vermitteln, und nicht etwa gemeinsam mit dem Einreicher auf die „innovationsfeindliche" Fachabteilung zu schimpfen.

Möglicherweise stellt der Verbesserungsvorschlag eine Lösung dar, die dem Fachmann selbst hätte einfallen können und vielleicht aufgrund seiner Zuständigkeit auch hätte einfallen sollen. Ist nun ernsthaft vom Fachmann zu erwarten, dass er sein Versäumnis schriftlich eingesteht und dem Einreicher dafür auch noch eine Prämie verschafft? In den Büchern und Aufsätzen zum Ideenmanagement wird dies erwartet, doch in der Unternehmenskultur etlicher Betriebe wäre ein solches Eingeständnis des eigenen Fehlers einfach zu viel verlangt.

Möglicherweise fallen zu der Zeit, in der das Gutachten zu erstellen ist, weitere wichtige Aufgaben an – Aufgaben, deren Erledigung vielleicht für das Unternehmen einen höheren Nutzen bieten, vielleicht auch Aufgaben, die die Karriere des Gutachters fördern. Das pflichtschuldige Erstellen von Gutachten führt nur in wenigen Unternehmen zu einer Verbesserung der Karrierechancen eines Gutachters.

Alle diese typischen Konfliktlagen führen dazu, dass für viele Ideenmanager das Einwerben der Gutachten eine nervenzehrende Daueraufgabe darstellt. Eine optimale und in allen Fällen funktionierende Lösung scheint noch nicht gefunden, doch gibt es einige Ansätze:

Zulassen von Verbesserungsvorschlägen aus dem eigenen Arbeitsbereich
Wenn in der Betriebsvereinbarung Verbesserungsvorschläge aus dem eigenen Arbeitsbereich ausgeschlossen werden, dann kommen die Verbesserungsvorschläge immer aus Bereichen, in denen sich der Einreicher wenig auskennt und auch wenig auskennen kann. Wenn auch Vorschläge aus dem eigenen Arbeitsgebiet zugelassen sind, dann sind dies in der Regel fachlich überzeugendere Vorschläge, die auch leichter zu begutachten sind.

Verzicht auf schriftliche Gutachten
Stattdessen treffen sich Einreicher und Gutachter „vor Ort", also beispielsweise an der Maschine, für die eine Verbesserung vorgeschlagen wurde, und besprechen dort den Vorschlag. Bei diesen Gesprächen kommt häufig auch zutage, dass der Einreicher etwas anderes vorgeschlagen hat, als der Gutachter aus dem Verbesserungsvorschlag heraus-

gelesen hatte. Am Ende des Gesprächs gibt es ein kurzes Protokoll, wonach der Vorschlag auf diese oder jene Art umgesetzt werden soll (oder eben nichts umgesetzt werden soll) und Einreicher wie auch Gutachter damit einverstanden sind. Die technischen Details gehören nicht ins Protokoll – diese würden der Ideenmanager und die Kommission vermutlich ohnehin nicht verstehen, sie interessieren eigentlich auch nur den Gutachter und den Einreicher, und diese kennen nach dem Gespräch die Details. Als durchaus gewünschter Nebeneffekt tritt in manchen Betrieben auf, dass ein engagierter Einreicher bereits bei der Entwicklung eines Vorschlags auf den Gutachter zugeht und so einen besser ausgearbeiteten Vorschlag einreichen kann – auch dies nutzt dem gesamten Ideenmanagement.

Versenden von mahnenden E-Mails
Praktisch jede Ideenmanagement-Software verfügt über eine Terminüberwachung und kann per E-Mail an noch ausstehende Gutachten erinnern. Dies kann sinnvoll sein, wenn der Gutachter tatsächlich das Gutachten vergessen hat. Effektiver kann es sein, wenn der Ideenmanager im persönlichen Gespräch an das Gutachten erinnert. Manchmal werden diese Erinnerungen eskaliert: Nach der zweiten Mahnung wird auch der Vorgesetzte des Gutachters informiert, nach der vierten Mahnung dessen Vorgesetzter, und in der monatlichen Abteilungssitzung werden alle ausstehenden Gutachten namentlich genannt und in das Protokoll aufgenommen. Je nach Unternehmenskultur kann dieser Gang über die Hierarchie funktionieren, er kann jedoch auch dazu führen, dass Gutachter das Ideenmanagement grundsätzlich ablehnen und bei jeder Anfrage nach einem Gutachten reflexhaft argumentieren, dass gerade sie hierfür überhaupt nicht zuständig seien.

Einige Unternehmen loben eine *Prämie für Gutachten* (oder: für termingerechte Gutachten) aus. Das scheint bei Einmalaktionen zu funktionieren, wenn also ein Berg von ausstehenden Gutachten abzuarbeiten ist und dann zeitlich befristet eine Prämie für das Extra-Abarbeiten der lang überfälligen Gutachten gezahlt wird. Als Dauerlösung scheint sich die Prämie für Gutachter nicht bewährt zu haben, zumindest ist dem Autor kein solches Beispiel bekannt.

Gutachtertätigkeiten können *karriererelevant* gestaltet werden. Beispielsweise darf in einigen Unternehmen nicht jeder Fachmann ein Gutachten erstellen, hierzu ist eine „Gutachterschulung" notwendig. Die Gutachterschulung ist wiederum eine Voraussetzung für die Übernahme einer Teamleitung.

Doch bleibt bei all diesen Lösungsansätzen das Grunddilemma bestehen: Gutachter sollen die besten Fachleute im Betrieb sein, und die besten Fachleute im Betrieb sind ohnehin mit Arbeit überhäuft. So ist zu vermuten, dass das Einwerben von Gutachten auch eine Daueraufgabe für Ideenmanager bleibt.

Betriebsrat
Der Betriebsrat ist nicht direkt in das operative Geschehen des Ideenmanagements eingebunden, übernimmt aber eine wichtige Rolle für ein vernünftig funktionierendes Ideenmanagement.

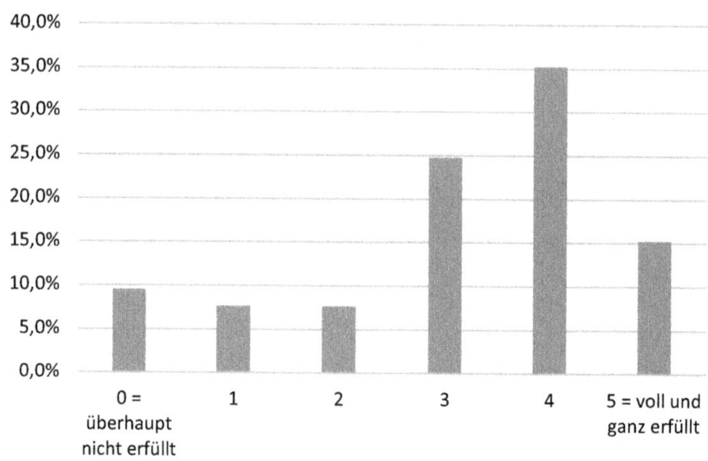

Abb. 1.12 Unterstützung durch die Arbeitnehmervertretung. (Daten nach Landmann und Schat 2016)

Die Rolle des Betriebsrats ist zunächst die Mitbestimmung im Bereich des Betrieblichen Vorschlagswesens (Abschn. 1.5.1.2) und für den Kontinuierlichen Verbesserungsprozess (Abschn. 1.5.1.3).

In vielen Unternehmen sendet der Betriebsrat Vertreter in die Kommission des Betrieblichen Vorschlagswesens. Diese Vertreter können selbst Betriebsräte sein, dies ist aber keineswegs immer der Fall.

Betriebsräte sind in einigen Unternehmen die erste Anlaufstelle, wenn Beschäftigte nicht genau einschätzen können, was von einer Neuerung zu halten ist. Wenn also Ideenmanagement eingeführt oder gründlich überarbeitet wird, dann kommt auf Betriebsräte (und, je nachdem, auf die direkten Führungskräfte) die Frage zu: Sollen wir das wirklich machen – oder führen „die da oben" irgendetwas im Schilde? Von der Antwort auf diese Frage hängt der Erfolg des Ideenmanagements ab. Daher: Gerade in Unternehmen mit starkem Betriebsrat sollte dieser früh und vielleicht auch über das gesetzlich vorgeschriebene Maß hinaus eingebunden werden.

Grundsätzlich gilt: Ideenmanagement ist die direkte Beteiligung von Beschäftigten. Dies funktioniert nicht gegen die Mitarbeitervertretung!

In der Studie „Ideenmanagement Erfolgsfaktoren 2016" (Landmann und Schat 2016) wurde auch gefragt, ob und wie die Arbeitnehmervertretung das Ideenmanagement unterstützt. Mit einer Skala von 0 (= überhaupt nicht erfüllt) bis 5 (= voll und ganz erfüllt) ergibt sich das in Abb. 1.12 dargestellte Bild.

Die Unterstützung durch die Arbeitnehmervertretung ist also in vielen Unternehmen zumindest halbwegs gegeben. Andererseits ließe sich die Unterstützung durch die Arbeitnehmervertretung in vielen Unternehmen noch verbessern.

Ein weiteres Ergebnis dieser Studie: Unterstützung durch die Arbeitnehmervertretung ist keine Garantie für ein gutes Ideenmanagement. Im Gegenteil: Es fanden sich etliche

Unternehmen, die zwar über eine gute Unterstützung durch die Arbeitnehmervertretung berichteten, dennoch beklagenswerte Ergebnisse im Ideenmanagement aufwiesen.

Obere Führungskraft/Geschäftsführung

Die oberen Führungskräfte bzw. die Geschäftsführung sind nicht direkt in das operative Geschehen des Ideenmanagements eingebunden, können aber wichtige Rollen für ein erfolgreiches Ideenmanagement übernehmen.

Die Geschäftsführung ist für den gesamten Erfolg des Unternehmens verantwortlich. Hier werden die Ziele und Aktivitäten der einzelnen Abteilungen zusammengefasst und koordiniert. Das Ideenmanagement unterstützt die Geschäftsführung und trägt zum Unternehmenserfolg bei. Ein Ideenmanagement, das nichts zum Unternehmenserfolg beiträgt, sollte abgeschafft (oder gründlich optimiert) werden.

Ab und zu fordern Ideenmanager, die oberen Führungskräfte müssten das Ideenmanagement unterstützen. Diese Forderung stellt die Verhältnisse auf den Kopf: Ideenmanagement muss die oberen Führungskräfte unterstützen. Wenn dies gelingt, dann schätzen und nutzen die oberen Führungskräfte auch das Ideenmanagement. Umgekehrt: Wenn in einem Unternehmen das Ideenmanagement einfach nicht funktioniert und keinen Nutzen stiftet – warum sollte sich eine obere Führungskraft dafür einsetzen?

Wenn aber ein Ideenmanagement nachweislich dem gesamten Unternehmen nützt, dann werden die oberen Führungskräfte auch bei jeder passenden Gelegenheit darauf hinweisen, werden im Intranet oder in der Unternehmenszeitung für das Ideenmanagement werben, werden Preise und Auszeichnungen persönlich übergeben.

Mindestens ebenso wichtig wie diese operative Unterstützung ist die strategische Unterstützung. Hier finden sich zwei Felder:

Ideenmanagement funktioniert am besten, wenn die Ziele in einem Zielvereinbarungsprozess diskutiert und dann gemeinsam festgelegt werden. Die zweitbeste Variante ist: Es gibt zwar keinen Zielvereinbarungsprozess, aber immerhin Ziele für das Ideenmanagement. Am schlechtesten funktioniert Ideenmanagement, wenn es keine Ziele gibt (Abschn. 4.29).

Selbstverständlich kann ein Zielvereinbarungsprozess auch vom Ideenmanager angestoßen werden, der dann mit eigenen Zielvorstellungen an die oberen Führungskräfte herantritt und die Ziele des Ideenmanagements mit der Geschäftsführung diskutiert. Aber auch in diesem Fall muss die Geschäftsführung einen Überblick über das gesamte Unternehmen haben und vor diesem Hintergrund die Rolle des Ideenmanagements für das Unternehmen einschätzen und besprechen können. Dieser strategische Blick kann zwar vom Ideenmanager ein Stück weit eingefordert werden, aber letztendlich können Mitarbeiter eine operativ orientierte Führungskraft kaum zu konzeptionellem und langfristigem Denken und Planen zwingen.

Ideenmanagement entwickelt sich gut, wenn die Unternehmenskultur Fehler toleriert. „Wer ist schuld an diesem Zustand?" „Warum wird diese Idee erst jetzt entwickelt?" „Hätte die Fachabteilung nicht schon längst selbst darauf kommen müssen?" – Solche Fragen können es dem Ideenmanagement sehr, sehr schwer machen. Die Unternehmenskultur wird maßgeblich von der oberen Führung beeinflusst. Wenn die Geschäftsführung fehlerorientiert diskutiert und vielleicht gar ein Klima der Angst verbreitet, dann wird sich kaum eine Unternehmenskultur entwickeln, in der das Ideenmanagement gut gedeiht. Wenn bei einem Fehler die konstruktive Frage lautet: „Ok, dies ist passiert – wie machen wir das in Zukunft besser? Und was lernen wir daraus?“, dann kann sich eine Unternehmenskultur entwickeln, in der auch das Ideenmanagement gedeiht.

Auch hier: Zwar ist die obere Führung in erster Linie für die Unternehmenskultur verantwortlich, aber nicht ausschließlich. Manchmal werden Signale „von oben“ in der Belegschaft ganz anders wahrgenommen, als die Geschäftsführung dies meinte. Je nach konkreter Situation können ein persönliches Gespräch, eine Initiative des Betriebsrats oder die Beteiligung an einer Mitarbeiterbefragung ein sinnvoller Weg für eine Rückmeldung sein.

Die Unterstützung durch die oberen Führungskräfte ist eine knappe Ressource, Ideenmanager sollten sie verantwortlich einsetzen. Dazu gehört:

- eine Strategie, wie Ideenmanagement den Betriebserfolg nachweislich fördert,
- Erfolge im Ideenmanagement erarbeiten,
- Erfolge des Ideenmanagements überzeugend präsentieren,
- die Sprache des Topmanagements zu sprechen (häufig: eher Zahlen und Geschichten, eher weniger allgemeine Vorsätze und breit angelegte Pläne),
- eine Strategie, wie das Topmanagement möglichst effizient und effektiv das Ideenmanagement unterstützen kann.

In der Studie „Ideenmanagement Erfolgsfaktoren 2016“ wurde auch gefragt, ob und wie das Topmanagement das Ideenmanagement unterstützt. Mit einer Skala von 0 (= überhaupt nicht erfüllt) bis 5 (= voll und ganz erfüllt) ergibt sich das in Abb. 1.13 gezeigt Bild.

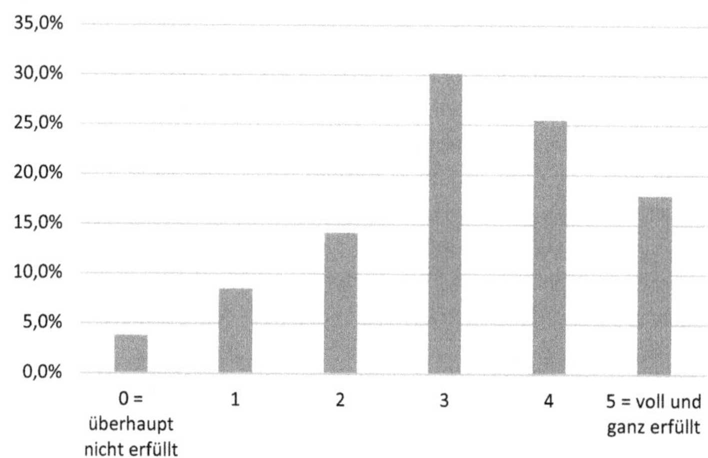

Abb. 1.13 Topmanagement-Unterstützung. (Daten aus Landmann und Schat 2016)

Auf der Skala von 0 bis 5 geben rund drei von vier Betrieben an, über eine Topmanagement-Unterstützung von drei, vier oder fünf zu verfügen – offenkundig ist eine Topmanagement-Unterstützung im oberen Bereich in vielen Betrieben gegeben.

Unter den Betrieben mit geringer Topmanagement-Unterstützung (0 bis 3 Punkte) erreicht immerhin ein Fünftel eine Beteiligungsquote von 45 % oder mehr. Ebenfalls ein Fünftel der Befragten mit geringerer Topmanagement-Unterstützung berichtet von einer durchschnittlichen berechenbaren Einsparung pro Mitarbeiter von 550 € oder mehr. Daher: Ja, erfolgreiches Ideenmanagement mit geringer Topmanagement-Unterstützung ist möglich. Wenn auch sicher nicht einfach.

1.4.2.2 Die Modelle

Zentrales Ideenmanagement

Das ablauforganisatorische Konzept des zentralen Ideenmanagements ist in Abb. 1.14 dargestellt.

Das zentrale Ideenmanagement ist so organisiert, wie es die Überschrift ankündigt: Es gibt ein zentrales Ideenmanagement. Dieses wirbt für Verbesserungsvorschläge und organisiert KVP-Workshops. Es sammelt und dokumentiert alle Ideen und Vorschläge,

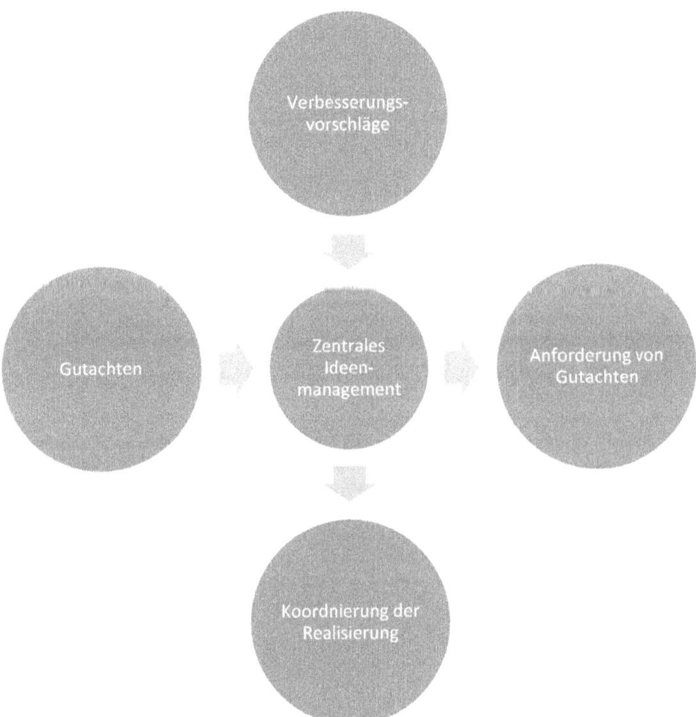

Abb. 1.14 Zentrales Ideenmanagement (Grundidee)

fordert ggf. Gutachten an, organisiert die Entscheidungsprozesse und koordiniert die Realisierung der Workshop-Ergebnisse und der Verbesserungsvorschläge. Die Ideenmanager sind Profis – sie können sich ganz dem Ideenmanagement widmen, kennen die eingesetzte Software im Detail, sind routiniert in der Organisation. Das Ideenmanagement kann als Profitcenter geführt werden, dies führt häufig auch zu besseren Ergebnissen, zumindest zu einer höheren Rentabilität des Ideenmanagements. Das Ideenmanagement wird im gesamten Unternehmen einheitlich durchgeführt, Ungleichbehandlungen werden weitgehend vermieden.

Nachteil des zentralen Ideenmanagements ist der Nachteil aller Zentralisierung: Die zentralen Ideenmanager sind nicht mehr direkt in das Geschehen in den anderen Abteilungen und Bereichen involviert. Zentrale Ideenmanager laufen Gefahr, sich stärker an den Anforderungen des Ideenmanagements zu orientieren als an den Anforderungen des Gesamtunternehmens und seinen leistungserstellenden und unterstützenden Prozessen. Zudem läuft zentrales Ideenmanagement Gefahr, zu einer Bürokratie auszuwachsen. Ein solcher bürokratischer Ablauf im zentralen Ideenmanagement wird in Abb. 1.15 dargestellt.

Verfolgen wir den Weg eines einfachen Verbesserungsvorschlags durch das zentrale Ideenmanagement: Ein Einreicher entwickelt einen Vorschlag und reicht ihn ein, heutzutage in den etwas größeren Unternehmen meist auf elektronischem Weg. Auch der Eingang wird nur in kleinen Unternehmen vom Ideenmanager persönlich bestätigt (wobei der Autor als Beauftragter für das Betriebliche Vorschlagswesen eines kleinen Bereichs diese

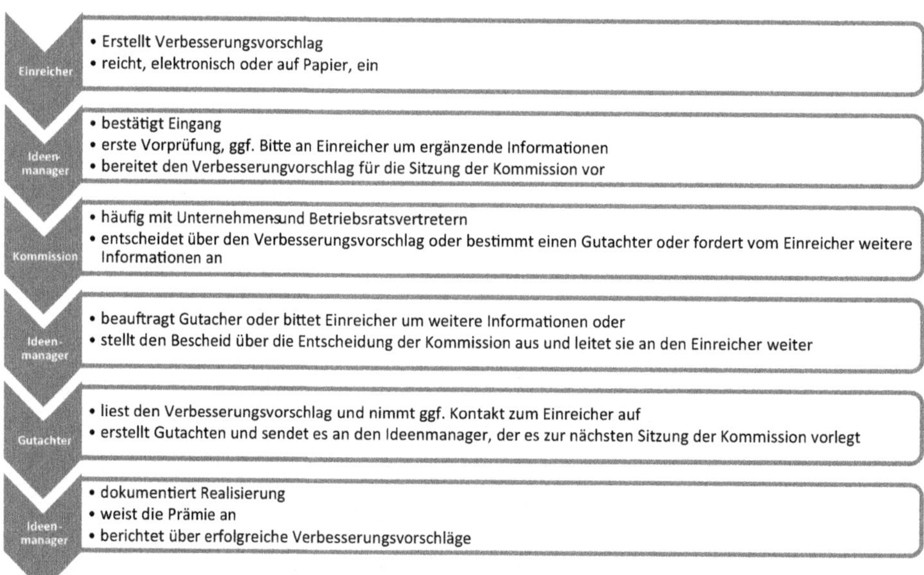

Abb. 1.15 Bürokratischer Ablauf des zentralen Ideenmanagements

Eingangsbestätigung teilweise persönlich gegeben hat, in einem direkten Gespräch vor Ort mit dem Kollegen, und sich dabei manchmal gleich einen weiteren Verbesserungsvorschlag abholen konnte). Der Ideenmanager sammelt die Verbesserungsvorschläge, überprüft, ob weitere Informationen notwendig sind, und sendet diesen Vorschlag gemeinsam mit den anderen in letzter Zeit eingereichten Vorschlägen an die Mitglieder der Kommission. Diese lesen sich ein und sind so bereits informiert, wenn sich die Kommission des Betrieblichen Vorschlagswesens trifft. Die Kommission besteht häufig aus Vertretern des Unternehmens und des Betriebsrats. In der Kommission werden nun die einzelnen Vorschläge diskutiert. Häufig lautet das Ergebnis der Diskussion: Die Kommissionsvertreter fühlen sich nicht hinreichend sachkundig und beauftragen den Ideenmanager, ein Gutachten einzuholen. Der Ideenmanager überlegt also, wer für diesen Vorschlag einerseits sachkundig, andererseits aber auch neutral ist – ein Fachmann, aber kein Vorgesetzter oder gar innerbetrieblicher Konkurrent des Einreichers. Diesen Fachmann schreibt der Ideenmanager also an, legt den Verbesserungsvorschlag bei und bittet um eine Stellungnahme.

Gutachter sollen die besten Fachleute für ihr Gebiet im Betrieb sein. Die besten Fachleute sind im Betrieb typischerweise mit Arbeit mehr als ausgelastet, und Gutachtenaufträge vom Ideenmanagement haben nicht immer die höchste Priorität. Häufig muss der Ideenmanager nachfragen, Gutachten anmahnen, mit mehr oder weniger sanftem Druck für eine (halbwegs) pünktliche Abgabe der Gutachten sorgen. Verschiedene Ansätze, von automatisch generierten Mahn-Mails über die Präsentation überfälliger Gutachten bei der Abteilungsleitersitzung bis zu Prämien für pünktliche Gutachten wurden probiert, doch alle diese Ansätze lösen das Grundproblem, die Überlastung der Fachleute, die Gutachten erstellen sollen, nicht (Abschn. 1.4.2.1). Es ist daher wenig überraschend, dass alle diese Ansätze nur mehr oder weniger gut funktionieren.

Wenn die Gutachten dann beim zentralen Ideenmanagement eingegangen sind, verteilt dieser sie an die Mitglieder der Kommission und auf der nächsten Sitzung wird dann über den Vorschlag entschieden – falls der Informationsbedarf der Kommission gedeckt ist. Ansonsten wird ein weiteres Gutachten beauftragt.

Die Kommission beschließt im positiven Fall typischerweise eine Prämie und die Realisierung des Verbesserungsvorschlags. Die Prämie wird in der Regel wie vorgesehen ausgezahlt. Die Realisierung funktioniert nicht immer reibungslos: Für die Realisierung sind häufig Führungskräfte verantwortlich, die nicht an der Entscheidung der Kommission beteiligt waren. So kann es aus sachlichen Gründen, gelegentlich aber auch wegen des „Not-invented-here"-Syndroms (Abschn. 4.23) zu Verzögerungen kommen. Es wird auch von Fällen berichtet, in denen aus diesen Gründen ein Vorschlag nicht realisiert wurde.

Wenn der Einreicher mit der Entscheidung der Kommission nicht einverstanden ist, so kann er sich an die Einspruchskommission wenden, die dann die Entscheidung der Kommission überprüft.

Eine direkte Kommunikation zwischen Gutachter und Einreicher ist nicht in jedem Fall vorgesehen, kann jedoch die Akzeptanz des Gutachtens, der konkreten Entscheidung der Kommission, aber auch des Ideenmanagements im Allgemeinen deutlich verbessern.

Neben der Professionalität der Ideenmanager ist ein großer Vorteil des zentralen Modells des Ideenmanagements die Gleichbehandlung: Auch in großen Unternehmen kann so sichergestellt werden, dass Vorschläge aus unterschiedlichen Unternehmensbereichen nach den gleichen Maßstäben beurteilt und prämiert werden.

Dezentrales Ideenmanagement

Rein formal ist ein dezentrales Ideenmanagement ein Ideenmanagement, in dem an verschiedenen Stellen im Unternehmen die Entscheidungen für das Ideenmanagement getroffen werden, wie in Abb. 1.16 dargestellt.

In Unternehmen mit mehreren Betrieben wird häufig für jeden Betrieb ein eigenes Ideenmanagement eingerichtet, in dem der lokale Ideenmanager eigenverantwortlich das Ideenmanagement betreibt. Dies ist noch häufiger der Fall, wenn die Betriebe räumlich weit auseinanderliegen, und es ist fast die Regel, wenn die Betriebe in unterschiedlichen Staaten angesiedelt sind.

Auch im dezentralen Ideenmanagement findet sich in aller Regel eine zentrale Stelle, die für vergleichbare Vorgehensweisen an den einzelnen Standorten sorgen soll, den Erfahrungsaustausch der Ideenmanager organisiert, ggf. eine (Rahmen-)Betriebsvereinbarung verhandelt und ähnliche Aufgaben erledigt.

Der große Vorteil eines dezentralen Ideenmanagements liegt in der Nähe der Entscheidungen zu den Einreichern und zu den Prozessen, die verbessert werden.

Der große Nachteil ist bereits in der Grafik zu sehen: die mangelnde Zusammenarbeit der Ideenmanager. Der Erfahrungsaustausch unter den Ideenmanagern funktioniert meist. Doch wie kommen gute Ideen, die in einem Betrieb realisiert wurden, in andere Betriebe? Hierzu gibt es gute Softwarelösungen. Doch das Anreizsystem im Ideenmanagement ist auf das Entwickeln und Umsetzen eigener Ideen ausgerichtet, weniger auf das Über-

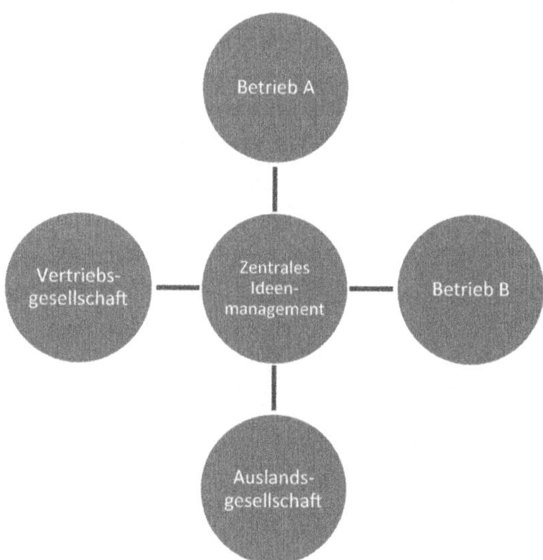

Abb. 1.16 Dezentrales Ideenmanagement

nehmen von Ideen anderer Betriebe. Dann muss das Rad in jedem Betrieb neu erfunden (begutachtet und prämiert) werden, oder Einsparungen werden nur in einem Betrieb realisiert, und die anderen Betriebe arbeiten unwirtschaftlich weiter – auch dies ist keine gute Lösung.

Schließlich stellt sich noch die Frage, wie Vorschläge aus einem Betrieb auf ihre Verwendbarkeit in einem anderen Betrieb überprüft werden können. In der Praxis kann häufig der Einreicher oder ein Gutachter in der Software anhaken „Vorschlag möglicherweise in einem anderen Betrieb umsetzbar". Wenn der Einreicher oder Gutachter diese Option anhakt, dann ist er immer auf der sicheren Seite: Wenn der Vorschlag in einem anderen Betrieb verwendbar ist, dann hat er richtig gewählt. Wenn der Vorschlag in einem anderen Betrieb nicht verwendbar ist, dann konnte dies der Einreicher oder Gutachter nicht wissen. Daher erhalten die Ideenmanager in diesem Modell eine Fülle von Vorschlägen, die sie auf die Übertragbarkeit in den eigenen Betrieb überprüfen müssen. Die Masse dieser Vorschläge ist in aller Regel nicht übertragbar. So ist es nicht verwunderlich, dass Ideenmanager in diese Prüfung der Übertragbarkeit auf den eigenen Betrieb keine übermäßige Energie und Sorgfalt stecken. Eine wirklich effektive Vorselektion durch Software erscheint zwar grundsätzlich möglich, ist aktuell aber noch in der Entwicklung.

Vorgesetztenmodell

Dieses Modell des Ideenmanagements siedelt viele Entscheidungen bei der nächsten Instanz des Einreichers an. Die nächste Instanz ist der direkte Vorgesetzte, die Grundidee wird in Abb. 1.17 dargestellt.

Bei diesem Modell reicht ein Mitarbeiter seinen Verbesserungsvorschlag bei seinem direkten Vorgesetzten, also dem Meister (im gewerblichen Bereich) oder dem Teamleiter ein. Der Vorgesetzte entscheidet in der Regel selbstständig über den Vorschlag, teilt

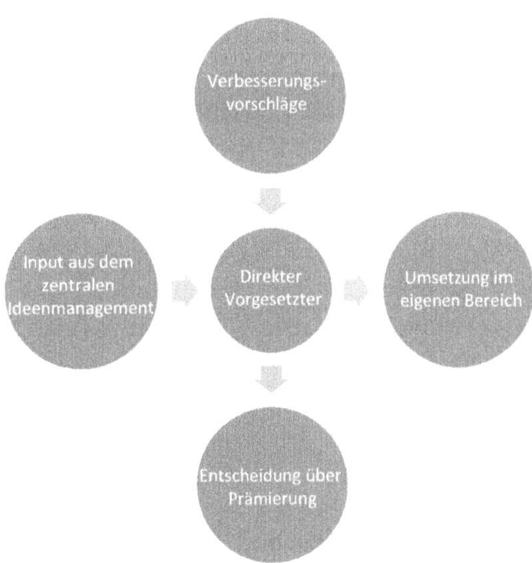

Abb. 1.17 Vorgesetztenmodell (Grundidee)

dem Mitarbeiter die Entscheidung über die Prämienhöhe mit und setzt den Vorschlag, soweit er seinen Bereich betrifft, um. Dabei orientiert sich der Vorgesetzte an den Regeln und Hinweisen, die das (auch in diesem Modell vorhandene) Ideenmanagement erarbeitet hat, einerlei, ob es sich um ein zentrales Ideenmanagement oder ein für diesen Betrieb zuständiges dezentrales Ideenmanagement handelt. Vorschläge, die nicht vom direkten Vorgesetzten entschieden und (im positiven Fall) umgesetzt werden können, werden an die zuständige und entscheidungskompetente Stelle weitergeleitet.

Der große Vorteil im Vorgesetztenmodell liegt in der direkten Kommunikation zwischen Einreicher und Entscheider. Oft kann schon im Vorfeld ein Vorschlag im Gespräch so optimiert werden, dass er gut umgesetzt werden kann. Bei diesem Modell konzentriert sich das Ideenmanagement auf Vorschläge, die der direkte Vorgesetzte selbst umsetzen kann, also auf Vorschläge, die aus dem Arbeitsbereich des Einreichers oder zumindest aus dessen unmittelbarem Umfeld stammen. Dies ist in der Regel auch der Bereich, in dem sich ein Einreicher besonders gut auskennt und aus dem daher besonders sinnvolle Vorschläge zu erwarten sind.

Als Nachteil wird oft angeführt, dass dieses Modell Beschäftigte benachteiligt, die ein ernstes Problem mit ihrem Vorgesetzten haben. Das ist korrekt – doch muss die Lösung darin liegen, dass Mitarbeiter und Vorgesetzte zu einem vernünftigen Verhältnis miteinander kommen, nicht, dass ein Ideenmanagement im Hinblick auf schlechte Mitarbeiter-Führungskraft-Beziehungen optimiert wird.

Eine Begrenzung dieses Modells liegt sicherlich in der Fokussierung auf den Arbeitsbereich des direkten Vorgesetzten, dies ist kein guter Ansatz, um das Denken über Abteilungsgrenzen hinaus einzuüben.

Schließlich wird es in diesem Modell immer wieder vorkommen, dass unterschiedliche Führungskräfte das Ideenmanagement unterschiedlich handhaben, was ein Gefühl der Ungerechtigkeit verursachen kann.

Communitybasierte Modelle

Auch das Ideenmanagement entwickelt sich kontinuierlich weiter. Einer der Impulse hierzu wurde populär durch Frank Schätzings Roman „Der Schwarm" (Schätzing 2004). Im Roman vereinigen sich Lebewesen, die einzeln ohnmächtig wären, und konfrontieren die mächtigsten Lebewesen dieser Erde: die Menschen.

Über das Ideenmanagement hinaus nutzen communitybasierte Modelle zwei Eigenschaften von größeren Menschengruppen aus:

1. Die Einschätzungen von Einzelnen können je nach Vorerfahrung und Tagesform sehr unterschiedlich ausfallen. Bei vielen Einschätzungen von vielen Menschen heben sich die extremen Einschätzungen in der einen oder der anderen Richtung auf. So kommt „der Schwarm" am Ende zu einer mittleren Einschätzung, die sich häufig als sinnvoll und vernünftig erweist.
2. In der großen Gruppe von Menschen kommen die unterschiedlichsten Kenntnisse und Erfahrungen zusammen. Vermutlich findet sich für jede noch so exotische Fragestellung im „Schwarm" jemand, der genau diese Frage beantworten kann.

Communitybasierte Modelle des Ideenmanagements arbeiten häufig mit Ideenkampagnen: In einem bestimmten Bereich oder für bestimmte Fragestellungen sieht das Unternehmen besonderen Verbesserungsbedarf. Diese Problemstellung wird im Betrieb bekanntgegeben, und nach dem Starttermin geht es los: Ideen werden in die Software eingetragen, jeder kann zu jeder Idee Kommentare hinzufügen, Veränderungen vorschlagen, seine Fachkenntnisse einbringen. Ideen kann man bewerten oder „liken" – manchmal recht beliebig, manchmal erhält jeder Teilnehmer eine gewisse Anzahl von Punkten und kann nur diese vergeben. Häufig entwickeln sich im Laufe der Zeit eine Lösung oder einige wenige Lösungsvorschläge heraus. Diese können dann von Fachleuten weiter begutachtet und letztendlich entschieden und umgesetzt werden.

Der Ansatz des communitybasierten Ideenmanagements versucht, die Stärken von Software und die Beteiligung vieler Menschen optimal zu kombinieren: Die Software kann viele Vorschläge und Kommentare speichern, sortieren und in unterschiedlichen Ansichten anzeigen. Viele Menschen vereinen auch viele Kenntnisse und Erfahrungen. Viele Menschen können die Beschränkungen und Vorurteile Einzelner korrigieren und kommen häufig zu vernünftigeren Einschätzungen.

„Betroffene zu Beteiligten machen" ist eine altbewährte Forderung bei der Umsetzung von Organisationsprojekten (z. B. Büchi und Chrobok 1994, S. 76). Dieser Grundsatz gilt auch für die Einführung oder Änderung des Ideenmanagements. Die frühzeitige Einbeziehung des Betriebsrats hat sich als Erfolgsfaktor im Ideenmanagement inzwischen herumgesprochen – die frühzeitige Einbeziehung der DV-Abteilung ist genauso sinnvoll. Ziel ist hier, zum einen die fachlichen Anforderungen von Ideenmanagement und EDV-Abteilung frühzeitig abzustimmen, aber auch die notwendigen Ressourcen in der EDV rechtzeitig zu planen und die zeitliche Abstimmung möglichst früh zu beginnen.

Eine Vielzahl von Verbesserungsvorschlägen betrifft die EDV. Diese Vorschläge würden häufig tatsächlich die Arbeit der Beschäftigten verbessern, zeigen allerdings keinen direkt berechenbaren Nutzen. Dieser kann jedoch mit einem entsprechenden System diskutiert werden, ein Beispiel gibt Abb. 1.18.

Beispiel: Wenn auf einer Eingabemaske ein weiteres Informationsfeld erscheint, wird dies dem Sachbearbeiter das Nachschlagen dieser Information ersparen. Selbst wenn die Zeit, die dieses Nachschlagen benötigt, festgestellt werden kann: Das Unternehmen wird durch dieses Informationsfeld kein Personal einsparen können. Der Vorschlag führt daher nicht zu einer rechenbaren, budgetwirksamen Einsparung.

Wenn keine rechenbare Einsparung gegeben ist, dann wird es schwer für die EDV-Abteilung zu entscheiden, welche Vorschläge tatsächlich eine größere Verbesserung für die Beschäftigten versprechen und welche Vorschläge einfach nur nette Variationen sind. Die Reihenfolge der Umsetzung kann nicht durch die Einsparung priorisiert werden. Werden vorrangig die Vorschläge von Einreichern umgesetzt, die „am lautesten schreien" oder „die besten Beziehungen haben", dann sind am Ende alle, Einreicher wie EDV-Abteilung, unzufrieden.

Ein Lösungsansatz kommt aus dem Crowdsourcing, einer neueren Entwicklung im Innovationsmanagement. Hier können (potenzielle) Anwender mittels kleinerer (oder größerer) Geldbeträge mitentscheiden, welche der vielen vorgestellten Ideen weiterentwickelt

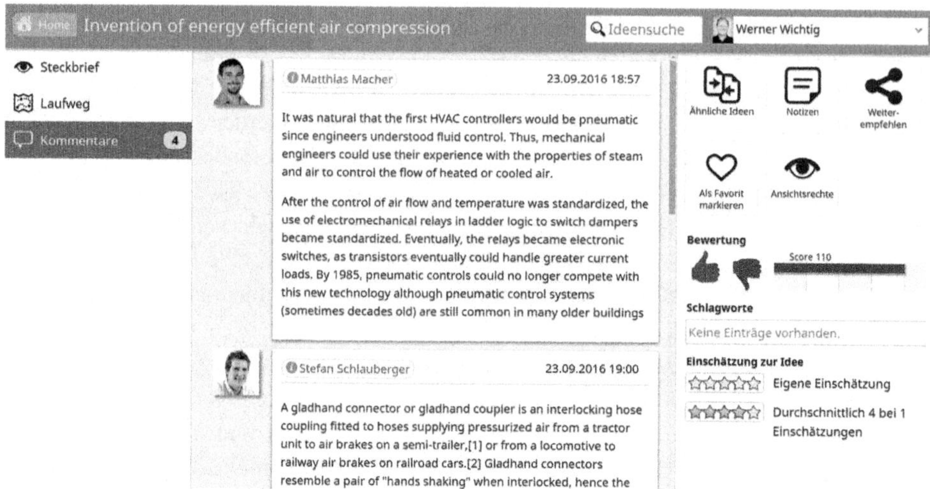

Abb. 1.18 Softwareunterstützte Diskussion von Ideen. (Landmann 2016)

Abb. 1.19 Bewertung von Verbesserungsvorschlägen. (Landmann 2016)

werden. Dieses Prinzip kann auf das innerbetriebliche Innovationsmanagement übertragen werden: Die Beschäftigten können Vorschläge bewerten, die Vorschläge mit den meisten Punkten werden zuerst realisiert. Die DV-Abteilung kommt damit aus der Entscheidung über die Priorisierung, der Prozess ist zudem transparent und „Beziehungen" scheiden als Entscheidungskriterium aus. Derartige Entscheidungsprozesse werden bereits heute von entsprechender Software unterstützt, ein Beispiel ist in Abb. 1.19 zu sehen.

Es lohnt sich also in mancherlei Hinsicht, als Ideenmanager die EDV-Abteilung frühzeitig in neue Entwicklungen einzubeziehen und dabei nicht nur die Dienste der EDV in

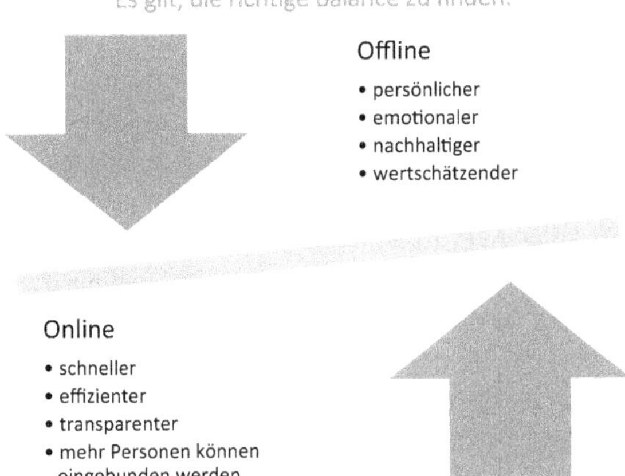

Abb. 1.20 Balance von Online- und Offline-Ideenmanagement. (Nach Lehleiter 2016, Folie 6)

Anspruch zu nehmen, sondern auch zu versuchen, Ansätze des Ideenmanagements zum Nutzen der EDV-Abteilung einzusetzen.

Voraussetzung für die Teilnahme an softwareunterstütztem communitybasiertem Ideenmanagement ist die Fähigkeit, sich schriftlich präzise auszudrücken, und der Spaß daran, diese neue Form des Ideenmanagements einmal auszuprobieren. Wenig überrascht, dass dieses Modell des Ideenmanagements in Software- und Kreativunternehmen gerne eingesetzt wird. Ob die Verbreitung von PC, Smartphone und Internet dazu führt, dass rein softwareunterstütztes communitybasiertes Ideenmanagement weite Verbreitung findet, bleibt abzuwarten.

Manche communitybasierten innovativen Aktivitäten werden daher besser offline organisiert, wie es auch Abb. 1.20 nahelegt.

Für die Offline-Aktivitäten sind bewährte Formate Workshops, World-Cafés und gezielte Treffen von Beschäftigten aus unterschiedlichen Unternehmensbereichen diese Aktivitäten sinnvoll mit Online-Möglichkeiten zu verbinden, ist eines der Felder, auf denen das Ideenmanagement sich aktuell weiterentwickelt. Auch hier müssen für unterschiedliche Gruppen von Beschäftigten, Branchen und Zielen des Ideenmanagements jeweils passende Kombinationen von On- und Offline-Aktivitäten gefunden werden. Eine weitere Entwicklungslinie ist die Verknüpfung zur „Industrie 4.0" (Abschn. 4.12).

Auch communitybasiertes Ideenmanagement richtet sich zunächst an die Beschäftigten eines Unternehmens. Kunden, Mitarbeiter von anderen Unternehmen, Fachleute der betreffenden Branche und schließlich alle Internetnutzer können technisch problemlos angesprochen werden. Doch werden so unternehmensinterne Informationen öffentlich diskutiert, was nicht in allen Fällen nützlich sein dürfte.

Eine Stärke von Communities ist, dass extreme Einschätzungen und Ideen korrigiert werden. Das führt häufig zu vernünftigen Lösungen, aber kaum zu radikal neuen Ideen.

Die Frage, für welche Art von Problemstellungen diese Form des Ideenmanagements besonders geeignet ist, wird sich auch erst im Laufe der Zeit klären.

Teammodell

Das Teammodell im Ideenmanagement überträgt Strukturen aus dem Kontinuierlichen Verbesserungsprozess in weitere Anwendungsbereiche.

Wie im Kontinuierlichen Verbesserungsprozess entwickelt hier eine Gruppe in einem moderierten Prozess Verbesserungsvorschläge. Häufig werden die Themen und Fragestellungen vom Unternehmen vorgegeben. Es finden sich aber auch Teams, die die Bereiche, in denen Verbesserungen besonders notwendig sind, selbst finden, und Ideen dazu entwickeln.

Der Kontinuierliche Verbesserungsprozess wird meist eingesetzt in der Produktion oder in den Bereichen, die eine Dienstleistung erstellen. Im Gegensatz dazu kommt Ideenmanagement im Teammodell auch im klassischen Angestelltenbereich vor.

Die Teams können sich regelmäßig treffen. Es können aber auch für spezifische Anlässe Teams gebildet werden, die nach einigen Treffen Verbesserungen vorschlagen, und sich dann auflösen – oder nur noch einmal wieder zusammenkommen, um im Abstand von einigen Monaten die Umsetzung zu besprechen und daraus Lehren für weitere Verbesserungsprozesse abzuleiten.

Die Teams im Teammodell des Ideenmanagements können aus dem gleichen Arbeitsbereich kommen. Gerne werden Teams aber abteilungsübergreifend zusammengestellt. Insbesondere die vorgelagerte und die nachgelagerten Bereiche sollten vertreten sein – sonst werden Vorschläge entwickelt in der Art: „Wir können unseren Bereich optimieren, indem wir einfach Arbeiten an die vor- oder nachgelagerten Bereiche verschieben." Mit solchen Vorschlägen wird aber der gesamte Prozess nicht verbessert. Aus dem gleichen Grund kann es sinnvoll sein, in ein Verbesserungsteam auch Vertreter jener Bereiche einzuladen, die die Vorschläge vermutlich umzusetzen haben. Typische Umsetzungsbereiche sind Werkzeugbau, Instandhaltung oder die EDV-/IT-/OE-Abteilung.

Ideenmanagement im Teammodell kann auch in bereits bestehenden Teams stattfinden. Traditionell geschieht dies in Qualitätszirkeln (Quality Circle, QC), in denen speziell an der Verbesserung der Qualität gearbeitet wird. Da aber „Qualität" sämtliche Prozesse in einem Unternehmen betrifft, befassen sich Qualitätszirkel mit Verbesserungen in vielen Bereichen.

Ähnlich hat der Arbeitsschutz-Ausschuss (ASA) zwar vor allem die Sicherheit und die Gesundheit als Themen – damit sind aber grundsätzlich alle Prozesse und Rahmenbedingungen angesprochen, die die eigenen Beschäftigten, Beschäftigte von Fremdfirmen und vielleicht auch die Kunden betreffen. Auch hier kann es ein Vorteil sein, dass im Arbeitsschutz-Ausschuss unterschiedliche Berufe (Fachkraft für Arbeitssicherheit, Betriebsarzt, in der Regel Personal und Produktion) und unterschiedliche Perspektiven („normale" Beschäftigte, Profis des Arbeitsschutzes, Betriebsrat) vertreten sind.

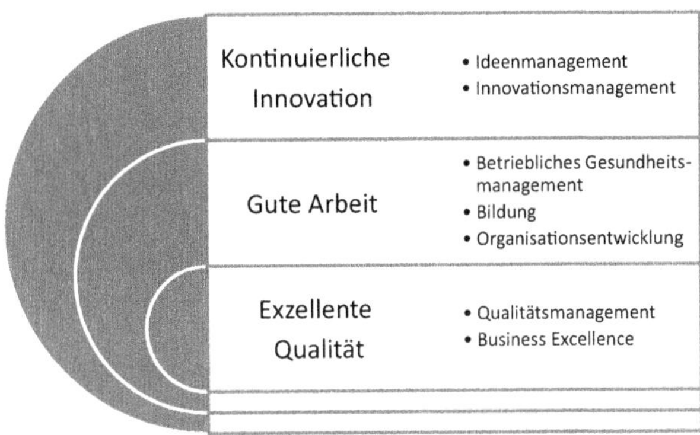

Abb. 1.21 Integration in andere Prozesse

Integration in andere Prozesse

Die „Integration mit anderen Prozessen" ist eigentlich kein eigenständiges Modell, es ist eher der Ansatz, Ideenmanagement eben nicht als eigenständigen, sondern als integrierten Bestandteil des Unternehmens zu modellieren. Dies zeigt Abb. 1.21.

In Deutschland unterliegt das Ideenmanagement besonderen Regeln der Mitbestimmung. In Deutschland und in Österreich wurden lange Zeit die Prämien des Betrieblichen Vorschlagswesens steuerlich begünstigt. Da lag es nahe, das Ideenmanagement auch als eigenständige Einrichtung zu betreiben und so Klarheit zu schaffen, wann eine Sonderzahlung dem Ideenmanagement zuzurechnen ist und wann nicht.

Doch als unerwünschter Nebeneffekt hat sich das Ideenmanagement in manchen Unternehmen tatsächlich isoliert. Dies ist teilweise bereits räumlich zu sehen: Wenn das Büro des Ideenmanagements irgendwo am Rande des Unternehmens zu finden ist, dort, wo nichts Wichtiges passiert – dann ist häufig auch der Ideenmanager von der informellen Kommunikation abgeschnitten. In manchen Unternehmen wirkt das Ideenmanagement wie ein Fremdkörper. Hier setzt der Gedanke der „Integration in andere Prozesse" an:

In Unternehmen wird „kontinuierliche Verbesserung" heute in der Regel im Rahmen von übergeordneten und integrierten Konzepten durchgeführt. Beispiele sind Normen wie die DIN ISO 9000-Familie (Abb. 2.3), das Business-Excellence-Modell der EFQM (Abschn. 4.14.1), die Balanced Scorecard (Abschn. 4.14.2) oder das Qualitätsmanagement (Abschn. 4.25). Anstatt nun zusätzlich noch ein Ideenmanagement aufzubauen und dieses dann mühsam mit dem übergeordneten Modell in Einklang zu bringen, kann das Ideenmanagement auch von Beginn an als Teil des übergeordneten Prozesses entworfen werden. Aufbauorganisatorisch wird man dann eine Abteilung „Business Excellence" oder „Qualitätsmanagement" finden, in der auch Ideen aus Verbesserungsgruppen (analog dem Kontinuierlichen Verbesserungsprozess) und spontan entwickelte Verbesserungsvorschläge (analog dem Betrieblichen Vorschlagswesen) bearbeitet werden. Dabei muss noch nicht einmal eine Person als „Ideenmanager" definiert werden.

Durch eine solche Integration in andere Prozesse wird sichergestellt, dass das Ideenmanagement dieselben Ziele verfolgt wie alle anderen Bestrebungen im Unternehmen auch. Die Methoden und Werkzeuge, die beispielsweise das Qualitätsmanagement verwendet, werden dann auch im Ideenmanagement angewendet. Die Vorteile wurden schon vor rund 20 Jahren erkannt:

> Die Integration des Ideenmanagements in ein umfassendes Konzept (z. B. Total Quality Management) wird [...] als wichtiger Schritt in der Weiterentwicklung des Vorschlagswesens betrachtet. Die systematische Koordination mit anderen Instrumenten der Rationalisierung und Innovationsförderung (wie den Kreativitätstechniken, der Wertanalyse, den Forschungs- und Entwicklungsmethoden, den Hilfsmitteln zur Qualitätsförderung, der Organisations- und Personalentwicklung, dem Projektmanagement etc.) wird angestrebt. Dadurch kann ein größerer positiver Gesamteffekt, d. h. ein höherer (Innovations-)Output entstehen. Ideenmanagement ist je nach Ausprägung als Integration des Vorschlagswesens (und ähnlicher Innovationsinstrumente) in ein übergeordnetes Innovations- oder Qualitätsmanagement zu verstehen (Zimmermann 1999, S. 44).

Aus Sicht des Personalmanagements kann es sinnvoll sein, Ideen- und Betriebliches Gesundheitsmanagement (Abschn. 4.7) zusammenzubringen. In einigen Unternehmen sind Prozess- und Produktinnovation so eng verzahnt, dass Ideen- und Innovationsmanagement (Abschn. 4.13) integriert werden.

Die eine beste Form der Integration des Ideenmanagements in andere Prozesse gibt es nicht, hier muss jedes Unternehmen seinen eigenen Weg finden. Aber auch dieser Weg sollte immer wieder überprüft werden: Unter den Bedingungen von Industrie 4.0 (Abschn. 4.12) können Prozesse vollkommen neu erscheinen – und damit muss auch die Integration neu aufgesetzt werden.

Mischformen

Mischformen finden sich in Unternehmen, in denen zwar ein großer Anteil an Verbesserungsvorschlägen durch die direkten Vorgesetzten selbst entschieden und umgesetzt werden kann, zugleich aber auch ein größerer Anteil der Vorschläge über den Verantwortungsbereich des direkten Vorgesetzten hinausgehen und so zentral bearbeitet werden sollte; die Grundidee findet sich in Abb. 1.22.

Hybridformen

Hybrides Ideenmanagement erlaubt dem Einreicher beides: einen Verbesserungsvorschlag direkt bei seinem Vorgesetzten einzureichen und einen Vorschlag beim zentralen Ideenmanagement einzureichen, dieses Konzept ist in Abb. 1.23 dargestellt.

Auf den ersten Blick ist der große Vorteil des Hybrid-Modells zu erkennen: Vorschläge können dort eingereicht werden, wo es sinnvoll ist: Die Vorschläge, die der Vorgesetzte begutachten und umsetzen (lassen) kann, werden beim Vorgesetzten eingereicht. Die anderen Vorschläge werden vom zentralen Ideenmanagement unterstützt.

Ebenso klar sind die beiden Problemzonen: Wie werden Vorschläge bearbeitet, bei denen nicht von vorneherein klar ist, ob Vorgesetzter oder zentrales Ideenmanagement die

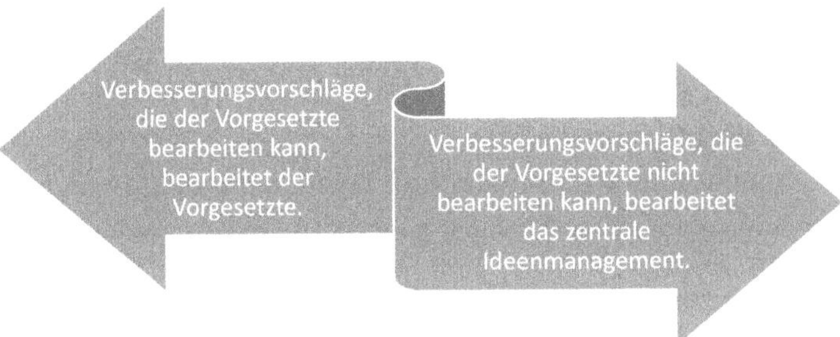

Abb. 1.22 Mischmodell des Ideenmanagements

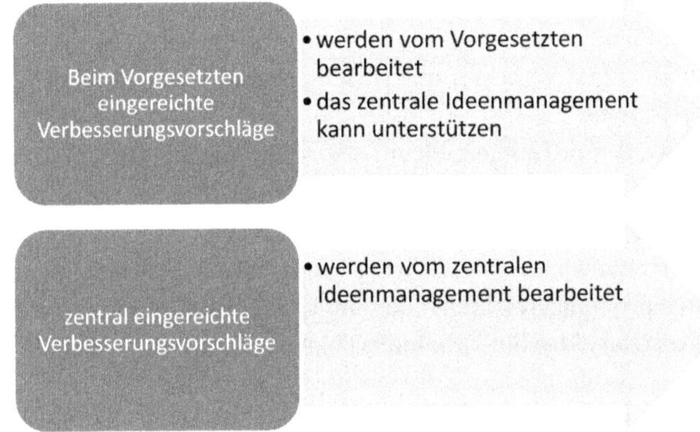

Abb. 1.23 Hybridmodell im Ideenmanagement

beste Unterstützung bieten können? Und: Wie wird eine einheitliche Bearbeitung und Prämierung im Unternehmen sichergestellt? Beide Fragen laufen letztendlich auf die Frage heraus: Wie gut stimmen sich Führungskräfte und das zentrale Ideenmanagement ab? Wie gut koordiniert das zentrale Ideenmanagement auch die dezentralen Entscheidungen und Prozesse?

1.4.3 Controlling

„Controlling" bedeutet Steuerung, ein typischer „Controller" ist der Thermostat am Heizkörper – und so dient das Controlling im Ideenmanagement dazu, dieses auf dem richtigen Kurs zu halten. Wie überall im Unternehmen so ist auch das Controlling im Ideenmanagement vom Grundproblem des Controllings betroffen: Einige Kennzahlen lassen sich sehr gut messen, die Anzahl der eingegangenen Verbesserungsvorschläge beispielsweise. Doch ist es nicht das eigentliche Ziel des Ideenmanagements, dass viele Vorschläge eingereicht werden. Das Ziel des Ideenmanagements ist eher, einen hohen Nutzen für das

Unternehmen zu generieren oder die Unternehmenskultur positiv zu beeinflussen. Doch die Erreichung dieser eigentlichen Ziele ist nur schwer zu messen.

1.4.3.1 Input- und Output-Größen

Systematisch kann man im Ideenmanagement Input- und Output-Größen unterscheiden. Die typischerweise im Ideenmanagement erhobenen Input-Größen sind

- eingegangene Verbesserungsvorschläge und Ideen aus dem Kontinuierlichen Verbesserungsprozess, gerechnet pro Mitarbeiter und Jahr,
- Anteil der sich am Ideenmanagement beteiligenden Beschäftigten (Beteiligungsquote),
- Anteil der prämierten Verbesserungsvorschläge,
- Prämie pro prämiertem Verbesserungsvorschlag oder Prämie pro eingereichtem Verbesserungsvorschlag,
- Anteil der umgesetzten Verbesserungsvorschläge und Ideen aus dem Kontinuierlichen Verbesserungsprozess,
- Anzahl Beschwerden pro eingereichtem oder umgesetztem Vorschlag,
- Zufriedenheit mit dem Ideenmanagement, bei einer Mitarbeiterbefragung oder einer speziellen Umfrage für das Ideenmanagement erhoben.
- Kosten des Ideenmanagements – als Teil-, Grenz- oder Vollkosten, als absolute Summe oder als Kosten pro (eingereichtem oder umgesetztem) Vorschlag bzw. pro (entwickelter bzw. umgesetzter) Idee des Kontinuierlichen Verbesserungsprozesses.

Alle diese Input-Größen sind wichtig – ohne Input kann kein Output generiert werden. Aber eigentlich interessieren die Output-Größen, also der Nutzen. Als Output-Größen werden im Ideenmanagement häufig gemessen:

- Nutzen pro eingereichter, pro prämierter, pro umgesetzter Idee bzw. pro Verbesserungsvorschlag,
- Zufriedenheit mit den Beteiligungsmöglichkeiten, die das Ideenmanagement eröffnet.

Während die Input-Größen fast selbsterklärend sind, erscheint es sinnvoll, die Output-Größen näher zu betrachten.

1.4.3.2 Die drei Gründe für das Ideenmanagement

Ideenmanagement wird in Unternehmen aus dreierlei Gründen eingesetzt:

- Ideenmanagement als Rationalisierungsinstrument soll insbesondere die Produktionsprozesse bzw. die Prozesse der Dienstleistungserstellung optimieren, vor allem die Kosten senken. Weitere Kosteneinsparungen (beispielsweise durch Wechsel von Lieferanten) werden gerne hinzugenommen. Eingespart werden direkte Kosten der Leistungserstellung. Wenn durch Ideenmanagement die Qualität steigt, dann können Kosten für Nacharbeiten, Reparaturen und dergleichen reduziert werden. Arbeitsunfälle und Krankheit von Beschäftigten sind mit Kosten verbunden, diese können im Rahmen von Ideenmanagement reduziert werden.

- Ideenmanagement als Kulturarbeit soll den Beschäftigten direkte Beteiligungsmöglichkeiten eröffnen. Ziele sind eine kooperative oder partizipative Unternehmenskultur und engagierte und mitdenkende Beschäftigte. Dies soll selbstverständlich langfristig zu steigendem Erfolg des Unternehmens führen; der Unterschied zum „Ideenmanagement als Rationalisierungsinstrument" lässt sich vielleicht am einfachsten beim Thema der Mitarbeitergesundheit zeigen: Für „Ideenmanagement als Kulturarbeit" sind gesunde Mitarbeiter ein Ziel, weil Gesundheit für Menschen an sich ein Ziel ist und die Gesundheit der Mitarbeiter für das Unternehmen ein selbstverständliches Ziel ist. Dass gesunde Mitarbeiter weniger Fehltage und somit weniger Kosten verursachen, ist erfreulich. Für „Ideenmanagement als Rationalisierungsinstrument" ist die Einsparung von Kosten das Ziel, die Gesundheit der Mitarbeiter ist eher Mittel zum Zweck als eigenständiges Ziel.
- Ideenmanagement als Notwendigkeit entsteht, wenn eine entsprechende Betriebsvereinbarung besteht und, aus welchen Gründen auch immer, nicht gekündigt werden soll. Die Notwendigkeit für ein Ideenmanagement kann aus einer Norm der DIN ISO 9000-Familie oder einer vergleichbaren Norm entstehen. Auch eine Orientierung an einem Managementmodell wie dem Business-Excellence-Modell der European Foundation für Quality Management (EFQM) oder einfach der Wunsch eines bedeutenden Kunden kann ein Ideenmanagement notwendig machen. Dies mag für einen Ideenmanager nicht die optimale Startposition sein – doch hier gilt: Wenn, aus welchen Gründen auch immer, Ideenmanagement durchgeführt wird, dann sollte es gut und sinnvoll durchgeführt werden und kann so für das Unternehmen und die Beschäftigten Nutzen stiften.

Konzentrieren wir uns auf die beiden klaren Ziele „Ideenmanagement als Rationalisierungsinstrument" und „Ideenmanagement als Kulturarbeit".

1.4.3.3 Ideenmanagement als Rationalisierungsinstrument: Voll-, Teil-, Prozesskostenrechnung und Projektcontrolling

„Ideenmanagement als Rationalisierungsinstrument" heißt: Das Ideenmanagement verfolgt betriebswirtschaftliche Ziele. Für das Controlling betriebswirtschaftlicher Zwecke haben sich drei Ansätze bewährt: Vollkostenrechnung, Teilkostenrechnung und Prozesskostenrechnung. Zusätzlich kann es hier sinnvoll sein, nicht nur ein Controlling des Ideenmanagements insgesamt, sondern auch ein Controlling der Umsetzung von großen Verbesserungsvorschlägen einzurichten.

Die Vollkostenrechnung stellt alle Kosten des Ideenmanagements dem gesamten Nutzen gegenüber. Zu den Kosten gehören die Personalkosten, Kosten für Büroräume und deren Unterhalt, Büromaterial, Prämien, anteilige Kosten für EDV, Pförtner und dergleichen, die Arbeitszeit von Gutachtern und Entscheidern und die Kosten für die Realisierung der Ideen und Vorschläge. Die Vollkostenrechnung umfasst die fixen, die variablen und die

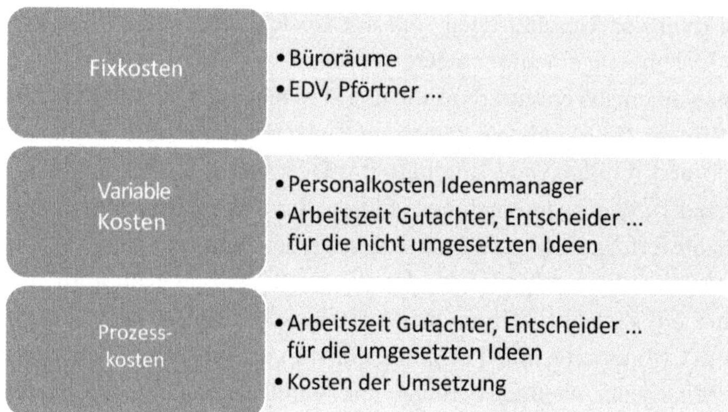

Abb. 1.24 Vollkosten

Prozesskosten. Der Nutzen ist der gesamte Nutzen des Ideenmanagements, nicht nur auf beispielsweise das erste Jahr beschränkt.

Ist der Nutzen berechenbar, so muss er so errechnet werden, wie dies für alle anderen Investitionsentscheidungen im Unternehmen auch gehandhabt wird. Eine faire und angemessene Errechnung des Nutzens von Ideenmanagement verlangt, dass dieses weder im Positiven noch im Negativen eine Sonderrolle bekommt. Schwieriger ist die Behandlung des nicht berechenbaren Nutzens – nicht nur im Ideenmanagement. Beispielsweise stellt sich auch im Arbeitsschutz die Frage, wie ein vermutlich vermiedener Arbeitsunfall zu bewerten ist. Einige Unternehmen verfahren so: Aus einer Tabelle wird die Prämie für einen nicht rechenbaren Vorschlag ermittelt. Dann wird errechnet, wie hoch der Nutzen für einen rechenbaren Vorschlag sein müsste, um die gleiche Prämie zu erhalten. Dieser Nutzen geht dann in das Controlling ein. Diese Vorgehensweise ist wiederum sinnvoll, wenn die Behandlung von Arbeitsschutz etc. vergleichbar erfolgt. Dennoch ist es sinnvoll, rechenbaren und nicht rechenbaren Nutzen getrennt auszuweisen. So kann dargestellt werden, welcher Nutzen nach den harten Kriterien des Controllings ermittelt wurde und wo Schätzungen eingehen. Ebenso kann es sinnvoll sein, so weit wie irgend möglich die Ideen zu berechnen und nicht rechenbaren Nutzen nur dann zu ermitteln, wenn es wirklich keine andere Möglichkeit gibt. Der gelegentlich anzutreffende Ansatz, Nutzen zu schätzen, um sich die Arbeit einer Berechnung zu ersparen, führt zu nicht belastbaren Zahlen und kann im Zweifel das Ideenmanagement in Misskredit bringen.

Der wohl gründlichste Ansatz ist das Controlling mit Vollkosten, dargestellt in Abb. 1.24.

Vollkostenrechnung ist das Mittel der Wahl, wenn es darum geht, nachzuweisen, dass das Ideenmanagement einen wirtschaftlichen Beitrag zum Unternehmenserfolg leistet. Wenn hierbei die Regeln des Controllings so angewendet werden, wie dies für alle anderen Bereiche des Unternehmens auch gilt, dann kann am Nutzen des Ideenmanagements kein Zweifel mehr bestehen. Gerne wird bei der Vollkostenrechnung der Return on Investment (ROI) als Kennzahl gewählt: Wenn das Unternehmen einen Euro in das Ideenmanagement steckt – wie viele Euro erhält es zurück? Die Basisdefinitionen lauten:

- „ROI (Kapitalrendite) = Kosten-Nutzen-Verhältnis, wobei die Kosten = Anerkennung (Prämien) + Verwaltung + Gutachten Nutzen = Ersparnisse + Erträge (Einnahmen)" (Sander 2006, S. 83).

Dabei sind entweder die „Ersparnisse" als Nettonutzen gedacht, oder die Kosten für die Realisierung müssen in die Kosten einfließen. Ähnlich sind die „Erträge" als Nettoerträge zu sehen, also Erträge abzüglich der Kosten, die bei der Realisierung dieser Erträge entstehen. Die so gefassten Erträge können auch als Deckungsbeitrag bezeichnet werden.

Typische Werte für ein gutes Ideenmanagement sind zwei oder drei – für jeden Euro, den das Unternehmen für Ideenmanagement ausgibt, erhält es zwei oder drei Euro zurück. Deutlich höhere Werte gehen häufig darauf zurück, dass nicht alle Kosten einbezogen werden. Das ist für die Steuerung des Ideenmanagements in einem Unternehmen kein Problem, erschwert aber die Vergleichbarkeit zwischen Unternehmen. In der Vergangenheit wurde in Einzelfällen der Nutzen durch die Prämiensumme dividiert und dies als „ROI des Ideenmanagements" dargestellt. Einerlei, ob die Kennzahl „Nutzen pro Prämien-Euro" eine sinnvolle Kennzahl ist oder nicht: Diese Kennzahl ist sicherlich kein ROI.

Die Teilkostenrechnung kann das Ideenmanagement als Ganzes in einem Unternehmen steuern. Zwar nutzt das Ideenmanagement Büroräume, EDV und auch Ideenmanager gehen durch die Pforte – doch würde ein Unternehmen, wenn es morgen kein Ideenmanagement mehr gäbe, deshalb nicht in ein kleineres Bürogebäude ziehen und einen Informatiker und einen Pförtner entlassen. Im Jargon: Büroräume, EDV und Pförtner sind „eh da", und ihre Kosten können damit nicht zum Steuern des Ideenmanagements verwendet werden. Die Teilkostenrechnung umfasst variable und Prozesskosten, so zeigt es Abb. 1.25.

Die Personalkosten für Ideenmanager sind in die Teilkosten einzubeziehen – eine Frage in dem Zusammenhang ist: Wie viele Ideenmanager (z. B. pro 1000 Beschäftigte) sind für dieses Unternehmen optimal? Ab wann wird ein weiterer Ideenmanager mehr Kosten als zusätzlichen Nutzen verursachen? Auch Kosten für die Ideenmanagement-Software, für Schulungen und Konferenzbesuche von Ideenmanagern etc. gehen in die Teilkosten ein.

In eine ehrliche Teilkostenrechnung gehört auch die Arbeitszeit von Gutachtern, Entscheidern und anderen Beschäftigten, die zwar aufbauorganisatorisch nicht zum Ideenmanagement gehören, aber für das Ideenmanagement arbeiten. Offensichtlich ist dies, wenn

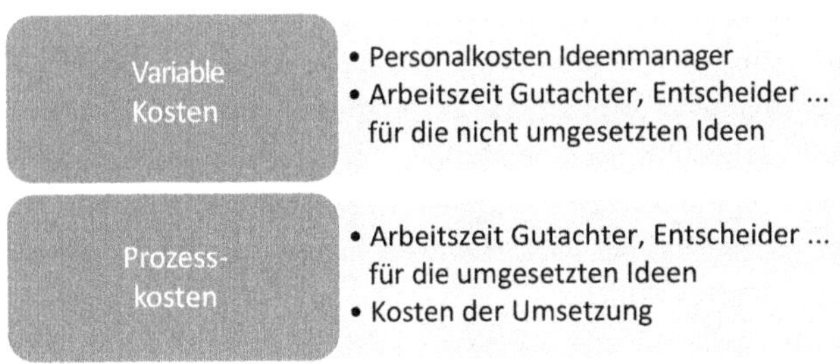

Abb. 1.25 Teilkosten

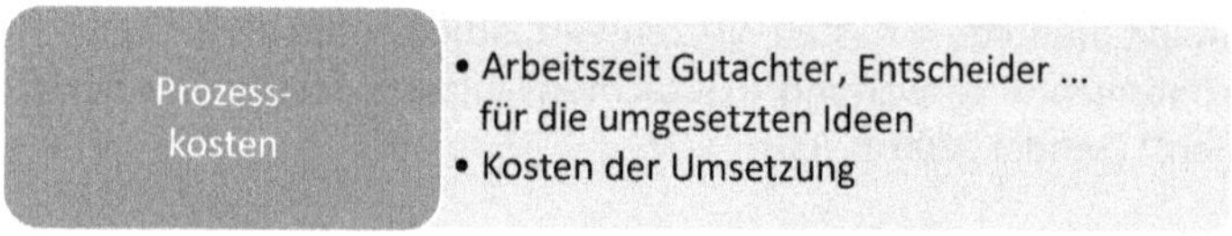

Prozess-kosten	• Arbeitszeit Gutachter, Entscheider ... für die umgesetzten Ideen • Kosten der Umsetzung

Abb. 1.26 Prozesskosten

für die Erstellung der Gutachten bezahlte Überstunden notwendig sind. Aber wenn dies nicht der Fall ist: Würde dieser Fachmann jetzt kein Gutachten erstellen, dann würde er andere nützliche Dinge für das Unternehmen erledigen. Gleiches gilt für die Arbeiter, die in einer KVP-Gruppe Verbesserungen entwickeln: Auch diese Arbeiter könnten in der Zeit an anderer Stelle produktiv sein, auch diese Zeiten gehören zu den Kosten des Ideenmanagements.

Das Prozess-Controlling betrachtet die Kosten, die für die Entwicklung, Entscheidung und Umsetzung eines einzelnen Verbesserungsprojektes entstehen. Dies ist nur bei größeren Projekten sinnvoll, kann hier aber Potenziale für die Verbesserung des Ideenmanagements aufzeigen. Wenn so vorgegangen wird, dann sind die Kosten für Gutachten etc. bei realisierten Vorschlägen eben diesen Projekten zuzuordnen, bei nicht umgesetzten Vorschlägen gehen diese Kosten dennoch in die variablen Kosten des Ideenmanagements ein; das Schema ist in Abb. 1.26 dargestellt.

Prozesskostenrechnung für das Ideenmanagement ist besonders sinnvoll und problemlos in Unternehmen möglich, in denen ohnehin die Arbeit häufig in Projekten organisiert ist und bereits ein Projekt-Controlling besteht.

Grundsätzliches Ziel von Ideenmanagement ist es, dass das Unternehmen immer besser wirtschaftet. In diesem Sinne soll auch das Ideenmanagement sich kontinuierlich verbessern. Dafür werden die Kennzahlen über die Jahre hinweg verglichen und jeweils Bereiche definiert, in denen das Ideenmanagement im nächsten Jahr effektiver werden soll.

Bei der Verbesserung des Ideenmanagements können auch Unternehmensvergleiche sinnvoll sein: Welche Kennzahlen haben andere Unternehmen der gleichen Branche, der gleichen Größe oder auch der gleichen Struktur? Großserienunternehmen sind oft über die Branchen hinweg vergleichbar, ebenso können sich große Handwerksbetriebe mit kleinen Industriebetrieben vergleichen. Für diese Vergleiche bieten sich Benchmarking-Aktivitäten an, wie sie von den einschlägigen Vereinigungen (vornehmlich Zentrum Ideenmanagement ZI, Frankfurt am Main), von Arbeitgeberverbänden (etwa für die Metall- und Elektroindustrie durch das Institut für angewandte Arbeitswissenschaft ifaa, Düsseldorf) und ähnlichen Organisationen angeboten werden. In diesem Buch wird bewusst auf die Auflistung von Vergleichswerten verzichtet – die Zahlen sind viel zu kurzlebig. Als Beispiel: Vor Kurzem noch war in großen Industrieunternehmen „ein Vorschlag pro Mitarbeiter im Jahr" ein anspruchsvolles Ziel. Heute erreichen viele dieser Unternehmen einen Vorschlag pro Mitarbeiter im Monat.

1.5 Der rechtliche Rahmen

1.5.1 Der rechtliche Rahmen in Deutschland

Das Ideenmanagement in Deutschland hat seine eigenen rechtlichen Rahmenbedingungen, die sich im Laufe der Zeit aus unterschiedlichen Quellen entwickelt haben und für Außenstehende manchmal etwas überraschend wirken. Auch die Rechtslage entwickelt sich stetig fort, hier geht es daher darum, die Grundstruktur zu veranschaulichen. Für die konkrete Gestaltung im Betrieb ist der Rat eines juristischen Fachmanns unverzichtbar.

Ideenmanagement funktioniert aller Erfahrung nach nur dann, wenn alle Beteiligten sich um eine faire Durchführung bemühen. Unabhängig von allen juristischen Regelungen: Wenn sich Beschäftigte unfair behandelt fühlen, dann werden sie keine Ideen mehr entwickeln, keine Verbesserungsvorschläge einreichen und in Sitzungen des Kontinuierlichen Verbesserungsprozesses nur noch läppische Beiträge leisten. Wenn Vorgesetzte sind nicht fair behandelt fühlen, dann werden sie Verbesserungen nicht annehmen und die Realisierung sabotieren. Wenn sich Gutachter nicht fair behandelt fühlen, dann wird das Einwerben von Gutachten zu einem sehr, sehr zähen Prozess. Ideenmanagement heißt: Beschäftigte einbeziehen. Und das funktioniert nicht gegen die Beschäftigten, seien es nun Arbeiter, Fachleute oder Führungskräfte.

Da aber nun ein rechtlicher Rahmen besteht, soll dieser dargestellt werden (Abb. 1.27) und lässt sich systematisch gliedern in die rechtlichen Rahmenbedingungen, wenn kein

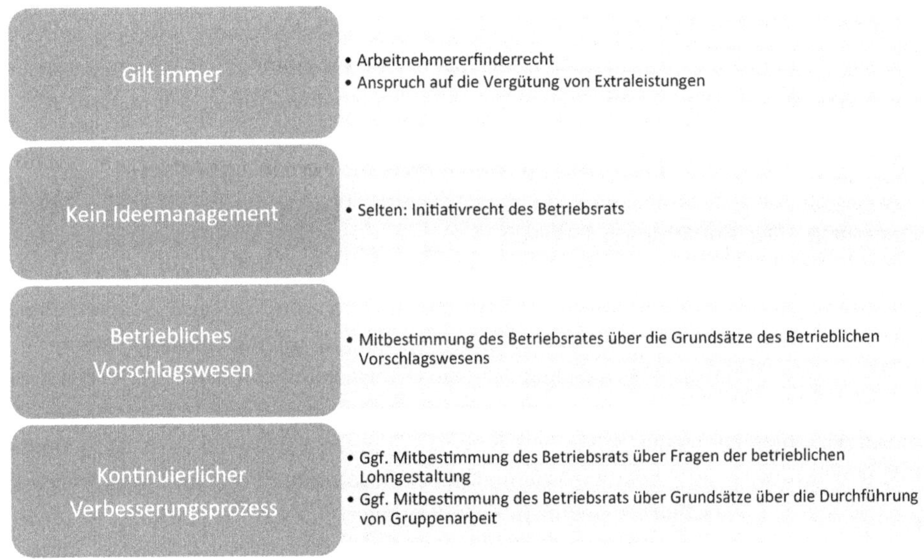

Abb. 1.27 Überblick zu juristischen Rahmenregeln im Ideenmanagement

organisiertes Ideenmanagement besteht, wenn ein Betriebliches Vorschlagswesen besteht und wenn ein Kontinuierlicher Verbesserungsprozess besteht.

Im Juristischen kommt es oft auf Feinheiten an, weshalb im konkreten Einzelfall unbedingt der Rat eines fachkundigen Juristen einzuholen ist.

1.5.1.1 Der rechtliche Rahmen ohne Ideenmanagement

Selbst wenn in einem Unternehmen weder ein Betriebliches Vorschlagswesen besteht noch ein Kontinuierlicher Verbesserungsprozess eingerichtet ist, gelten gewisse rechtliche Rahmenbedingungen. Wenn Beschäftigte auf Anweisung oder im Rahmen ihrer Arbeitsaufgabe Verbesserungen entwickeln, so wird dies mit dem Gehalt abgegolten, und der Arbeitgeber hat die freie Entscheidung, eine so entwickelte Verbesserung einzusetzen oder dies nicht zu tun. Ab einer gewissen Innovationshöhe greift das „Gesetz über Arbeitnehmererfindungen" (ArbnErfG), hierzu sei auf die einschlägigen Kommentare (beispielsweise von Kurt Bartenbach und Franz-Eugen Volz) verwiesen.

Wenn ein Beschäftigter außerhalb seiner Arbeitsaufgabe, ohne Anweisung und außerhalb der Arbeitszeit einen Verbesserungsvorschlag entwickelt und dem Arbeitgeber präsentiert, so ist der Arbeitgeber frei, diese Verbesserung zu prüfen und umzusetzen oder dies nicht zu tun. Wird ein solcher Vorschlag umgesetzt, so ist dies als Sonderleistung des Arbeitnehmers zu vergüten, wobei sich die Höhe der Vergütung an den üblicherweise in solchen Fällen gezahlten Vergütungen orientiert. Dieser Vergütungsanspruch entsteht unabhängig davon, ob ein Betriebliches Vorschlagswesen eingerichtet wurde oder nicht – ein Unternehmen kann also die Vergütungspflicht nicht dadurch vermeiden, dass es kein Vorschlagswesen errichtet.

Kommt es häufiger vor, dass ein Beschäftigter einen Verbesserungsvorschlag einreicht und dieser umgesetzt wird, so kann Bedürfnis nach Einrichtung eines Vorschlagswesens entstehen, hierfür erhält der Betriebsrat ein richterrechtlich begründetes Initiativrecht.

1.5.1.2 Der rechtliche Rahmen im Betrieblichen Vorschlagswesen

Die hier grundlegende Regel findet sich im Betriebsverfassungsgesetz, § 87, Abs. 1 Nr. 12 und lautet: „Der Betriebsrat hat, soweit eine gesetzliche oder tarifliche Regelung nicht besteht, in folgenden Angelegenheiten mitzubestimmen: [...] Grundsätze über das betriebliche Vorschlagswesen." Diese Mitbestimmung wird typischerweise in Unternehmen durch eine Betriebsvereinbarung geregelt. Hier sind häufig folgende Punkte geregelt:

Was ist ein Verbesserungsvorschlag? Werden Störmeldungen („Hier tropft Öl aus der Maschine!") als Verbesserungsvorschläge anerkannt? Genügt eine Problemanzeige („An dieser Maschine hat es nun schon drei Beinahe-Unfälle gegeben, da muss doch endlich mal jemand etwas tun!") oder wird zumindest der Ansatz einer Problemlösung erwartet?

Wie werden Vorschläge eingereicht (per Formular, per EDV, mündlich, beim Vorgesetzten, beim Beauftragten für das Betriebliche Vorschlagswesen)? Können mehrere Beschäftigte gemeinsam einen Gruppenvorschlag einreichen – wird dies vielleicht sogar gefördert?

Wer darf Vorschläge einreichen – alle Beschäftigten, einschließlich Auszubildende, Zeitarbeiter, Entwicklungsingenieure, Führungskräfte? Einige Unternehmen schließen eine der beiden zuletzt genannten Gruppen mit der Begründung aus, Verbesserungen zu entwickeln sei ohnehin ihre Aufgabe. Können auch Beschäftigte von anderen Unternehmen (z. B. Monteure, die bei uns eine Anlage aufbauen, Vertriebsingenieure von Lieferanten, die unsere Produkte und Produktionsprozesse gut kennen) Verbesserungen vorschlagen? Können Hinweise von Kunden als Verbesserungsvorschläge bearbeitet werden?

Wer entscheidet über einen Vorschlag? Der Beauftragte, eine Kommission – oder beispielsweise bis zu einer bestimmten Nutzengröße der Beauftragte alleine und nur für größere Vorschläge die Kommission? Wie ist die Kommission zusammengesetzt – das Betriebsverfassungsgesetz macht hier ja keine Vorgaben. Üblich sind paritätische Kommissionen oder Kommissionen mit dem Beauftragen für das Betriebliche Vorschlagswesen als neutraler Person und einer gleichen Anzahl von Vertretern des Betriebsrats und des Arbeitgebers. Möglich ist aber auch beispielsweise eine Kommission aus Fachleuten, die einvernehmlich von Betriebsrat und Arbeitgeber berufen werden.

Wenn eine Seite (Einreicher oder Unternehmen) nicht mit der Entscheidung einverstanden ist – befasst sich dann die Kommission noch einmal mit dem Fall? Wird eine eigenständige „Rekurs-Kommission" eingerichtet? Befasst sich ein ohnehin eingerichtetes Gremium (etwa die in manchen Tarifverträgen vorgesehene „Paritätische Kommission", im Jargon „PaKo" genannt) mit dem Fall?

Wie wird ein Vorschlag vergütet? Hier wird zwischen „rechenbaren" und „nicht rechenbaren" Vorschlägen unterschieden. Wenn ein Vorschlag einen in Euro klar berechenbaren Nutzen erbringt (beispielsweise: Verwendung eines anderen Materials mit x Euro Kosteneinsparung pro Stück), dann erhält der Einreicher typischerweise einen gewissen Prozentbetrag, häufig im Bereich von 10 bis 30 %. Die Bestimmung dieses Werts ist mit zahlreichen Erwägungen verbunden, siehe Abschn. 4.24 in diesem Buch. Einige Vorschläge sind nicht berechenbar: Arbeitsschutz, Belastungsverringerung, Arbeitsvereinfachung für die Beschäftigten, Verbesserungen am Produkt sind nützlich, doch der Nutzen kann häufig nicht direkt in Euro angegeben werden. Hier haben sich Punktetabellen bewährt, diese werden in Abschn. 4.24.2 genauer besprochen.

Wie wird der Nutzen errechnet? Wann wird ein Vorschlag vergütet? Nach der Entscheidung, nach der Realisierung, mit Abschlag bei Entscheidung und Abrechnung nach Realisierung? Können Verbesserungsvorschläge anonym eingereicht werden? Oder ist der Name des oder der Einreicher für alle Beteiligten offen einsehbar? Jede dieser Optionen hat für gewisse Unternehmen Vorteile (Abschn. 4.2).

Schließlich müssen noch Angaben zum Geltungsbereich (z. B. bei Unternehmen mit mehreren Betrieben: Für welche Betriebe gilt die Betriebsvereinbarung? Auch automatisch für neu hinzukommende Betriebe?) und zur zeitlichen Geltung (meist ist die Betriebsvereinbarung unbefristet, kann aber mit gewissen Fristen gekündigt werden) gemacht werden.

Im öffentlichen Dienst gelten unterschiedliche Regelungen – von Unternehmen, die zwar im Besitz der öffentlichen Hand sind, aber dennoch dem Betriebsverfassungsgesetz unterliegen, über die Bundes- und diversen Landesregelungen bis hin zu einzelnen Spezialregelungen. Aber auch hier gilt fast immer: Ein Vorschlagswesen ist möglich und sehr häufig auch eingerichtet, selbst wenn es nicht immer intensiv gelebt wird. Und in der einen oder anderen Weise ist die Personalvertretung „im Boot" – eine direkte Beteiligung der Beschäftigten unter Ausschluss von deren Vertretung wäre auch schlecht denkbar.

1.5.1.3 Der rechtliche Rahmen im Kontinuierlichen Verbesserungsprozess

Der Kontinuierliche Verbesserungsprozess wird in der Regel von Verbesserungsgruppen während der Arbeitszeit zu Themen durchgeführt, die vom Unternehmen vorgegeben sind. Damit entfällt eine eigenständige Vergütung: Arbeiten während der normalen Arbeitszeit sind durch das Gehalt abgedeckt. Im Bereich der Mitbestimmung greift hier wieder der § 87 Abs. 1 des Betriebsverfassungsgesetzes:

> Der Betriebsrat hat, soweit eine gesetzliche oder tarifliche Regelung nicht besteht, in folgenden Angelegenheiten mitzubestimmen: [...]
>
> 10. Fragen der betrieblichen Lohngestaltung, insbesondere die Aufstellung von Entlohnungsgrundsätzen und die Einführung und Anwendung von neuen Entlohnungsmethoden sowie deren Änderung; [...]
>
> 13. Grundsätze über die Durchführung von Gruppenarbeit; Gruppenarbeit im Sinne dieser Vorschrift liegt vor, wenn im Rahmen des betrieblichen Arbeitsablaufs eine Gruppe von Arbeitnehmern eine ihr übertragene Gesamtaufgabe im Wesentlichen eigenverantwortlich erledigt.

§ 87 Abs. 1 Nr. 10 betrifft auch das Leistungsentgelt – und es kann sinnvoll sein, auch gute Leistungen im Kontinuierlichen Verbesserungsprozess in die Leistungsbeurteilung und damit in das leistungsabhängige Entgelt einfließen zu lassen. Dabei wird in der Regel keine eigene Betriebsvereinbarung über den Kontinuierlichen Verbesserungsprozess getroffen, sondern in einer Betriebsvereinbarung über Leistungsentgelt werden auch besondere Leistungen in diesem Bereich geregelt.

§ 87 Abs. 1 Nr. 13 regelt die Gruppenarbeit. Da Verbesserungsgruppen im Kontinuierlichen Verbesserungsprozess teilweise eigenständig, teilweise aber unter Anleitung eines Trainers, Coaches oder auch des direkten Vorgesetzten (Meister, Teamleiter) arbeiten, wird diese Regelung nicht in allen Unternehmen greifen. Wenn ohnehin eine Betriebsvereinbarung zur Gruppenarbeit besteht, kann es Rechtssicherheit schaffen, wenn auch der Kontinuierliche Verbesserungsprozess angesprochen wird.

Zusätzlich finden sich in vielen Tarifverträgen Regelungen zu Gruppenarbeit und Leistungsentlohnung, für tarifgebundene Unternehmen ist der zuständige Arbeitgeberverband die richtige Anlaufstelle – der anzustrebende Weg ist in Abb. 1.28 dargestellt.

Im Übrigen gilt auch für den Kontinuierlichen Verbesserungsprozess: Wenn nicht alle Beteiligten den Eindruck haben, dass sie grundsätzlich fair behandelt werden, dann wird es keinen funktionierenden Kontinuierlichen Verbesserungsprozess geben.

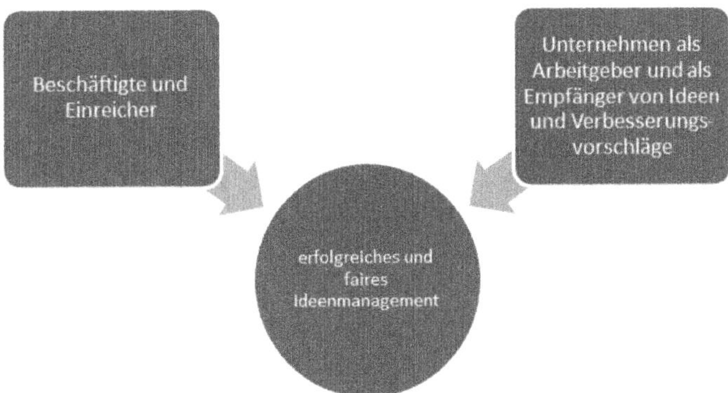

Abb. 1.28 Erfolgreiches und faires Ideenmanagement

1.5.2 Der rechtliche Rahmen in Österreich

Das österreichische Recht kennt Patente und Diensterfindungen, die aber auch in Österreich typischerweise außerhalb des Ideenmanagements abgewickelt werden.

Das Betriebliche Vorschlagswesen ist in Österreich Gegenstand von „freiwilligen Betriebsvereinbarungen" (§ 97 Abs. 1 Z 14 ArbVG). „Freiwillig" heißt: Wenn sich Arbeitgeber und Betriebsrat auf eine Betriebsvereinbarung einigen, dann gilt diese. Wenn sich Arbeitgeber und Interessenvertretung nicht einigen, dann lässt sich eine Betriebsvereinbarung nicht erzwingen und der Arbeitgeber kann beispielsweise mit einzelnen Arbeitnehmern individuelle Absprachen treffen oder das Vorschlagswesen durch Verfahrensanweisungen, Betriebsrichtlinien oder betriebliche Anordnungen regeln.

In Betrieben ohne Betriebsrat können keine Betriebsvereinbarungen abgeschlossen werden, auch nicht für das Ideenmanagement.

Die Prämien für Verbesserungsvorschläge waren bis 2015 abgabenrechtlich, also steuerlich, begünstigt: Bis zu einem Grenzwert waren Verbesserungsvorschlagsprämien mit einem geringen Steuersatz pauschal versteuert. Außerdem waren für die Prämie keine Sozialversicherungsbeiträge zu entrichten. Um in den Genuss dieser Vergünstigung zu kommen, musste ein Verbesserungsvorschlag

- von einem Arbeitnehmer eingebracht sein, die Prämie musste aufgrund einer lohngestaltenden Vorschrift (Kollektivvertrag, besonders qualifizierte Betriebsvereinbarungen, Näheres siehe § 68 Abs. 5 Z 1 bis Z 7 EStG) ausgezahlt werden,
- dem Unternehmen eine Rationalisierung oder Ergebnisverbesserung einbringen,
- zumindest teilweise umgesetzt sein (sonst könnte er weder zu einer Rationalisierung noch zu einer Ergebnisverbesserung beitragen),
- über die normale Dienstpflicht des Beschäftigten hinausgehen und auch nicht trivial oder selbstverständlich sein.

Die letzte Bedingung macht es für obere Führungskräfte praktisch unmöglich, einen abgabenrechtlich begünstigten Verbesserungsvorschlag einzureichen: Obere Führungskräfte haben die Dienstpflicht, ständig über Möglichkeiten der Rationalisierung und der Ergebnisverbesserungen nachzudenken und entsprechende Vorschläge zu entwickeln.

Rechtliche Regelungen haben eine lange Nachwirkung. Wenn einmal durch gesetzliche Regelungen die Umsetzung vor der Prämie zu erfolgen hat oder obere Führungskräfte vom Ideenmanagement ausgeschlossen sind, dann wird dies vermutlich in Österreich noch lange in der betrieblichen Praxis so zu finden sein – einerlei, ob die Prämie immer noch abgabenrechtlich begünstigt ist oder diese Begünstigung nicht mehr existiert. Die zuvor genannten Bedingungen für einen Verbesserungsvorschlag werden also noch lange das Ideenmanagement in Österreich prägen.

In Österreich werden, wie in Deutschland, Erfindungen von Verbesserungsvorschlägen unterschieden. „Diensterfindungen" werden außerhalb des Vorschlagswesens vergütet.

1.5.3 Der rechtliche Rahmen in der Schweiz

Der rechtliche Rahmen in der Schweiz ist sehr weit – selbst der Nestor der Ideenmanagement-Forschung in der Schweiz, Norbert Thom, erwähnt in seinem Standardwerk zwar Deutschland als „Staat mit hoher Regelungsdichte" (Thom 2003, S. 24), nicht aber spezifisch schweizerische Rechtsregeln.

Auch in der Schweiz finden sich Urheber-, Patent- und Markenschutzrechte. Ebenso gilt der Grundsatz: Wenn ein Arbeit- oder Auftragnehmer für die Entwicklung eines immateriellen Gutes bezahlt wird, dann erhält das Recht an diesem immateriellen Gut der Arbeit- bzw. Auftraggeber. Hierzu finden sich Ausnahmen bei Arbeitnehmererfindungen (Art. 332 Obligationenrecht (OR)), hier werden insbesondere „Gelegenheitserfindungen" geregelt, also Erfindungen, die „vom Arbeitnehmer bei Ausübung seiner dienstlichen Tätigkeit, aber nicht in Erfüllung seiner vertraglichen Pflichten gemacht werden" (Art. 332 Obligationenrecht (OR)). Damit sind Ideen im Rahmen des Kontinuierlichen Verbesserungsprozesses mit dem Gehalt abgegolten, es sei denn, diese Ideen erreichen die Innovationshöhe einer Erfindung.

Erfindungen, die ein Schweizer Arbeitnehmer in seiner Freizeit entwickelt hat, kann er selbstständig verwerten. Dies gilt erst recht für Verbesserungsvorschläge. Die Frage, ob und wie ein Arbeitgeber Verbesserungsvorschläge annimmt und prämiert, kann also durch Betriebsvereinbarung oder den individuellen (Arbeits-)Vertrag geregelt werden: „Das Ideen-Management (IM) in der Schweiz hat einen gewissen gesetzesfreien Regelungsspielraum." (Böhme 2002, Folie 23).

Literatur

bayme (2012). *Information Ideenmanagement*. München: Selbstverlag.

Böhme, O. J. (2002). *Gelegenheitserfindung und Verbesserungs-Vorschlag. Foliensatz der IDEE Suisse*. Zürich: IDEE Suisse.

Büchi, R., Chrobok, R. (1994). *GOM – Ganzheitliches Organisationsmodell*. Baden-Baden: FBO.

Deming, W. E. (1986). *Out of the crisis*. Cambridge: Massachusetts Institute of Technology, Center for Advanced Engineering Study.

Dueck, G. (2013). *Das Neue und seine Feinde*. Frankfurt: Campus.

Grochla, E., Brinkmann, E., Thom, N. (1978). *Stand und Entwicklung des Vorschlagswesens in Wirtschaft und Verwaltung. Arbeitsgemeinschaft für Rationalisierung des Landes Nordrhein-Westfalen*

Haumann, T. (2015). *Foliensatz Ideenmanagement der LBBW*

ifaa (2016). ifaa-Trendbarometer: Auswertung Herbst 2015. www.arbeitswissenschaft.net. Zugegriffen: 22. Februar 2016.

Imai, M. (1992). *Kaizen*. München: Wirtschaftsverlag Langen Müller Herbig.

Jeberien, B., Stephan, M., Schneider, M. (2013). *Management von Ideen: Stand in der Praxis – Ergebnisse einer empirischen Untersuchung im deutschsprachigen Raum in Zusammenarbeit mit der IHK Innovations- und Technologieberatung*. Discussion Papers on Strategy and Innovation. (S. 13–01).

Kaplan, R. S., Norton, D. P. (2005). The Balanced Scorecard: Measures That Drive Performance. Nachdruck von 1992. *Harvard Business Review*, *70*(1), 172–180.

Landmann, N. (2016). *Diverse Abbildungen aktueller Ideenmanagement-Software*. Eschborn: HLP.

Landmann, N., Schat, H.-D. (2016). *Erfolgsfaktoren im Ideenmanagement. Studie 2016*. Eschborn: HLP.

Lehleiter, M. (2016). *Design Thinking und Innovation Yin Yang. Foliensätze*

REFA (2003). *Arbeitssystem- und Prozessgestaltung. Modul Einführung in das Qualitätsmanagement*. Darmstadt: Selbstverlag.

REFA-Institut (2016). *Arbeitsorganisation erfolgreicher Unternehmen – Wandel der Arbeitswelt*. REFA-Kompendium Arbeitsorganisation, Bd. I. München: Hanser.

Sander, B. (2006). *Best of Bernie On Idea Management*. Elztal-Dallau: Laub.

Schat, H.-D. (2011). Ideenmanagement. Unveröffentlichter Foliensatz.

Schätzing, F. (2004). *Der Schwarm*. Köln: Kiepenheuer & Witsch.

Schmid, M. (2008). *Mitarbeiterbeteiligung am Ideenmanagement: Was Mitarbeiter motiviert, Ideen einzubringen*. Saarbrücken: VDM.

Thom, N. (2003). *Betriebliches Vorschlagswesen*. Bern: Peter Lang.

Zentrum Ideenmanagement (2011). *Informationen zum Ideenmanagement*. Frankfurt am Main: Selbstverlag.

Zimmermann, Y. (1999). *Vom Vorschlagswesen zum Ideenmanagement*. Lizentiatsarbeit eingereicht der Rechts- und Wirtschaftswissenschaftlichen Fakultät der Universität Bern, Bern.

2 Aufbau eines neuen Ideenmanagements

Der Aufbau eines neuen Ideenmanagements kann in vier Phasen unterteilt werden (Abb. 2.1).

Diesen Phasen entsprechend ist das Kapitel zum Aufbau eines neuen Ideenmanagements gegliedert.

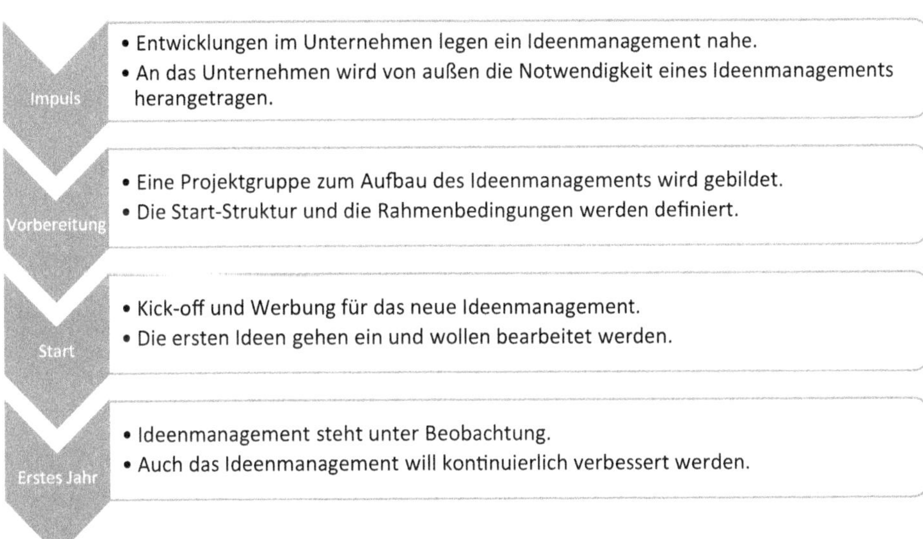

Abb. 2.1 Phasen beim Aufbau eines neuen Ideenmanagements

H.-D. Schat, *Erfolgreiches Ideenmanagement in der Praxis*, FOM-Edition,
DOI 10.1007/978-3-658-14493-7_2

2.1 Impuls

Der Impuls zum Aufbau eines neuen Ideenmanagements ist die erste Phase (Abb. 2.2).

Der Impuls zum Aufbau eines neuen Ideenmanagements kann von außen an das Unternehmen herangetragen werden, oder er kann aus dem Unternehmen selbst kommen. Manchmal ist auch einfach „die Zeit reif", und Impulse von außen treffen auf eine Stimmung im Unternehmen, dass ein Ideenmanagement in der Tat an der Zeit ist.

2.1.1 Impulse aus dem Unternehmen

Ein formalisiertes Ideenmanagement findet sich kaum in ganz kleinen Unternehmen. Solange im Unternehmen jeder Beschäftigte jeden anderen und auch die Geschäftsführung kennt, wird man die kontinuierliche Verbesserung „auf dem kleinen Dienstweg" umsetzen können.

Wenn ein Unternehmen wächst, dann kommt es zu Wachstumskrisen, die idealtypisch von Greiner (1972) analysiert wurden. Spätestens in der „Crisis of Autonomy", wenn das Unternehmen auf mehr als 30 oder 50 Beschäftigte angewachsen ist, werden für verschiedene Prozesse die Strukturen geschaffen und festgeschrieben. Damit sind zwei gute Voraussetzungen für ein Ideenmanagement geschaffen:

- Das Unternehmen ist groß genug, um ein etwas formalisiertes Ideenmanagement zu rechtfertigen.
- Die wichtigsten Prozesse sind standardisiert – nicht standardisierte Prozesse lassen sich nun einmal kaum verbessern.

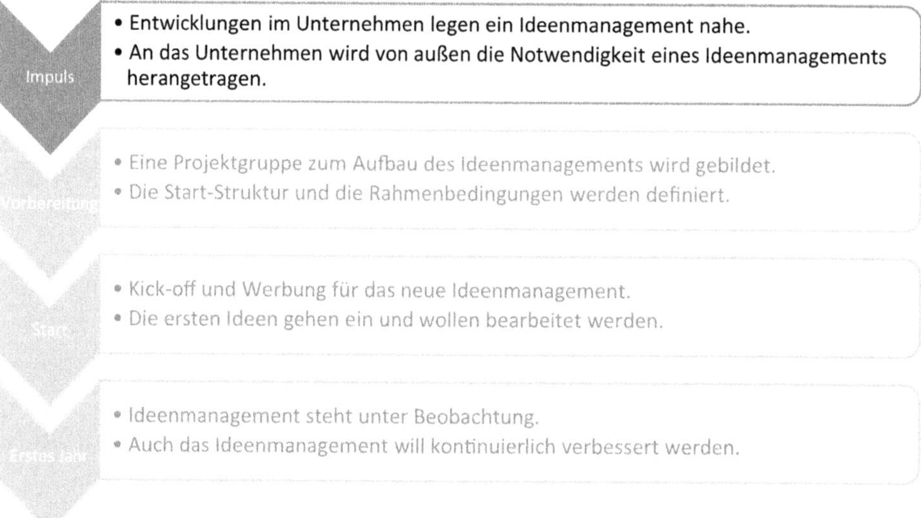

Abb. 2.2 Impuls-Phase beim Aufbau eines neuen Ideenmanagements

Greiner (1972, S. 42) schreibt über diese Krise: „Lowerlevel employees find themselves restricted by a cumbersome and centralized hierarchy. They have come to possess more direct knowledge about markets and machinery than do the leaders at the top; consequently, they feel torn between following procedures and taking initiative on their own.“ Beide Pole sind keine wirklichen Optionen: Den üblichen Vorgaben zu folgen, obwohl man über bessere Informationen verfügt, oder eigenmächtig zu handeln, ohne dies mit den Führungskräften abzustimmen. Hier bietet Ideenmanagement einen vernünftigen Mittelweg.

Im Zusammenhang mit einer solchen Wachstumskrise kommt häufig auch der Wunsch auf, ein strukturiertes Managementwerkzeug wie die Balanced Scorecard (BSC, Abschn. 4.14.2) oder das Business-Excellence-Modell der European Foundation for Quality Management (EFQM, Abschn. 4.14.1) einzusetzen. Beide Werkzeuge sind auch für die Optimierung eines vorhandenen Ideenmanagements relevant und werden daher in Abschn. 4.14 dieses Buches besprochen. Beide Werkzeuge thematisieren, wenn auch mit deutlich unterschiedlichen Ansätzen, die kontinuierliche Verbesserung und die Innovation – daher zieht die Einführung der BSC oder des EFQM-Modells fast automatisch den Gedanken an ein Ideenmanagement nach sich.

Ebenfalls im Zusammenhang mit Wachstumskrisen, aber auch mit anderen Unternehmenskrisen, kann Ideenmanagement als ein Ansatz im Change-Management eingesetzt werden. Dies wird nicht in jeder Situation angemessen sein, doch wenn es darum geht, auf breiter Front die Beschäftigten einzubeziehen, dann ist Ideenmanagement ein naheliegender Ansatz. Ideenmanagement kann Betroffene zu Beteiligten machen.

2.1.2 Impulse aus der Umwelt

Bereits die eben angesprochene Einführung von Ideenmanagement infolge einer Balanced Scorecard oder des EFQM-Modells ist ein Grenzfall: Der Impuls für das Managementmodell kommt aus dem Unternehmen, doch die Verknüpfung von Modell und Ideenmanagement ist extern vorgegeben.

Direkt vorgegeben ist ein Ideenmanagement durch Normen der DIN ISO 9000-Familie (Abb. 2.3).

Die neue DIN ISO 9001:2015 hat den Gedanken des P-D-C-A Zyklus noch verstärkt. Eher eine akademische Frage ist, ob hier ein „kontinuierlicher“ oder ein „wiederkehrender“ Verbesserungsprozess gefordert wird. Die neue ISO 9000:2015 definiert: „3.4.3 quality management system realization: process (3.4.1) of establishing, documenting, implementing, maintaining and continually improving a quality management system (3.5.4).“ In der Tat: „continually“ ist eher mit „fortlaufend“ zu übersetzen, anders als „continous“, das das „C“ im „CIP“, der englischen Abkürzung für den Continous Improvement Process, also den KVP als Kontinuierlichen Verbesserungsprozess liefert. Doch wie dem auch im Detail sei: Es muss sichergestellt werden, dass ein Prozess in sinnvollen Zeitabständen überprüft und verbessert wird.

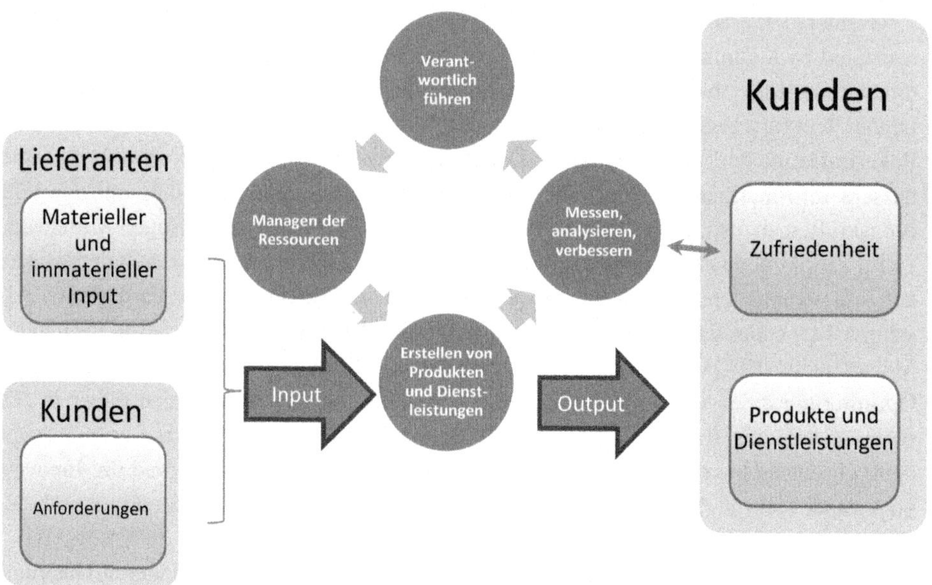

Abb. 2.3 Prozess-Ansatz der DIN EN ISO 9001-Familie

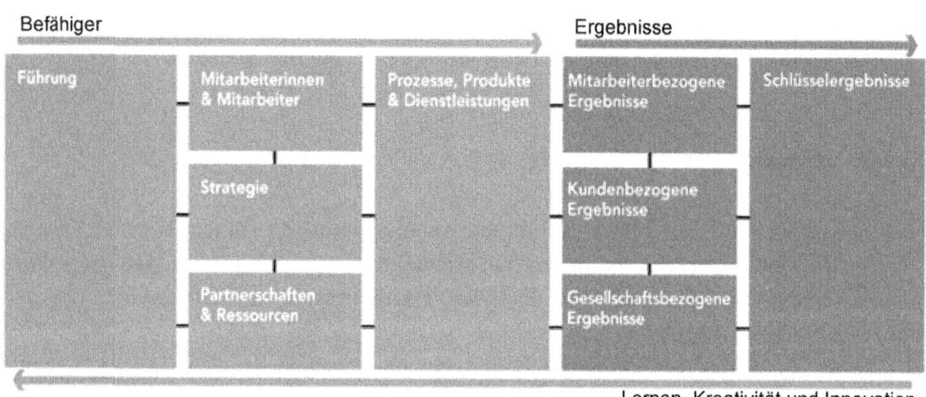

Abb. 2.4 Kriterien des EFQM-Modells. (Initiative Ludwig-Erhard-Preis 2013, Folie 12)

Die neue ISO 9000:2015 definiert: „3.3.8 quality improvement: part of quality management (3.3.4) focused on increasing the ability to fulfill quality requirements (3.6.5). Note 1 to entry: The quality requirements can be related to any aspect such as effectiveness (3.7.11), efficiency (3.7.10) or traceability (3.6.13)."

Ähnlich hat auch das Business-Excellence-Modell der EFQM „Lernen, Kreativität und Innovation" implementiert, wie im unteren Bereich von Abb. 2.4 zu sehen ist.

Was könnte eine bessere Basis für „Lernen, Kreativität und Innovation“ sein als ein gutes Ideenmanagement?

Auch Managementmodelle, die nur Teile des Unternehmens abbilden, verpflichten die Unternehmen zu einer immer wiederkehrenden Verbesserung. Beispielhaft seien hier Gesundheits- und Umweltschutzmanagement genannt.

Für viele Unternehmen ist der „externe Impuls“ viel einfacher: Unternehmenskunden fordern immer häufiger, dass ihre Lieferanten über ein effektives Qualitätsmanagement und in diesem Zusammenhang auch über ein solides Ideenmanagement verfügen. Diese Entwicklung begann in der Automobil- bzw. Automobilzulieferindustrie, ist aber längst nicht mehr auf diese beschränkt.

2.2 Vorbereitung

Die Vorbereitung beginnt mit dem Beschluss, im Unternehmen ein Ideenmanagement einzuführen, die Übersicht gibt Abb. 2.5.

Mit dem Beschluss, ein Ideenmanagement aufzubauen, sollte auch bestimmt werden, wer es aufbaut – eine Projektgruppe wird zusammengestellt. Hierin sollten Vertreter der für das Ideenmanagement wichtigsten Abteilungen mitarbeiten. Dies sind typischerweise die Abteilung, die die Leistung erstellt (also Produktion, oder, beispielsweise im Krankenhaus, medizinischer Dienst und Pflege), die Personalabteilung sowie die Finanz- oder

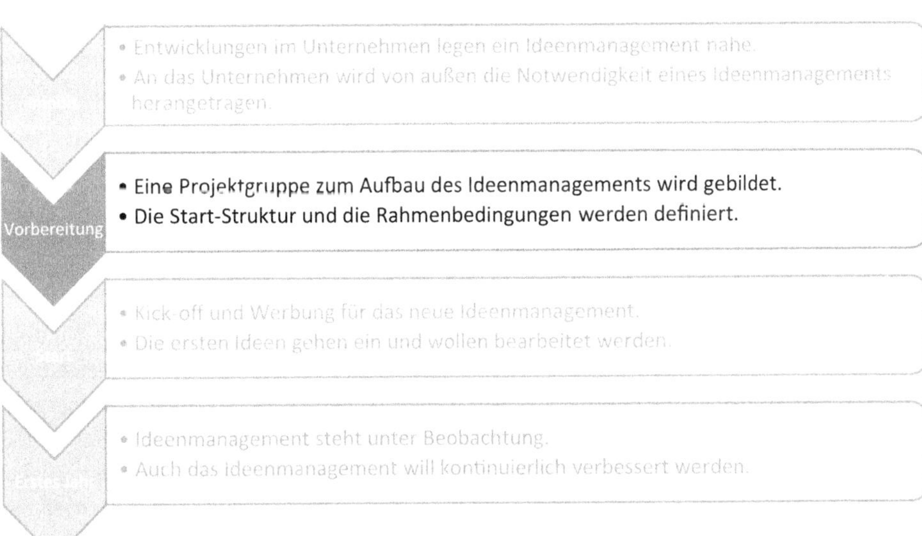

Abb. 2.5 Vorbereitungsphase beim Aufbau eines neuen Ideenmanagements

Controlling-Abteilung. Falls eine eigenständige Abteilung „Qualitätsmanagement" existiert, sollte diese auch eingebunden sein.

Dazu ein Vertreter des Betriebs- oder Personalrates – die Beteiligung von Beschäftigten gegen deren Vertretung ist kaum möglich. Daraus folgt auch: Wenn aktuell massive Spannungen zwischen Unternehmensleitung und Betriebsrat bestehen, ist das vermutlich kein guter Zeitpunkt, ein Ideenmanagement zu beginnen.

Falls ein Schwerpunkt des neuen Ideenmanagements im Betrieblichen Gesundheitsmanagement oder im Arbeitsschutz liegen soll, kann hieraus auch ein Vertreter in die Projektgruppe integriert werden.

Nicht selten hört man, die oberen Führungskräfte und die „normalen" Beschäftigten würden das Ideenmanagement fördern, nur die Schicht dazwischen, das mittlere Management, bremst alle Initiativen. So wird das mittlere Management manchmal spöttisch auch als „Lähm-Schicht" bezeichnet. Doch damit tut man den Mittel-Managern unrecht: Das mittlere Management ist dafür verantwortlich, dass die Prozesse laufen, dass geliefert wird. Dazu ist ein reibungsloser Ablauf nötig, selbst wenn der Ablauf vielleicht nicht optimal ist. Innovationen stören diesen Ablauf, daher die Abneigung mancher mittlerer Führungskräfte gegen Innovationen und damit auch gegen das Ideenmanagement. Wenn sich diese Konstellation in einem Betrieb vorfindet, dann ist es eine Überlegung wert, auch Vertreter des mittleren Managements in die Projektgruppe einzubinden. Dies kann zwei Vorteile haben:

- Diese mittleren Manager können helfen, das Ideenmanagement ohne größere Störungen in den laufenden Betrieb zu implementieren. Beispielsweise können Zeiträume festgelegt werden, die für KVP-Sitzungen besonders geeignet sind. Oder es können Kampagnen im Betrieblichen Vorschlagswesen geplant werden, die besonders geeignet sind, einen stabilen laufenden Betrieb zu unterstützen.
- Wie bei jeder Gruppe: Was man mitgestaltet hat, das trägt und fördert man besser.

Schließlich: Wenn bereits der zukünftige Ideenmanager feststeht, dann gehört auch er in das Projektteam. So ist sichergestellt, dass es „sein" Ideenmanagement wird – was man selbst mitentwickelt hat, für das engagiert man sich stärker.

Was für ein Ideenmanagement soll eingeführt werden – zunächst nur ein Kontinuierlicher Verbesserungsprozess, nur ein Betriebliches Vorschlagswesen oder gleich beide Säulen? Generell wäre zu raten, zunächst klein zu beginnen, mit dem Ideenmanagement Erfahrungen zu sammeln und dann mit einem durch die Erfahrungen verbesserten Ideenmanagement in die Fläche zu gehen. Also: Besser zunächst nur den Kontinuierlichen Verbesserungsprozess oder nur das Betriebliche Vorschlagswesen in einem Betrieb einführen – aber dabei bereits einplanen, dass auch die andere Säule – die Integration von Betrieblichem Gesundheitsmanagement, Arbeitsschutz und weiteren wichtigen Aspekten – nach einiger Zeit der Erfahrung ergänzt werden und das Ideenmanagement auf alle Betriebsteile ausgerollt wird.

Insbesondere, wenn der Impuls für die Einrichtung eines Ideenmanagements von außerhalb kam, kann es notwendig sein, gleich beide Säulen und die Integration von beispielsweise Qualitätsmanagement und Arbeitsschutz in allen Betriebsstätten einzuführen. Auch dann sollten die ersten Monate, vielleicht das erste Jahr, als Probelauf definiert werden und die Möglichkeit offen bleiben, nach dieser Zeit das Ideenmanagement verbessert neu aufzusetzen.

Bereits in dieser Phase wird häufig die Frage nach einer Software für das Ideenmanagement gestellt. Grundsätzlich: Solange die Anzahl der zu verwaltenden Ideen pro Jahr zweistellig, ist eine spezielle Software nicht notwendig. Hier reicht die normale Bürosoftware (Tabellenkalkulation, Textverarbeitung) aus. Wenn das Ideenmanagement wächst, kann über spezielle Software nachgedacht werden. Diese kann selbst erstellt oder von einem Softwarehaus fertig bezogen werden. Hier ist nicht nur eine Kostenabwägung sinnvoll, sondern auch ein Bezug zur Unternehmenskultur: Einige Unternehmen haben ein ausgeprägtes „Not-invented-here"-Syndrom (Abschn. 4.23): Was wir nicht selbst entwickelt haben, das kann auch nichts taugen. Hier kann es sich anbieten, die Software selbst zu erstellen. In anderen Unternehmen ist die DV-/IT-Abteilung mit allen Ressourcen bis zum Anschlag beschäftigt – da kann es sinnvoll sein, ein bewährtes Softwarepaket eines etablierten Anbieters einzusetzen. Selbstverständlich ist hier die DV-/IT-Abteilung intensiv einzubinden.

„Ideenmanagement-Software" ist ein eigenes Querschnittsthema und wird in Abschn. 4.26 genauer behandelt. Doch sei hier schon der Kernsatz angeführt: Schlechte Software kann das Ideenmanagement behindern. Doch gute Software alleine führt nicht zu einem guten Ideenmanagement. Die Erfolgsfaktoren-Studie 2016 hat klar gezeigt: Man kann auch mit optimaler Softwareunterstützung richtig schlechte Ergebnisse im Ideenmanagement produzieren (Landmann und Schat 2016).

Neben der Definition des „Soll-Zustands" des Ideenmanagements wird sich das Projektteam auch um den „Ist-Zustand" bemühen: Welche Aktivitäten finden im Betrieb bereits statt, die für das neue Ideenmanagement sinnvoll sein können? Das können offizielle Aktivitäten sein, etwa ein „Lean-Projekt", eine Werkstattrunde der Instandhalter oder Aktionen im Rahmen des Qualitätsmanagements. Auch an den Arbeitsschutzausschuss ist zu denken. Manchmal treffen sich aber auch außerhalb der offiziellen Strukturen Arbeitsgruppen, um Verbesserungen für einen bestimmten Bereich zu entwickeln – auch hier können wertvolle Anknüpfungspunkte gefunden werden.

Ideenmanagement braucht Ziele. Das ist ein ganz wesentlicher Erfolgsfaktor, der im Folgenden noch ausführlich dargestellt werden wird (Abschn. 4.29) und dessen Bedeutung noch einmal durch die Erfolgsfaktoren-Studie 2016 bestätigt wurde. Gerade bei einem neuen Ideenmanagement besteht die Chance, es von Beginn an richtig zu machen: Ziele sollten in einem Zielvereinbarungsprozess – ja: vereinbart werden. Sicherlich sind durch das Management bzw. die Führungskraft vorgegebene Ziele besser als ein vollständig zielloses Ideenmanagement. Doch bergen vorgegebene Ziele zwei Gefahren:

- Sie können unrealistisch hoch sein – zumindest aus Sicht des Ideenmanagers, der diese Ziele „vorgesetzt" bekommt. Ein Ziel, das man sowieso nicht erreichen kann, demotiviert eher.
- Vorgegebene Ziele müssen nicht unbedingt zu den persönlichen Zielen des Ideenmanagers passen. Die Motivation steigt aber, wenn betriebliche und persönliche Ziele in die gleiche Richtung gehen.

Selbst wenn im Unternehmen kein offizieller Zielvereinbarungsprozess etabliert ist, findet sich doch häufig ein Weg, so über die Ziele im Ideenmanagement zu sprechen, dass es faktisch ein Zielvereinbarungsprozess wird.

Ein Ziel verdient es, besonders hervorgehoben zu werden: Die Befähigung des Ideenmanagers zum Prozess- und Methodencoach. Die Erfolgsfaktoren-Studie 2016 hat gezeigt: Ideenmanager, die als Prozess- und Methodencoach agieren, erreichen im Durchschnitt eine rechenbare Einsparung von 584 € je Beschäftigtem. Ideenmanager, die nicht als Prozess- und Methodencoach agieren, erreichen nur 213 € (Schat 2016). Unternehmen, in denen der Ideenmanager als Prozess- und Methodencoach agiert, erreichen also im Durchschnitt eine mehr als doppelt so hohe Einsparung je Beschäftigtem. Doch Coaching ist eine anspruchsvolle Aufgabe. Ein Prozess- und Methodencoach muss zunächst selbst die Methoden beherrschen und die Prozesse im Betrieb kennen. Hinzu kommen die Fähigkeiten eines Coaches, also die Kommunikationsfähigkeit und die Fähigkeit, einen Lernprozess beim Coachée (der gecoachten Person) zu planen. Diese Fähigkeiten müssen über einen längeren Zeitraum erworben werden, dies kann auch externe Fortbildungen umfassen. Doch es lohnt sich nicht nur für das Unternehmen: Ideenmanager, die als Prozess- und Methodencoach agieren, erhalten im Durchschnitt ein 8000 € höheres Jahresgehalt als ihre Kollegen (Schat 2016).

Vielleicht werden die Ziele des Ideenmanagements in den ersten Jahren nicht wie geplant erreicht. Vermutlich wird ein Ideenmanager in seiner neuen Rolle als Coach zunächst einige Fehler machen und Misserfolge einstecken müssen. Das ist nicht angenehm, aber normal. Je nach Unternehmenskultur kann es sinnvoll sein, vorab zu kommunizieren, dass ein langfristig erfolgreiches Ideenmanagement zu Beginn auch „Kinderkrankheiten" durchleiden kann. Ebenfalls kann es sinnvoll sein, bereits vorab einen Termin zu bestimmen, zu dem die Regeln und Vorgehensweisen im Ideenmanagement überprüft werden. Das kann nicht nur den Druck vom Ideenmanager nehmen, von Beginn an perfekt handeln zu müssen. Eine solche Regel kann auch ein kleiner Schritt auf dem Weg zu einer fehlertoleranten Unternehmenskultur sein, die wiederum eine Voraussetzung für funktionierendes Ideenmanagement darstellt.

Die Hauptaufgabe des Projektteams besteht darin, die Regeln und Vorgehensweisen für das neue Ideenmanagement zu definieren. Wenn ein Betriebsrat besteht, dann werden die Hauptpunkte in einer Betriebsvereinbarung niedergelegt (Abschn. 1.5.1.2). Wenn kein Betriebsrat besteht, dann sind dennoch die typischerweise in einer Betriebsvereinbarung niedergelegten Punkte zu definieren:

1. Was ist ein Verbesserungsvorschlag? Auch Störmeldungen und Problemanzeige? Oder nur reife, ausgearbeitete Verbesserungsvorschläge mit mindestens einer Lösungsskizze?
2. Wo und wie werden Vorschläge eingereicht (per Formular, per EDV, mündlich, beim Vorgesetzten, beim Beauftragten für das Betriebliche Vorschlagswesen)? Sind Gruppenvorschläge möglich, gar gewünscht?
3. Wer darf Vorschläge einreichen – alle Beschäftigten, oder werden einzelne Gruppen ausgeschlossen (z. B. Entwicklungsingenieure, Führungskräfte)? Dürfen Zeitarbeiter, Monteure von Fremdfirmen, Kunden und Pensionäre Verbesserungen vorschlagen?
4. Wer entscheidet über einen Vorschlag? Nach welchen Kriterien? Gibt es eine „Berufskommission"?
5. Wie wird ein Vorschlag vergütet? Wie genau sind die Rechenvorschriften für „rechenbare" und „nicht rechenbare" Vorschläge? Die Prämierung ist ein Querschnittsthema und wird in Abschn. 4.24 genauer behandelt.
6. Wie wird der Nutzen errechnet?
7. Wann wird ein Vorschlag vergütet? Nach der Entscheidung, nach der Realisierung, mit Abschlag bei Entscheidung und Abrechnung nach Realisierung?
8. Können Verbesserungsvorschläge anonym eingereicht werden? Oder ist der Name des Einreichers oder der Einreicher für alle Beteiligten offen einsehbar? Jede dieser Optionen bietet für gewisse Unternehmen Vorteile (Abschn. 4.2).
9. Wer verantwortet die Umsetzung der Ideen und Vorschläge?

Schließlich ist eine Reihe praktischer Dinge zu klären: Wo soll das Büro des Ideenmanagements liegen? Empfehlung: Möglichst nahe am Geschehen, möglichst mitten in den Prozessen. Hat der Ideenmanager sein Büro am Rande des Geschehens, so droht auch das Ideenmanagement an den Rand gerückt zu werden.

Und dann muss das Büro eingerichtet werden, ggf. die Software beschafft, angepasst und installiert werden, die Regelungen des Ideenmanagements müssen ins Intranet eingestellt und/oder in einer Broschüre zusammengefasst werden. Falls für kleinere Ideen oder für Ideen, die zwar gut gemeint sind, aber nicht prämiert werden können, kleine Werbegeschenke vorgesehen sind, müssen diese beschafft werden.

Ideenmanagement funktioniert nicht ohne Werbung – auch hier muss überlegt werden, was für das Unternehmen angemessen ist, und diese Werbemittel müssen dann gestaltet und beschafft werden.

2.3 Start

Nach Wochen der Vorbereitung ist es nun soweit: Das Ideenmanagement geht an den Start, diese Phase zeigt im Ablauf Abb. 2.6.

Vor dem eigentlichen Starttermin sollten die Vorbereitungen abgeschlossen sein. Wenn für das Ideenmanagement neue Software eingeführt wurde, dann muss deren Funktionsfähigkeit überprüft und sichergestellt sein.

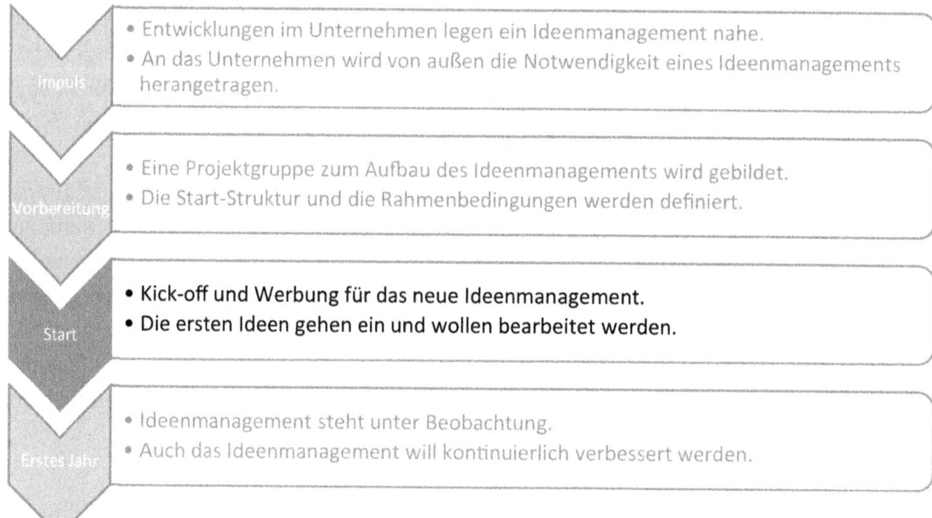

Abb. 2.6 Start-Phase beim Aufbau eines neuen Ideenmanagements

Der Start für ein neues Ideenmanagement wird auf einer eigenen Veranstaltung oder beispielsweise auf einer Betriebsversammlung gefeiert. Gerne werden Statements der „großen Tiere" eingesetzt, um zu zeigen: „Die da oben" wollen das Ideenmanagement wirklich. Aushänge im Betrieb und vielleicht noch eine Beilage zum Brief mit der Gehaltsabrechnung können dies ergänzen. In Unternehmen, die stark von EDV durchdrungen sind, ist auch an eine E-Mail mit der Einladung, Ideen einzureichen, zu denken. Ebenso sollte hier ein informativer und motivierender Intranetauftritt eingerichtet sein.

Selbstverständlich müssen alle direkt am Ideenmanagement Beteiligten gut informiert werden – also die Einreicher, Gutachter und Führungskräfte. Genauso selbstverständlich sollte es sein, die indirekt Beteiligten zu informieren, also die Sekretärinnen, Controller, EDV-Spezialisten und alle Kollegen aus den „unterstützenden Prozessen".

Nun kommen die ersten Vorschläge. Einerlei, ob diese aus einer Arbeitsgruppe des Kontinuierlichen Verbesserungsprozess stammen oder als Verbesserungsvorschläge aus dem Betrieblichen Vorschlagswesen kommen: In der Anfangsphase kommen typischerweise Ideen aus drei Kategorien, die im Normalbetrieb eines Ideenmanagements eher selten sind – einen zusammenfassenden Überblick gibt Abb. 2.7:

- **„Schöner Wohnen"-Vorschläge:** Diese werden so genannt, weil ein typischer solcher Vorschlag lautet: „Stellt mir einen Gummibaum (oder: neue Büromöbel) an den Arbeitsplatz, dann werde ich unglaublich motiviert und viel produktiver sein." Also: Vorschläge, die weder bezüglich der Arbeitsbedingungen eine deutliche Verbesserung bewirken noch gar einen rechenbaren Nutzen aufweisen, sondern nur für den Einreicher irgendwie nett sind.

Abb. 2.7 Die ersten Verbesserungsvorschläge

- **„Was ich schon immer einmal sagen wollte"-Vorschläge:** Manche Beschäftigte versuchen schon länger, einen bestimmten Zustand zu ändern. Gespräche mit dem direkten Vorgesetzten, mit dem Betriebsrat, mit höheren Vorgesetzten, informelle Runden mit Kollegen – nichts hat genützt. Nun bietet das Ideenmanagement eine neue Chance. Dann muss sich der Ideenmanager in alte Konfliktfelder einarbeiten. Manche dieser Vorschläge kommen von Beschäftigten, die sich einfach in eine Idee verrannt haben, die für den Betrieb tatsächlich nicht sinnvoll ist. In anderen Fällen wäre die Idee sinnvoll, doch sträubt sich eine Führungskraft gegen die Umsetzung – häufig aus Gründen, die gut nachvollziehbar sind, wenn sich der Ideenmanager in diese Führungskraft versetzt. Dann gibt es noch Ideen, die im Grundsatz sinnvoll erscheinen, im Detail dann aber schnell komplex werden.
- **„Das Wasser testen"-Vorschläge:** Mikropolitisch erfahrene Beschäftigte entwickeln Ideen und reichen Vorschläge ein, die irgendwie so wirken, also ob sie erst der Anfang sind und die Einreicher sich schon viel mehr Gedanken gemacht haben. Das haben sie auch, wollen aber zunächst testen, ob ihre Ideen wirklich gut und fair behandelt werden. Nach der Umsetzung der ersten Vorschläge werden dann tatsächlich die eigentlichen, größeren Verbesserungen vorgeschlagen.

Neben Vorschlägen, wie sie in Abb. 2.7 dargestellt sind, muss sich der Ideenmanager in den ersten Wochen bereits mit den richtig schwierigen Ideen beschäftigen. Sollt es sich um einen Teilzeit- oder nebenamtlichen Ideenmanager handeln, der also außer dem Ideenmanagement noch weitere Aufgaben wahrnimmt, so sind für die Zeit nach dem Start des Ideenmanagements hinreichend Kapazitäten einzuplanen. Auch die Einreicher der „Schöner Wohnen"-Vorschläge erwarten Wertschätzung für die Einreichung und ein ernsthaftes Prüfen. Die „Was ich schon immer einmal sagen wollte"-Vorschläge sind mit viel Einarbeitungsaufwand verbunden. Gut, wenn der Ideenmanager bereits lang im Unternehmen beschäftigt ist und zum einen die Menschen und Prozesse kennt, zum anderen auch über ein Netzwerk verfügt, das hier mit informellen Hinweisen und Informationen weiterhelfen kann. Manchmal sind die Konflikte, die in den „Was ich schon immer einmal sagen

Abb. 2.8 Ideen und Vorschläge beim Start des Ideenmanagements

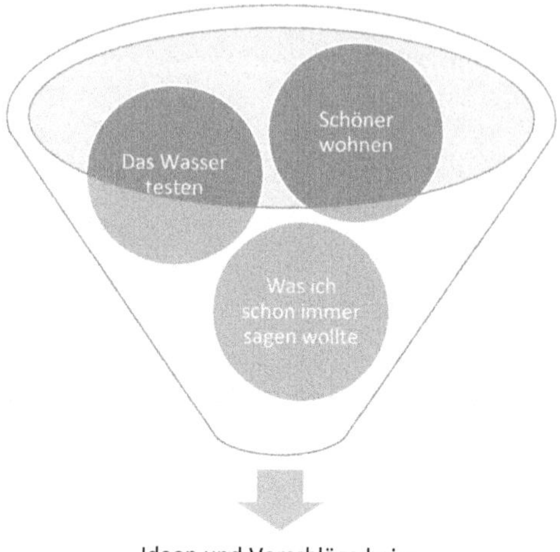

wollte"-Vorschlägen zum Ausdruck kommen, durchaus lösbar. Dies verlangt nur Zeit und das Berücksichtigen unterschiedlicher Perspektiven – sicherlich ein gutes Training für einen Ideenmanager, der sich zum Prozess- und Methodencoach weiterentwickeln will. Schließlich steht das Ideenmanagement bei den „Das Wasser testen"-Vorschlägen unter besonderer Beobachtung, erweist es sich nicht als effektiv und fair, dann werden die eigentlichen Vorschläge eben nicht eingereicht. Dies fasst Abb. 2.8 zusammen.

Zu diesen drei Sondergruppen kommen selbstverständlich auch die ersten „richtigen" Ideen und Vorschläge. Alle diese Vorschläge müssen nun bearbeitet werden, und im Unternehmen wird sehr genau darauf geachtet werden, wie dies geschieht. Wichtig ist dabei, dass die Beschäftigten den Eindruck erhalten: Im Ideenmanagement geht es grundsätzlich mit rechten Dingen zu, hier werden wir (und unsere Ideen) fair behandelt. Wenn die Abarbeitung am Anfang noch nicht ganz rund läuft, wenn Fehler passieren und korrigiert werden, dann haben die Einreicher, Gutachter und Führungskräfte hierfür in aller Regel großes Verständnis. Wohl jeder, der schon länger im Betrieb beschäftigt ist, hat einmal bei einem Neuanlauf mitgearbeitet und kennt die Probleme. Darüber kann offen gesprochen werden.

Auch wenn einige Vorschläge viel Zeit für die Aufarbeitung benötigen und einige Ideen noch nicht die Qualität aufweisen, die in einem Ideenmanagement mit jahrelanger Praxis zu erwarten ist: Wichtig ist, dass zumindest einige Vorschläge angenommen, prämiert und realisiert werden. Wenn nach der ersten Welle alle Vorschläge abgelehnt werden, dann spricht sich im Betrieb herum: Das ist nicht ernst gemeint. Daher kann es am Anfang nötig sein, die Kriterien für die Annahme, Prämierung und Umsetzung für Ideen recht flexibel zu handhaben und vielleicht auch Vorschläge umzusetzen, die im Normalbetrieb abgelehnt worden wären. Anschließend kann dann die „Latte" langsam wieder auf das reguläre Niveau angehoben werden. Doch fatal wäre die Botschaft: Wir haben viele Vorschläge erhalten – und alle abgelehnt. Von einem solchen Start würde sich das Ideenmanagement kaum erholen. Grundsätzlich kann der Leitlinie von Bernie Sander (2006, S. 85) gefolgt werden:

> Zu Beginn sollte das Gewicht auf der Quantität liegen, der Einbeziehung, der Gewinnung und dem Engagement der Mitarbeiter. Durch strategische Schulung und Integration sollte der Schwerpunkt zunehmend auf die Qualitätsindikatoren verschoben werden.

Ein neues Ideenmanagement wird zu Beginn nicht vollkommen reibungslos laufen. Dies kann auch dadurch aufgefangen werden, dass klar kommuniziert wird: Dies ist ein Anfang, nach einer gewissen Zeit werden wir die Erfahrungen auswerten und das Ideenmanagement weiterentwickeln – selbstverständlich gelten Fehlertoleranz und kontinuierliche Verbesserung gerade auch für das Ideenmanagement. Wer beim Start eines Ideenmanagements behauptet „So kann das doch nicht funktionieren!" – der hat vermutlich recht. Genau so wird es nicht funktionieren. Aber es ist der erste Schritt zu einem funktionierenden Ideenmanagement.

2.4 Das erste Jahr

Nach einem Jahr kann man kaum noch von einem „neuen" Ideenmanagement sprechen – im ersten Jahr vollzieht sich der Wechsel zum Ideenmanagement im Normalbetrieb, dies stellt im Ablauf Abb. 2.9 dar.

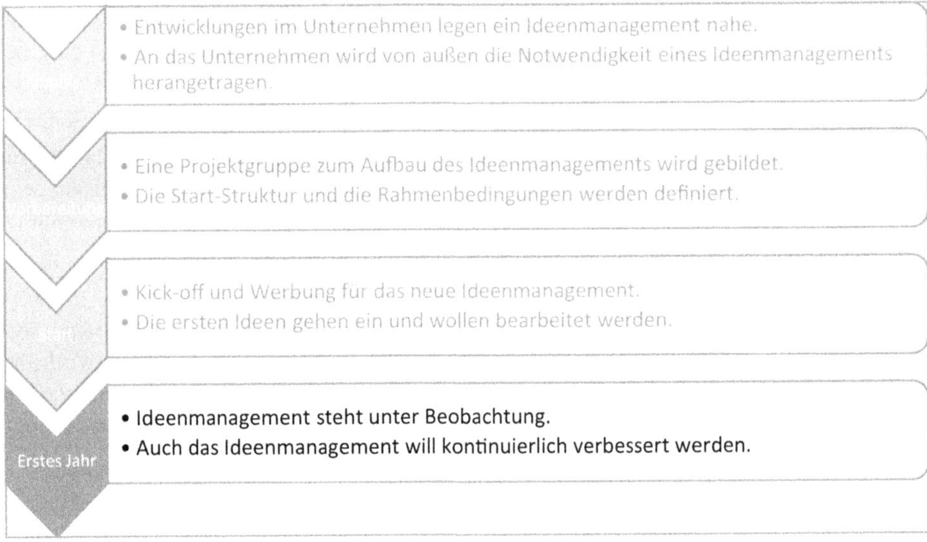

Abb. 2.9 Phase des ersten Jahres beim Aufbau eines neuen Ideenmanagements

Der Beginn des ersten Jahres ist das Kick-off und dann die „Bugwelle“ an Ideen und Vorschlägen – normale, richtige, gute, ernstgemeinte Ideen, aber eben auch Vorschläge der Art „Schöner Wohnen“, „Was ich immer schon einmal sagen wollte“ und „Das Wasser testen“. Das Abarbeiten dieser Ideen wird einen guten Teil des ersten Jahres in Anspruch nehmen.

Wie alle neuen Initiativen wird auch das Ideenmanagement von den Beschäftigten kritisch beobachtet werden. Drei Fragen sind hier wichtig:

1. Funktioniert das Ideenmanagement? Werden die „Spielregeln“ eingehalten? Geht es hier grundsätzlich fair zu?
2. Werden Vorschläge umgesetzt? Passiert etwas – sind für die Beschäftigten tatsächlich Fortschritte sichtbar?
3. Was sagen die Führungskräfte, besonders die direkten Vorgesetzten (Meister, Teamleiter)?

Auf diese drei Fragen sollte das Ideenmanagement antworten können.

1. Am Anfang wird das Ideenmanagement nicht immer nach allen „Spielregeln“ funktionieren. Beschäftigte sind hier sehr nachsichtig – wenn klar kommuniziert wird: Ja, hier müssen wir nachbessern, und das tun wir auch. Wichtiger ist die Fairness. Zu Beginn werden etliche Vorschläge abgelehnt werden müssen – die Beschäftigten müssen auch erst einmal lernen, gute Ideen zu entwickeln. Diese Ablehnungen müssen nachvollziehbar begründet werden. Auch wenn eine schriftliche Begründung vorliegt, kann es sinnvoll sein, noch einmal das persönliche Gespräch mit dem Einreicher zu suchen. Außerdem kann es nötig sein, zu Beginn auch Vorschläge anzuerkennen und vielleicht umzusetzen, die noch nicht ganz die gewünschte Innovationshöhe oder den angestrebten Nutzen erreichen.
2. Wie alles Neue muss sich auch das neue Ideenmanagement zunächst beweisen. Das heißt konkret: Vorschläge müssen umgesetzt, Ideen verwirklicht werden. Das kann am Anfang schwierig genug sein – es genügt aber nicht. Wenn und was realisiert wurde, das muss kommuniziert werden. Gute Nachrichten sprechen sich im Unternehmen nicht von alleine herum. Der Ideenmanager muss, gerade in der Anfangsphase, immer wieder der Devise folgen: „Tue Gutes und sprich darüber!“
3. Das Alltagsleben im Betrieb wird zu großen Teilen vom Verhältnis zum direkten Vorgesetzten bestimmt. Im Team, in der Arbeitsgruppe oder in der Meisterei wird über Neues im Unternehmen gesprochen. Gute Vorgesetzte haben Einfluss – zumindest für ihren Bereich, oft darüber hinaus. So ist es für das Ideenmanagement von großem Vorteil, wenn Meister oder Teamleiter gut über das Ideenmanagement sprechen, vielleicht sogar selbst einen Kontinuierlichen Verbesserungsprozess durchführen oder ihre Mitarbeiter zu Verbesserungsvorschlägen ermutigen. Doch: Diese positive Haltung der operativen Führungskräfte muss sich das Ideenmanagement erarbeiten. Sinnvoll ist, früh und dann immer wieder das Gespräch mit den Meistern und Teamleitern zu

suchen. Wichtig ist auch die Grundhaltung: „Unterstützung der Führungskräfte" im Ideenmanagement heißt, dass das Ideenmanagement die Führungskräfte unterstützt. Und beide, Ideenmanagement und Führungskräfte, unterstützen das Unternehmen, seine Ziele zu erreichen. Führungskräfte sind nicht dazu da, das Ideenmanagement zu unterstützen, die Verhältnisse liegen genau umgekehrt.

Ein Punkt ist in der Anfangsphase besonders wichtig: im Gespräch bleiben. Wie ein guter Indianer, so hat auch ein guter Ideenmanager immer wieder sein Ohr am Boden. In praktisch jedem Bereich gibt es die informellen Führungskräfte, die „grauen Eminenzen", die Kollegen, die wissen, was in dem Bereich passiert. Es ist sinnvoll, mit diesen Menschen immer mal wieder das Gespräch zu suchen und nach dem Stand der Dinge in Bezug auf das Ideenmanagement zu fragen. So können Fehlentwicklungen manchmal korrigiert werden, bevor offizielle Sitzungen hierzu anberaumt werden.

Eine weitere Aufgabe im ersten Jahr des Ideenmanagements ist die Dokumentation. Später werden Zeitreihen benötigt, also Schaubilder zur Entwicklung des Ideenmanagements. Insbesondere, wenn keine spezielle Ideenmanagement-Software eingesetzt wird, ist es sinnvoll, die ersten Kennzahlen zu notieren (Software hat in aller Regel ein Reporting-Modul, Abschn. 4.26).

Die letzte Aufgabe des ersten Jahres lautet: Feiern. Wenn das neue Ideenmanagement ein Jahr lang gearbeitet hat, die „Geburtswehen" vorüber sind und ein mehr oder weniger stabiler Zustand erreicht wurde – dann ist das ein Grund zu feiern. Je nach Unternehmenskultur können dann auch Auszeichnungen vergeben werden: Einreicher des Jahres, bester Gutachter, aktivste Abteilung. In einigen Unternehmen wird eine Jahresveranstaltung mit Tombola oder Jahresendverlosung durchgeführt – diese Art der Veranstaltung hat einige Vorzüge, aber auch deutliche Nachteile und wird daher in den Querschnittsthemen in Abschn. 4.15 behandelt.

2.5 Ideenmanagement im Hype Cycle

Ein bekanntes Phasenmodell ist der Gartner Hype Cycle (Gartner 2016, Abb. 2.10), der sich für die IT-Branche bewährt hat.

Nun ist Ideenmanagement im Kern keine IT-Innovation – trotzdem lassen sich in einigen Unternehmen vergleichbare Phasen vorfinden.

Auslöser für die Einführung von Ideenmanagement ist nicht die Technologie, dennoch startet Ideenmanagement typischerweise mit einem Auslöser (Abschn. 2.1).

Erwartungen an das Ideenmanagement kommen von zwei Seiten: Beschäftigte (und potenzielle Einreicher) erwarten: „Die da oben hören jetzt endlich einmal auf uns" und erwarten, nun würden alle Missstände zügig abgeschafft. Die Geschäftsführung erwartet, das „Gold in den Köpfen der Mitarbeiter" zu heben und schnell Produktivitätsgewinne zu realisieren und einen Kulturwandel in Gang zu setzen.

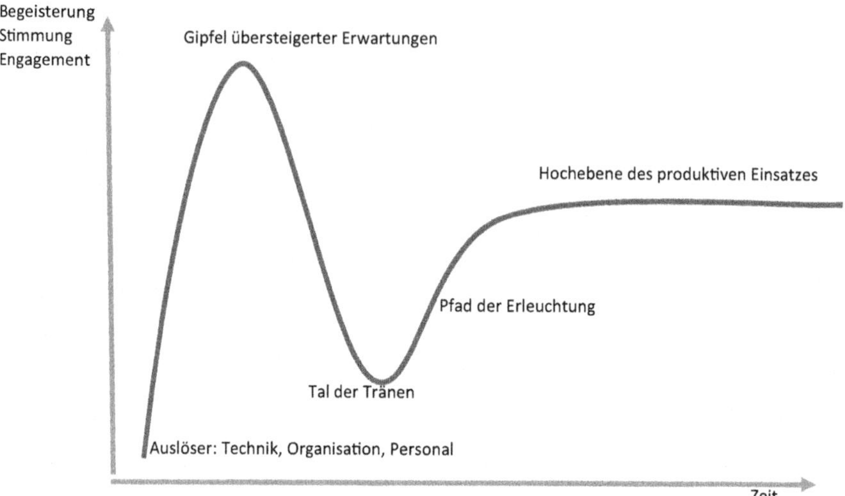

Abb. 2.10 Gartner Hype Cycle

Überzogene Erwartungen finden sich nicht in allen Unternehmen. Doch wenn Erwartungen überzogen werden, dann folgt zwangsläufig das „Tal der Enttäuschungen", auch „Tal der Tränen" genannt. Die Einreicher erfahren: Verbesserungsvorschläge werden manchmal aus guten Gründen abgelehnt, manchmal auch aus nicht ganz so guten Gründen. Gutachten benötigen Zeit, nicht alle Gutachten sind verständlich. Selbst positiv begutachtete Vorschläge werden mit unterschiedlichsten Begründungen nicht (sofort) umgesetzt.

Die Geschäftsführung erfährt: Nicht alle Beschäftigten können aus dem Stand umsetzungsreife Verbesserungsvorschläge entwickeln. Kurzfristiger Kulturwandel funktioniert nicht. Manche Verbesserungsvorschläge sind unproduktiv, lästig und nicht (nur) an den Interessen des Unternehmens ausgerichtet.

Wie in jedem „Hype Cycle" kommt es darauf an, in dieser Phase die Spannung und eine positive Grundstimmung aufrechtzuerhalten. Daher werden in dieser Phase manchmal auch Ideen umgesetzt, die vielleicht noch nicht ganz ausgereift oder zielgerichtet ausgearbeitet wurden. Ja, es gibt Anfangsschwierigkeiten (Abschn. 2.4), doch diese sind normal und werden durch normale Lernprozesse überwunden. Eine Spannung und positive Grundstimmung aufrechtzuerhalten, ist tatsächlich eine Aufgabe und gelingt nicht in jedem Unternehmen – wenn Ideenmanagement früh scheitert, dann meist in dieser Phase.

Die Lernprozesse führen im ersten Jahr zu einer realistischen Einschätzung der Möglichkeiten und Grenzen von Ideenmanagement, bei Gartner ist dieses erste Jahr der „Pfad der Erleuchtung": Die Beschäftigten lernen, gute Ideen und Verbesserungsvorschläge zu entwickeln. Gutachter bekommen Rückmeldungen und erstellen daraufhin bessere Gutachten. Das Ideenmanagement optimiert Abläufe und vielleicht auch die Software. Die Geschäftsführung entwickelt realistische Erwartungen.

Daraufhin folgen Jahre auf dem „Plateau der Produktivität" des Ideenmanagements. Doch anders als im Gartner Hype Cycle droht im Ideenmanagement nach längerer Produktivität der langsame Abstieg: Ideenmanagement benötigt immer wieder neue Impulse – doch dazu mehr bei der Optimierung eines vorhandenen Ideenmanagements (Kap. 3).

Literatur

Gartner (2016). Gartner Hype Cycle. http://www.gartner.com/technology/research/methodologies/hype-cycle.jsp. Zugegriffen: 1. August 2016.

Greiner, L. L. (1972). Evolution and revolution as organizations grow. *Harvard Business Review, 1972*(Juli–August), 37–46.

Initiative Ludwig Erhard Preis (2013). *Foliensatz ILEP Excellence Assessor*. Oberursel: ILEP.

Landmann, N., & Schat, H.-D. K. (2016). *Erfolgsfaktoren im Ideenmanagement. Studie 2016*. Eschborn: HLP.

Sander, B. (2006). *Best of Bernie On Idea Management*. Elztal-Dallau: Laub.

Schat, H.-D. (2016). Der Ideenmanager als Prozess- und Methoden-Coach. *HR Performance, 1*, 58–60.

Optimierung eines vorhandenen Ideenmanagements

3

In vielen Unternehmen gibt es ein Ideenmanagement, das gut gemeint ist, aber nicht richtig funktioniert. Manchmal mit einem Ideenmanager, der sich neben vielen anderen Aufgaben auch noch um das Ideenmanagement „kümmern" soll – entsprechend „kümmerlich" sind die Resultate. Für diese Unternehmen ist das folgende Kapitel gedacht.

3.1 Grundstruktur: Gap-Analyse

Eines der grundlegenden betriebswirtschaftlichen Konzepte ist die „Gap-Analyse" mit den drei Fragen

1. Wo wollen wir hin?
2. Wo stehen wir?
3. Wie kommen wir von A von B?

Dabei gibt es eine logische und eine zeitliche Struktur. Die logische Struktur findet sich in Abb. 3.1.

Die zeitliche Struktur muss eine andere sein: Maßnahmen lassen sich erst definieren, wenn die folgenden beiden Fragen beantwortet sind:

- Wo wollen wir hin?
- Wo stehen wir?

Abb. 3.1 Gap-Analyse: Logische Struktur

H.-D. Schat, *Erfolgreiches Ideenmanagement in der Praxis*, FOM-Edition,
DOI 10.1007/978-3-658-14493-7_3

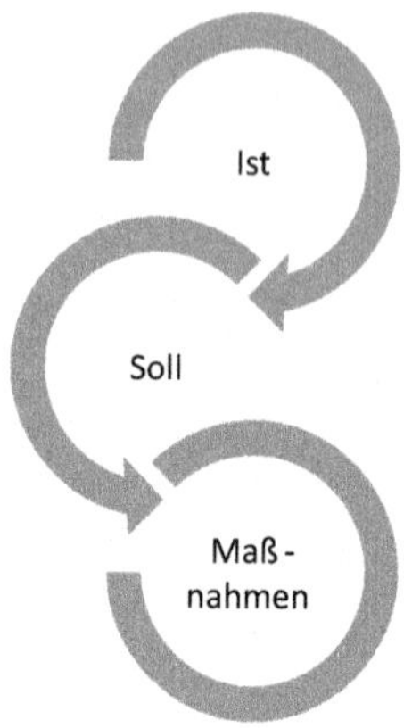

Abb. 3.2 Gap-Analyse: Zeitliche Struktur: Ist-Soll-Maßnahmen

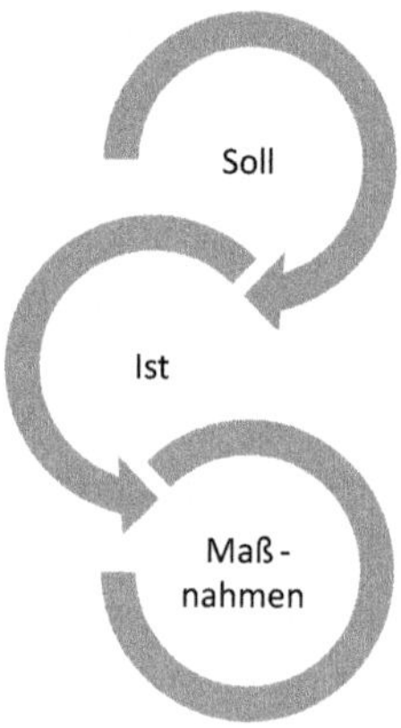

Ist
Soll
Maß-
nahmen

Abb. 3.3 Gap-Analyse: Zeitliche Struktur: Soll-Ist-Maßnahmen

Soll
Ist
Maß-
nahmen

Die Reihenfolge dieser beiden Fragen ist nicht zwingend. Manche Projekte beginnen mit einer Ist-Aufnahme (haben dabei aber schon eine ganz grobe Idee des „Soll") im Hinterkopf, und definieren erst nach der Ist-Aufnahme den Soll-Zustand. Den typischen Ablauf stellt Abb. 3.2 dar.

Diese Vorgehensweise kann sich beispielsweise anbieten, wenn das „Ist" ohnehin gut dokumentiert ist und nur noch für das Projekt „Optimierung des Ideenmanagements" zusammengestellt werden muss.

Die Alternative beginnt mit dem „Soll", ermittelt vor diesem Hintergrund das „Ist" und die notwendigen Maßnahmen, dieser Ablauf findet sich in Abb. 3.3.

Diese Vorgehensweise entspricht dem P-D-C-A Zyklus (Abb. 3.4) und ist daher in vielen Unternehmen die „normale", also „übliche" Vorgehensweise.

Hier wird zunächst der Soll-Zustand aus den internen und/oder externen Anforderungen abgeleitet und konkretisiert. Damit stehen auch die relevanten Parameter für das zu optimierende Ideenmanagement fest. Dann kann für diese Parameter der Ist-Zustand ermittelt werden, wobei selbstverständlich auch andere wichtige Rahmenbedingungen erfasst werden.

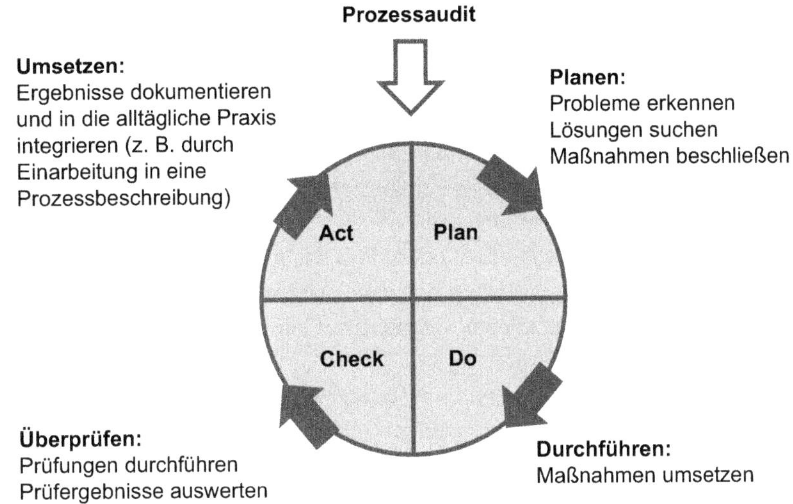

Abb. 3.4 P-D-C-A. (Nach REFA 2003)

Zum Abschluss werden in beiden Vorgehensweisen die notwendigen Maßnahmen definiert, umgesetzt und nach einer angemessenen Zeit überprüft.

Wichtig ist letztendlich weniger, ob zunächst das „Soll" oder zunächst das „Ist" erarbeitet wird. Wesentlich ist allerdings eine systematische Vorgehensweise. Diese zeichnet sich u. a. dadurch aus, dass die Maßnahmen erst dann definiert werden, wenn alle Tatsachen bekannt sind und so überhaupt erst die Voraussetzungen gegeben sind, genau zu definieren, welche Maßnahmen in dieser Situation sinnvoll sein können.

3.2 Soll: Wo wollen wir hin?

Bei der Frage „Soll-Ist-Maßnahmen" oder „Ist-Soll-Maßnahmen" muss in jedem Unternehmen, aber auch in diesem Buch, eine Entscheidung getroffen werden. Wir entscheiden uns für den Ansatz, den W. Edwards Deming (1986) vorgeschlagen und der sich seither weltweit gut bewährt hat: Soll-Ist-Maßnahmen (siehe Abb. 3.3).

Damit beginnen wir also mit dem Soll. Der angestrebte Zustand ergibt sich aus einigen Fragen, hier eine Liste typischer Überlegungen:

- Woher kommt der Impuls für die Optimierung des Ideenmanagements – von innen oder von außen? Werden hier schon Ziele, Anforderungen und Ansprüche formuliert?
- Was ist die hauptsächliche Zielrichtung – Rationalisierung oder Kulturarbeit?
- Wenn das Hauptziel Rationalisierung ist: Sollen Kosten reduziert, Prozesse stabilisiert, die Qualität erhöht werden? Was ist die genaue Zielrichtung?

- Wenn das Hauptziel Kulturarbeit ist: Soll die Zusammenarbeit im Betrieb optimiert werden, die Qualifikation der Beschäftigten um neue Komponenten ergänzt werden – oder wird das optimierte Ideenmanagement im Sinne einer Organisationsentwicklung eingesetzt?
- Für beide Hauptzielrichtungen (Rationalisierung und Kulturarbeit): Was sind wichtige Kennzahlen? Gibt es in der eigenen Vergangenheit des Unternehmens und bei anderen Unternehmen belastbare Vergleichskennzahlen?
- Oder, auch das wäre eine ehrliche Option: Soll das Ideenmanagement „nur" optimiert werden, um mit möglichst geringem Aufwand externen Anforderungen zu genügen?
- Soll das Ideenmanagement alleine optimiert werden oder im Rahmen eines Managementkonzeptes?
- In welchen Bereichen soll das optimierte Ideenmanagement wirken: Im gesamten Unternehmen? Nur an einigen Betriebsstätten? Stehen die wertschöpfenden Prozesse im Fokus? Sollen die unterstützenden Prozesse (Verwaltung etc.) optimiert werden? Sollen gute Prozesse weiter optimiert werden („Die Stärken stärken"), oder sollen bekannte Problembereiche angegangen werden („Die Schwächen schwächen")?
- Soll das Ideenmanagement grenzüberschreitend optimiert werden? Bei internationalen Prozessen kann auch internationales Ideenmanagement sinnvoll sein.
- Wie viel Zeit steht für die Optimierung zur Verfügung – gibt es externen (oder auch internen) Zeitdruck? Kann erst in einem Teilbereich optimiert und dies dann auf das gesamte Unternehmen ausgerollt werden – oder fehlt dazu die Zeit? Umgekehrt: In einer Unternehmenskultur, in der nur das Dringende auch wichtig ist, kann es sinnvoll sein, einen hohen Zeitdruck aufzubauen.

Aus diesen und ggf. unternehmensspezifisch weiteren Fragen setzt sich dann ein Bild des zukünftigen, optimierten Ideenmanagements zusammen. Aus theoretischer Sicht dürfen die einzelnen Ziele und die angestrebten Zustände einander logisch nicht widersprechen, sie sollten sich sogar wechselseitig verstärken. In der Betriebspraxis ist das nicht immer einzuhalten, doch wird ein Ideenmanagement, das eine hohe Anzahl von Ideen bei großer Realisierungsquote mit maximaler Einsparung bei deutlichen Qualifizierungseffekten für die Belegschaft gleichzeitig anstrebt, es zumindest schwer haben.

3.3 Ist: Wo stehen wir?

Die Ist-Analyse beginnt typischerweise mit einer Dokumentenanalyse: Welches Modell des Ideenmanagements setzen wir um – zentrales, dezentrales, Misch- oder Hybridmodell (Abschn. 1.4.2)? Was sagt die Betriebsvereinbarung (Abschn. 1.5.1.2) – diese ist die Basis für die Zusammenarbeit mit dem Betriebsrat, selbst wenn das Ideenmanagement tatsächlich nicht mehr nach den dort formulierten Regeln arbeitet.

- Wie hat sich das Ideenmanagement in den letzten Jahren entwickelt, welche Kennzahlen liegen hierzu vor (interne Sicht)? Gibt es Vergleiche mit anderen Betrieben des gleichen Unternehmens, mit Betrieben der gleichen Größe oder der gleichen Branche? Oder zumindest mit Betrieben, die Produkte der gleichen Komplexität herstellen bzw. hinsichtlich der Komplexität vergleichbare Dienstleistungen erbringen?
- Liegen Kennzahlen und Informationen aus einer Mitarbeiterbefragung vor? Wie sehen die Beschäftigten, die operativen Führungskräfte (Meister, Teamleiter) und die oberen Führungskräfte (Vorstand, Geschäftsführung) das Ideenmanagement (externe Sicht)? Hat sich diese Einschätzung in den letzten Jahren verändert?
- Wer ist am Ideenmanagement interessiert – welche „Stakeholder" gibt es? Wer nimmt Einfluss auf das Ideenmanagement? Wer könnte also bei einer Neugestaltung des Ideenmanagements zu berücksichtigen sein?
- Welche „verwandten" oder „benachbarten" Einrichtungen existieren (Abschn. 1.4.2.2, „Integration in andere Prozesse"): Managementsysteme, Innovationsmanagement, Crowdsourcing-Ansätze, Arbeitsschutzausschuss, Qualitätsmanagement …?

Wichtig ist hier, keine Schuldigen für das nicht optimale Funktionieren des Ideenmanagements zu suchen. Alles hatte seine Zeit, wenn vor etlichen Jahren das Ideenmanagement so aufgesetzt wurde, dann wird es damals seine Berechtigung gehabt haben. Wichtig ist, hier nichts zu beschönigen – wenn nicht das Ideenmanagement einen ehrlichen Kontinuierlichen Verbesserungsprozess verdient, wo sollte dieser dann im Unternehmen ansetzen?

Eine solche Dokumentenanalyse eignet sich auch gut als Arbeit für einen Werkstudenten und kann auch in eine Bachelor- oder Master-Thesis Eingang finden. So kann mit geringen Kosten eine fundierte Sicht auf das Ideenmanagement erarbeitet werden, die möglicherweise nicht durch langjährige Erfahrung in diesem Unternehmen beeinflusst ist.

Die Dokumentenanalyse kann ggf. durch einen oder mehrere Workshops ergänzt werden, bei denen bestimmte Zielgruppen ihre Sicht auf das Ideenmanagement darlegen. Dabei geht es um die Erfassung des Ist-Zustands, noch nicht um Zieldefinitionen und schon gar nicht um Maßnahmen, die sofort umgesetzt werden.

3.4 Maßnahmen: Wie kommen wir von A nach B?

Zwei grundsätzliche Ansätze sind möglich: Optimierung des Ideenmanagements als Projekt oder als Kontinuierlicher Verbesserungsprozess.

Die Optimierung des Ideenmanagements als Projekt hat, wie alle Projekte, einen klar definierten Anfang, ein Ende und eine für diese Zeit zusammengestellte Projektgruppe, die dieses Projekt entwickelt und umsetzt. Damit ähnelt diese Art der Optimierung des Ideenmanagements der Einführung eines neuen Ideenmanagements – nur, dass hier bereits ein Ideenmanagement existiert und so die vorhandenen Regelungen, Strukturen und Erfahrungen mit dem Ideenmanagement einbezogen werden müssen – und selbstverständlich der aktuelle Ideenmanager ebenfalls.

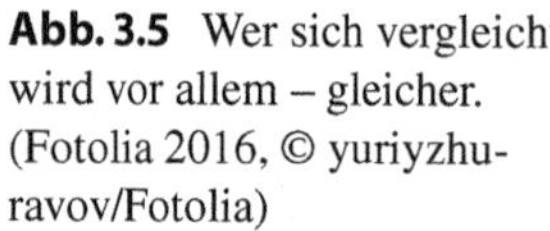

Abb. 3.5 Wer sich vergleicht wird vor allem – gleicher. (Fotolia 2016, © yuriyzhuravov/Fotolia)

Ein anderer Ansatz ist die kontinuierliche Verbesserung des Ideenmanagements – hier ist das Bild oft: Reparatur des Schiffs auf hoher See. Das Ideenmanagement läuft weiter, Verbesserungsvorschläge werden bearbeitet, und die Teams des Kontinuierlichen Verbesserungsprozesses optimieren die Prozesse. Daneben werden, Schritt für Schritt, die Regeln und Vorgehensweisen im Ideenmanagement selbst optimiert. Das erfordert einen langen Atem und ein klares Bild des künftigen Ideenmanagements. Bei dieser Vorgehensweise besteht oft kein direkter Zeitdruck – wichtig ist daher, die Veränderungen auch ohne diesen Druck voranzutreiben.

Die einzelnen Maßnahmen sind keine anderen als die für ein neues Ideenmanagement und werden daher unter den Querschnittsthemen besprochen. Die Auswahl der Maßnahmen muss sich an den Zielen des Ideenmanagements (Soll) und dem Ausgangszustand (Ist) orientieren. Die vielfach diskutierten „Best Practices" und die häufig publizierten Erfolgsfaktoren können als Anregung dienen, dürfen aber nicht einfach so übernommen werden. Was in einem anderen Unternehmen funktioniert hat, muss nicht im eigenen Unternehmen funktionieren. Was in der Mehrheit anderer Unternehmen funktioniert hat, muss ebenfalls nicht im eigenen Unternehmen funktionieren (vgl. Abb. 3.5).

► Wer sich vergleicht, wird vor allem – gleicher!

Allem Benchmarking, „best in class" und ähnlichen Erfolgsgeschichten zum Trotz: Ein Ideenmanager ist im Kern ein Manager. Von einem Marketing- oder Personalmanager erwartet man mehr, als einfach nur nach Rezept die üblichen Maßnahmen einzusetzen. Ähnlich muss auch ein Ideenmanager mehr tun, als einfach nur Maßnahmen einzuführen, die in anderen Unternehmen funktioniert haben. In diesem Buch, wie auch in vielen anderen Texten zum Ideenmanagement, werden Vorschläge für ein gutes neues bzw. ein besseres bestehendes Ideenmanagement präsentiert. Diese Vorschläge mögen für das jeweilige konkrete Unternehmen passen oder auch nicht – an „Selber denken macht schlau" führt kein Weg vorbei. Vielleicht ist daher ein guter Abschluss dieses Kapitels der Beginn der Antwort auf die Frage „Was ist Aufklärung?", gegeben im Jahr 1784 von Immanuel Kant:

> Aufklärung ist der Ausgang des Menschen aus seiner selbst verschuldeten Unmündigkeit. Unmündigkeit ist das Unvermögen, sich seines Verstandes ohne Leitung eines anderen zu bedienen. Selbstverschuldet ist diese Unmündigkeit, wenn die Ursache derselben nicht am Mangel des Verstandes, sondern der Entschließung und des Muthes liegt, sich seiner ohne Leitung eines anderen zu bedienen. Sapere aude! Habe Muth dich deines eigenen Verstandes zu bedienen! ist also Wahlspruch der Aufklärung (Kant 1968, S. 35).

Literatur

Deming, W. E. (1986). *Out of the crisis*. Cambridge: Massachusetts Institute of Technology, Center for Advanced Engineering Study.

Fotolia (2016). *Many Glamour Beauty Woman Clones. Identical Crowd Co.* © yuriyzhuravov/Fotolia. https://de.fotolia.com/id/121226810. Zugegriffen: 7. Dezember 2016.

Kant, I. (1968). Beantwortung der Frage: Was ist Aufklärung. In *Abhandlungen nach 1781* Kants Werke. Akademie Textausgabe, (Bd. VIII, S. 33–42). Berlin: De Gruyter.

REFA (2003). *Arbeitssystem- und Prozessgestaltung. Schulungsunterlage*. Darmstadt: Selbstverlag.

4 Querschnittsthemen

In diesem Kapitel werden einzelne Themen behandelt, die bei der Neukonzeption, bei der Optimierung oder auch im Alltag des Ideenmanagements wichtig werden können. Dabei bietet sich keine Sachlogik an, daher werden die Themen hier in alphabetischer Sortierung aufgeführt.

4.1 Anerkennung

Prämien (Abschn. 4.24) und leistungsorientierte Vergütung (Abschn. 4.20) fassen die materiellen „Motivatoren“ für das Ideenmanagement zusammen. Mit Anerkennung sind in diesem Kapitel vor allem die immateriellen „Motivatoren“ gemeint.

Die erste, eigentlich selbstverständliche und leicht zu realisierende Anerkennung ist die persönliche Anerkennung: ein „Danke schön“ oder „Gut gemacht“ von der Führungskraft. In kleineren Arbeitsgruppen oder Teams ist eine solche persönliche Anerkennung in der Tat einfach umzusetzen, manchmal muss lediglich der Führungskraft klarwerden, dass die Mitarbeiter sich tatsächlich über eine solche Anerkennung freuen, zumindest, wenn sie ehrlich gemeint ist. In Meistereien mit über 100 Mitarbeitern wird dies schwieriger. Hier kann manchmal ein Ideenmanager einspringen und quasi „im Namen der Firma“ seine Anerkennung aussprechen.

Eine ähnliche Form der Anerkennung kann ein positiv formuliertes Gutachten darstellen.

Die Frage, ob eine solche Anerkennung öffentlich kundgetan werden soll oder ob der Anerkennung im Gespräch unter vier Augen Ausdruck verliehen wird, ist sehr vom Unternehmen und seiner Kultur abhängig – so wie auch der „Mitarbeiter des Monats“ in einigen Unternehmenskulturen motiviert und in anderen Kulturen nur peinlich ist.

Einige Unternehmen bilden einen „Klub der Denker“, eine Arbeitsgruppe „Ideenfüchse“ oder eine ähnliche Gruppe, in der erfolgreiche Ideengeber und Einreicher zusammen-

H.-D. Schat, *Erfolgreiches Ideenmanagement in der Praxis*, FOM-Edition,
DOI 10.1007/978-3-658-14493-7_4

gerufen werden. Auf dem Programm dieser Gruppen stehen häufig einerseits Informationen und Schulungen, beispielsweise zu Problemlöse- und Kreativitätstechniken oder zu aktuellen Bedarfen und Strategien des Unternehmens. Die Mitgliedschaft in einem solchen Ideen- oder Vorschlags-Klub ist ebenfalls ein Ausdruck der Wertschätzung und eine Anerkennung.

Nicht nur Einreicher, auch Gutachter (Abschn. 1.4.2.1, „Gutachter") haben das Bedürfnis nach Anerkennung. Beispielsweise kann in einem Unternehmen eine Regelung getroffen werden, wonach nicht jeder Beschäftigte als Gutachter eingesetzt werden kann, sondern nur speziell geschulte Gutachter. Noch weiter geht die Regelung, dass die Teilnahme an dieser Schulung und die Bewährung als Gutachter eine Voraussetzung für eine Beförderung ist. Schließlich bietet es sich an, bei der öffentlichen Anerkennung von herausragenden Verbesserungen nicht nur den Einreicher, sondern auch den Gutachter hervorzuheben.

Eine weitere Variante der Anerkennung sind kleine Sachprämien, also USB-Sticks, Kugelschreiber, Baseball-Kappen, Klemmbretter und dergleichen, die es ausschließlich beim Ideenmanagement gibt. Wenn dann im Betrieb ein Kollege mit einem derartigen Klemmbrett oder Kugelschreiber gesehen wird, dann heißt das: Dieser Mensch war beim Ideenmanagement erfolgreich! Dafür muss selbstverständlich sichergestellt werden, dass diese Sachprämien wirklich nur für gute Ergebnisse im Ideenmanagement vergeben werden. Empfänger sind vor allem die Einreicher und Ideengeber. Aber auch an Gutachter können solche kleinen Sachprämien vergeben werden.

In eine andere Richtung geht der Ansatz, die Tätigkeit im Ideenmanagement selbst motivierend zu gestalten – dass auch Ideenmanagement Spaß machen kann, ist der Kerngedanke der Gamification (Abschn. 4.9.4).

4.2 Anonyme Vorschläge

Anonyme Vorschläge kommen im Kontinuierlichen Verbesserungsprozess nicht vor – hier arbeiten die Gruppen offen sichtbar, jeder weiß, welche Idee wer auch immer entwickelt hat. Anders im Betrieblichen Vorschlagswesen: Hier reicht eine Person (oder eine kleine) Gruppe einen Verbesserungsvorschlag ein. Der Ideenmanager (bzw. seine Mitarbeiter) kennen den Namen. Doch wird dieser Name auch weitergegeben, wenn der Ausschuss tagt, wenn der Gutachter begutachtet, wenn die erfolgreich realisierten Vorschläge veröffentlicht werden? Dazu gibt es keinen zwingenden Grund. Das „Für und Wider" anonymer Vorschläge ist immer wieder diskutiert worden, einen Überblick gibt die Argumente-Bilanz in Tab. 4.1.

Zusammengefasst: Wenn ein Unternehmen eine Regelung zu anonymen Vorschlägen hat, die funktioniert und mit der alle Beteiligten gut leben können, dann besteht kein Grund, diese Regelung zu ändern. Bei einer Neueinführung des Ideenmanagements ist die Einschätzung im Projektteam entscheidend: Passen zur Kultur des eigenen Unternehmens eher anonyme Vorschläge – oder eher nicht?

Tab. 4.1 Argumente-Bilanz anonyme Vorschläge

PRO Anonyme Vorschläge sollen zugelassen werden.	CONTRA Anonyme Vorschläge sollen nicht zugelassen werden.
Einreicher können in gewissen Situationen durch einen Verbesserungsvorschlag Nachteile befürchten: durch missgünstige Kollegen, durch Vorgesetzte, die der Meinung sind, ein Mitarbeiter solle arbeiten, nicht Verbesserungen entwickeln, durch Gutachter, die selbst auf die Idee hätten kommen können (und sollen). Einziges Mittel dagegen: Anonyme Vorschläge.	Anonyme Vorschläge sind Zeichen einer Misstrauens-, Verfolger- und fehlerfeindlichen Kultur. Dagegen hilft nur ein Kulturwandel, aber keine anonymen Vorschläge.
Der Anteil anonymer Vorschläge ist ein gutes Indiz für die Reife der Unternehmenskultur.	Wenn man anonyme Vorschläge zulässt, dann bringt man dadurch die Einreicher erst auf den Gedanken, es gehe im Ideenmanagement nicht mit rechten Dingen zu. Anonyme Vorschläge lösen nicht das Problem, sie schaffen es erst.
In manchen großen Unternehmen ist das Vorschlagswesen ohnehin faktisch anonym: Gutachter sprechen nicht mit den Einreichern, Ideenmanager gehen nicht „vor Ort", also dorthin, wo die Leistung erstellt wird und die wirksamen Vorschläge entstehen. Stattdessen sitzen die Ideenmanager in ihren Büros und füllen Bildschirm-Masken aus. Bei einem Personalschlüssel von mehreren Dutzend bis über 100 Beschäftigten je Meister bzw. Teamleiter ist auch das Verhältnis zur direkten Führungskraft faktisch anonym. In einem solchen Klima können anonyme Vorschläge auch nicht stören.	Manchmal sind bei Verbesserungsvorschlägen noch Details zu klären. Manchmal ist es sinnvoll, dass Einreicher und Gutachter gemeinsam vor Ort die Verbesserung besprechen. Bei anonymen Vorschlägen scheidet das direkte Gespräch aus, alle Kommunikation verläuft schriftlich über das Büro des Ideenmanagements – komplizierter und weniger effektiv geht es kaum.
Die allermeisten Vorschläge werden ohnehin nicht anonym eingereicht. Wenn also nur ganz wenige Beschäftigte ihren Vorschlag anonym einreichen wollen – warum soll man ihnen das nicht ermöglichen?	Ideenmanager sollen Führungskräfte beraten, in deren Bereich (zu) wenige Vorschläge eingereicht werden. Dazu muss offengelegt werden, wo wie viele Vorschläge eingegangen sind. Das könnte die Anonymität gefährden. Ideenmanager arbeiten am effektivsten, wenn sie als Prozess- und Methodencoach arbeiten. Wie soll das bei anonymen Einreichern funktionieren?
Rein ideologisch betrachtet: Anonyme Vorschläge sind Ausdruck des informationalen Selbstbestimmungsrechts der Beschäftigten.	Rein ideologisch betrachtet: Anonyme Vorschläge sind Ausdruck einer Verfolgerkultur.

4.3 Arbeitsschutz

Das Arbeitsschutzgesetz bestimmt: „Die Beschäftigten sind berechtigt, dem Arbeitgeber Vorschläge zu allen Fragen der Sicherheit und des Gesundheitsschutzes bei der Arbeit zu machen.“ (ArbSchG § 17 Abs. 1 S. 1).

Das Betriebsverfassungsgesetzt legt fest: „Der Betriebsrat hat folgende allgemeine Aufgaben: 1. darüber zu wachen, dass die zugunsten der Arbeitnehmer geltenden Gesetze, Verordnungen, Unfallverhütungsvorschriften, Tarifverträge und Betriebsvereinbarungen durchgeführt werden;“ (BetrVG § 80 Abs. 1 S. 1) sowie: „Der Betriebsrat hat, soweit eine gesetzliche oder tarifliche Regelung nicht besteht, in folgenden Angelegenheiten mitzubestimmen: [...] Regelungen über die Verhütung von Arbeitsunfällen und Berufskrankheiten sowie über den Gesundheitsschutz im Rahmen der gesetzlichen Vorschriften oder der Unfallverhütungsvorschriften;“ (BetrVG § 87 Abs. 1 Nr. 7). Das gleiche Gesetz sagt zu freiwilligen Betriebsvereinbarungen: „Durch Betriebsvereinbarung können insbesondere geregelt werden 1. zusätzliche Maßnahmen zur Verhütung von Arbeitsunfällen und Gesundheitsschädigungen“ (BetrVG § 88 Abs. 1). Dies hat einen guten Grund: „[1] Der Betriebsrat hat sich dafür einzusetzen, dass die Vorschriften über den Arbeitsschutz und die Unfallverhütung im Betrieb sowie über den betrieblichen Umweltschutz durchgeführt werden. Er hat bei der Bekämpfung von Unfall- und Gesundheitsgefahren die für den Arbeitsschutz zuständigen Behörden, die Träger der gesetzlichen Unfallversicherung und die sonstigen in Betracht kommenden Stellen durch Anregung, Beratung und Auskunft zu unterstützen.“ (BetrVG § 89 Abs. 1).

Ideenmanagement funktioniert in Zusammenarbeit von Arbeitgeber und Betriebsrat – für den Arbeitsschutz gilt das Gleiche. Beschäftigte kennen ihren Bereich und die dort liegenden Gefahren, sie können so kompetent Vorschläge unterbreiten (und sind dazu nach § 17 Abs. 1 S. 1 ArbSchG ausdrücklich dazu berechtigt). Arbeitsunfälle unterbrechen den Prozess, einerlei ob es ein Prozess der Leistungserstellung (Produktionsprozess, Dienstleistung erbringen) ist oder ein Unterstützungsprozess (Verwaltung, Instandhaltung etc.). So können auch Vorschläge zur Verbesserung des Arbeitsschutzes einen wirtschaftlichen Nutzen für das Unternehmen bringen. Und, rein praktisch: Wer wäre besser geeignet, Vorschläge der Beschäftigten zur Arbeitssicherheit entgegenzunehmen, zu bearbeiten und zur Realisierung zu führen als das Ideenmanagement, selbstverständlich gemeinsam mit der Fachexpertise der Arbeitsschützer im Betrieb?

Die Zusammenarbeit von Ideenmanagement und Arbeitsschutz ergibt sich also bereits aus der Konzeption beider Ansätze sowie den gesetzlichen Regelungen hierzu.

Weitere Impulse kommen aus dem betrieblichen Alltag: Ein Anliegen des Arbeitsschutzes kann durch eine Kampagne des Ideenmanagements effektiv unterstützt werden. Beispiele sind: weniger Unfälle an einer bestimmten Anlage oder regelmäßigeres Tragen der persönlichen Schutzausrüstung. Das Ideenmanagement wirbt dann gezielt für Ideen und Vorschläge für eine Optimierung der Anlage oder für eine Schutzausrüstung, die weniger bei der Arbeit stört, die an besser zugänglichen Orten aufbewahrt wird oder ähnliche Verbesserungen.

Abb. 4.1 S T O P. (Fotolia 2016a, © fouaddesigns/Fotolia)

Konkret können beispielsweise Prämien für das Melden von Beinahe-Unfällen ausgelobt werden, selbstverständlich mit dem Ziel, die Ursachen für diese Beinahe-Unfälle abzustellen. Diese Meldung von Beinahe-Unfällen kann auch über das Ideenmanagement abgewickelt werden. Die Frage, ob eine Zielvorgabe im Ideenmanagement sinnvoll ist, ist umstritten. Unabhängig davon ist die Frage, ob Ziele für die Anzahl zu meldender Beinahe-Unfälle sinnvoll sind – hier scheinen die positiven Erfahrungen zu überwiegen.

Bei der Entwicklung von Ideen und Vorschlägen zur Vermeidung von Beinahe-Unfällen und von Risiken im Arbeitsschutz überhaupt kann ein Suchraster aus dem Arbeitsschutz helfen: Die STOP-Methode (Abb. 4.1).

S – Substituiere Kann ein Gefahrstoff durch einen anderen, weniger (oder gar nicht) gefährlichen Stoff ersetzt werden?

T – Technik Können technische Einrichtungen die Gefahr vermeiden, das Problem lösen oder eine Verbesserung herbeiführen? Technik ist häufig zuverlässiger, als es Menschen sein können, daher wird im Arbeitsschutz häufig eine technische Lösung bevorzugt.

O – Organisation Können organisatorische Regeln helfen, das Problem zu lösen oder eine Verbesserung herbeizuführen? Im Arbeitsschutz ist hier der erste Gedanke, Gefahr und Gefährdete räumlich oder zeitlich zu trennen – also beispielsweise mit explosiven Stoffen in einem abgelegenen Gebäude, weit entfernt von Wohngebieten, zu hantieren oder Böden in Verwaltungsgebäuden in der Nacht zu reinigen, wenn niemand auf einem nassen Boden ausrutschen kann.

P – Personal Wie können sich Menschen anders verhalten, um eine Gefahr zu vermeiden, ein Problem zu lösen oder eine Verbesserung herbeizuführen? Im Arbeitsschutz geht es hier beispielsweise um die Persönliche Schutzausrüstung (PSA) und um das Einhalten von Regeln, die Gefährdungen vermeiden – und doch nicht immer eingehalten werden. Auch im Ideenmanagement gilt: Vorschläge, wonach sich andere Menschen anders verhalten sollen als bisher, werden nicht immer zum Erfolg führen.

Auch auf überbetrieblicher Ebene wurde die Verbindung zwischen Arbeitsschutz und Ideenmanagement erkannt. So lobt die VBG – als gesetzliche Unfallversicherung für Verwaltungen und viele andere Branchen – einen „VBG-Arbeitsschutzpreis" aus mit diesen Vorgaben: „Bewerben konnten sich VBG-Mitgliedsunternehmen, die eine Maßnahme oder ein technisches Produkt zur Verbesserung von Arbeitsabläufen und -bedingungen entwickelt haben und die Rechte daran besitzen. Beispiele:

- Betriebliche Aktivitäten und Maßnahmen für mehr Sicherheit und Gesundheit.
- Neue Organisations- und Motivationskonzepte.
- Praxisnahe Lösungen für Klein- und Mittelbetriebe.
- Innovative sicherheitstechnische Lösungen" (VBG 2016). In gleichem Sinne zeichnete das Zentrum Ideenmanagement die „Beste Idee 2016 zur Arbeitssicherheit und zum Gesundheitsschutz" aus – auch dies 2016 nicht zum ersten Mal (ZI 2016).

Ein verwandtes Thema ist der Gesundheitsschutz, insbesondere, wenn er im Unternehmen als Betriebliches Gesundheitsmanagement (BGM) verankert ist (Abschn. 4.7).

4.4 Arbeitstechnik

„Das kann man doch gar nicht alles schaffen!" Diese Reaktion eines Ideenmanagers, wenn er sich seine „Todos", Aufgaben, Verantwortlichkeiten und dann auch noch die strategischen Ziele vor Augen führt, ist verständlich. Das Lebensgefühl so manches Ideenmanagers entspricht einer Seite von Abb. 4.2: Vieles passiert, vieles ist zu tun, am besten alles sofort, doch eine Struktur und der Sinn des Ganzen ist nicht erkennbar. Das führt zu Stress.

„Das kann man doch gar nicht alles schaffen!" – Das ist zugleich der erste Schritt zu geordneten und sinnvollen Abläufen und zur Konzentration auf das, was wirklich wichtig ist. Ja, das ist nicht alles zu schaffen, der Versuch, es allen immer recht zu machen, führt zu Hektik, zum Ausbrennen, zur Frustration – und sicherlich nicht zu einem guten Ideenmanagement. Arbeitstechnik hilft, das Hamsterrad zu vermeiden und zu einem guten Ideenmanagement zu finden.

Abb. 4.2 Ideenmanager – mit und ohne Arbeitstechnik. (Fotolia 2016b, © Trueffelpix/Fotolia)

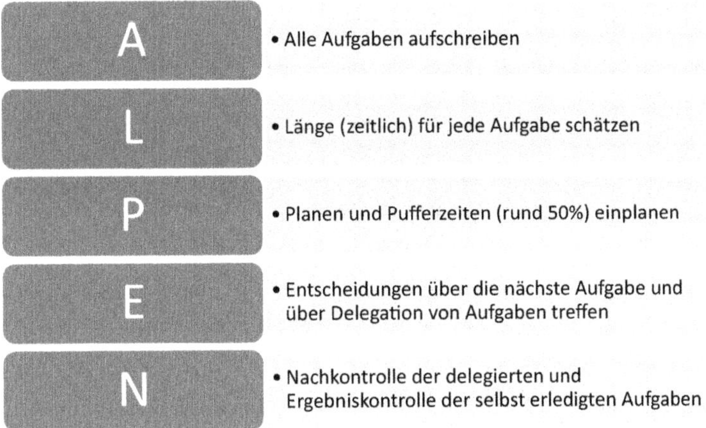

Abb. 4.3 ALPEN-Methode

Ideenmanager benötigen einen praxisnahen und alltagstauglichen Ansatz – Ziele und Prioritäten beispielsweise sollten im Rahmen eines Zielvereinbarungsprozesses geklärt werden (Abschn. 4.29), dazu ist Arbeitstechnik nicht notwendig.

Der wohl bekannteste und am häufigsten eingesetzte Ansatz dieser Art wurde unter dem Titel „Getting Things Done" von David Allen (2001) entwickelt – die deutsche Übersetzung „Wie ich die Dinge geregelt kriege" trifft es nicht ganz: Die Dinge sollen am Ende des Tages nicht geregelt, sondern erledigt sein. Auf diesem Buch basieren die folgenden Ausführungen zur Arbeitstechnik.

Die frühen Ansätze der Arbeitstechnik konzentrierten sich auf Arbeitsplanung, gerne wurde die ALPEN-Methode gelehrt, dargestellt in Abb. 4.3.

Der Grundgedanke war: Vor jedem Arbeitstag soll ein guter Plan stehen. Dann wird dieser Tag einfach abgearbeitet, und am Ende des Tages sind zumindest die wichtigen Dinge erledigt. Ja, ab und zu passieren unvorhergesehene Dinge. Dafür werden „Pufferzeiten" eingeplant, und wenn man Glück hat, dann braucht man diese Pufferzeiten gar nicht alle und kann sogar noch ein wenig mehr erledigen. Das liest sich gut und mag auch in ruhigeren Zeiten funktioniert haben. Doch für das heutige Arbeitsleben eines Ideenmanagers greift dieser Ansatz zu kurz. Unvorhergesehenes passiert ständig. Nur selten endet ein Arbeitstag so, wie er geplant war – falls dies überhaupt je passiert. Daher hilft nur eine Arbeitsmethode, deren Ziel ein vernünftiger Umgang mit Geplantem und Ungeplantem ist – symbolisiert in Abb. 4.4.

Ein Tropfen fällt ins Wasser. Das Wasser schlägt ein paar Wellen, der Wasserpegel steigt unmerklich – dann kehrt wieder Ruhe ein. Das Wasser ärgert sich nicht, entwickelt keine komplizierten Taktiken, führt keine Grundsatzdiskussionen – Wasser reagiert, wie es angemessen ist, nicht mehr und nicht weniger. „Mind like water" ist der Zustand, den

Abb. 4.4 Mind like Water: Ein Tropfen fällt ins Wasser. (Fotolia 2016c, © mshch/ Fotolia)

wir anstreben. Es gibt „kein höheres und einfacheres Gesetz für die Strategie als das: seine Kräfte zusammenzuhalten." – so formulierte es Carl von Clausewitz (o. J., S. 188) (1780–1831) in seinem Buch „Vom Kriege". Für heutiges Management formulierte es Fredmund Malik (2010, S. 101) so: „Das Wesentliche, wenn man an Wirkung und Erfolg interessiert ist, besteht darin, sich auf Weniges zu beschränken, auf eine kleine Zahl von sorgfältig ausgesuchten Schwerpunkten." Für das Ideenmanagement ist die Wirksamkeit von Zielen und Zielvereinbarungen deutlich belegt (Abschn. 4.29.) Ein letzter Ansatz, denn dies ist der zentrale Punkt der Arbeitstechnik:

> Sie kennen vielleicht folgende Geschichte: Ein Zen-Meister wurde einmal nach dem Geheimnis seines erfüllten Lebens gefragt. Er antwortete: „Wenn ich stehe, dann stehe ich; wenn ich gehe, dann gehe ich; wenn ich sitze, dann sitze ich; wenn ich esse, dann esse ich …" Da unterbrachen ihn seine Gäste und sagten: „Das ist keine Neuigkeit, all das tun wir auch. Du musst doch darüber hinaus ein Geheimnis haben." Er schaute sie ruhig an und sagte: „Wenn ich stehe, dann stehe ich; wenn ich gehe, dann gehe ich; wenn ich sitze, dann sitze ich; wenn ich esse, dann esse ich …" – Da wurden seine Zuhörer ärgerlich und riefen: „Das hast du uns doch schon gesagt. All das tun wir doch auch." Der Meister aber sagte: „So kann nur reden, wer sich nicht kennt. Beobachtet euch doch: Wenn ihr sitzt, dann steht ihr schon wieder; wenn ihr steht, dann lauft ihr schon; und wenn ihr lauft, dann seid ihr schon am Ziel." (Frank und Storch 2010, S. 95).

Voraussetzung für „Mind like Water" ist ein freier Kopf. Einen freien Kopf bekommt man, wenn man weiß, dass alles Wichtige notiert ist und diese Notizen zur rechten Zeit auftauchen und einen an das erinnern, was nun zu tun ist. David Allen formuliert es so:

> Zu allererst: Wer etwas „im Kopf" hat, dessen Kopf ist nicht frei, der kann nicht klar denken. Alles, was man in irgendeiner Form als unfertig betrachtet, muss in einem sicheren System außerhalb des Kopfs dokumentiert sein, in einem „Eingangskorb", der regelmäßig durchgearbeitet wird.
>
> Zweitens: Man muss genau wissen, was eine Verpflichtung ist, was man entschlossen ist, zu tun, um überhaupt einen Fortschritt in der Richtung zu machen, es erledigt zu bekommen.
>
> Drittens: Wenn man einmal entschlossen hat, was zu tun ist, muss man diese Verpflichtungen in einem System organisiert haben, das regelmäßig durchgearbeitet wird und einen ggf. an diese Verpflichtungen erinnert (Allen 2001, S. 13, eigene Übersetzung).

Alle Methoden, die David Allen präsentiert, basieren auf zwei Zielen:

1. Alles erfassen, was getan werden muss – jetzt, später, irgendwann, groß, klein, etwas dazwischen – in ein logisches und verlässliches System außerhalb des eigenen Kopfes und der Gedanken; und
2. sich selbst disziplinieren, zu Beginn Entscheidungen über alle „Inputs" zu treffen, die man in sein Leben einlässt, sodass man immer einen Plan für „die nächste Handlung" hat, die man zu jeder Zeit umsetzen oder neu verhandeln kann (vgl. Allen 2001, S. 3 f.).

Diese Ziele werden in fünf Schritten erreicht:

1. Sammle alle Dinge, die Aufmerksamkeit benötigen.
2. Bestimme, was die Dinge bedeuten und was mit den Dingen zu tun ist.
3. Ordne die Ergebnisse.
4. Überblicke die Handlungsmöglichkeiten und wähle.
5. Tu es.

Diese Schritte sollen abschließend einzeln vorgestellt werden:

Sammle alle Dinge, die Aufmerksamkeit benötigen
Hierfür sind „Sammelpunkte" zu definieren, in die Aufgaben und Informationen kommen und die regelmäßig durchgesehen und einsortiert werden. Solche typischen „Sammelpunkte" sind:

- Eingangskorb („physischer Eingangskorb"),
- E-Mail,
- Notizblock/-hefter/-zettel,
- Anrufbeantworter, SMS, WhatsApp – alles, was über das Handy ankommt.

Jeder „Sammelpunkt" muss regelmäßig durchgesehen werden. Wie häufig? Das kommt auf die Geschwindigkeit an, mit der reagiert werden muss. In einer schnellen Umgebung kann dies mehrmals am Tag sein, in der Regel aber mindestens einmal täglich. Jeder „Sammelpunkt" muss durchgesehen werden, deshalb sollte angestrebt werden, die Zahl der Sammelpunkte möglichst klein zu halten. So können Notizen in den physischen Eingangskorb wandern und dort bearbeitet werden. Manche Ideenmanagement-Software hat eine eigene Aufgabenverwaltung, einen eigenen Terminkalender und ein internes Nachrichtensystem. Das führt zu weiteren Sammelpunkten – besser sind Systeme, die sich in die E-Mail und den Terminkalender integrieren, die man ohnehin benutzt.

Aber auch hier: Das System soll so einfach sein wie möglich, aber so komplex wie nötig. Konkret: Es müssen so viele Sammelpunkte eingerichtet sein, dass tatsächlich jeder Gedanke und jeder Impuls von außen in einem Sammelpunkt landet und damit vergessen werden kann. Ziel ist ja „Mind like Water“, ganz auf die aktuelle Situation und Aufgabe konzentrieren, und da stört jeder „Ich muss noch an ... denken“-Gedanke.

Jeder Sammelpunkt muss regelmäßig „geleert“ werden. „Geleert“ heißt konkret: Es muss für alles, was dort hineinkommt, entschieden werden, was es bedeutet, was damit grundsätzlich zu tun ist, und was der nächste Schritt, die nächste Handlung ist. Dieses „Leeren“ ist der zweite Schritt.

Bestimme, was das die Dinge bedeuten und was mit den Dingen zu tun ist: Hierzu wird eine kurze Checkliste angeboten:

- Ist etwas mit dem Ding zu tun?
  - Oder ist es nur eine Information?
  - Für einen bestimmten Termin/ein bestimmtes Ereignis?
  - Zum Nachschlagen bei Gelegenheit?
  - Oder einfach unwichtig?
- Wie sieht der „Endzustand“ aus, also der Zustand, in dem „das Ding erledigt“ ist?
- Was ist der erste Schritt, damit „das Ding erledigt“ wird?

Nicht jeder „Input“ führt zu einer ausführlichen Handlung. Mancher „Input“ ist eine Information, beispielsweise teilt ein Kollege eine neue Telefonnummer mit. Dann muss diese im eigenen Adressverzeichnis geändert werden, das kann sofort erledigt sein. Oder die Information betrifft ein bestimmtes Ereignis, etwa werden Tagesordnung oder Besprechungsraum für ein bestimmtes Treffen mitgeteilt. Diese Information wird in dem (heute meist elektronischen) Terminkalender für dieses Datum geschoben, und kann damit wieder vergessen werden. Wenn der Termin kommt, dann erscheint auch die Information. Schließlich kann es eine Information sein, die zum Nachschlagen dient, vielleicht eine neue Version des Organigramms oder des internen Telefonverzeichnisses. Diese werden, je nach Vorliebe, abgespeichert oder auf Papier an einer sinnvollen Stelle abgelegt. Schließlich gibt es noch eine Menge „Input“, der einfach unwichtig ist und gelöscht werden bzw. in den Papierkorb wandern kann.

Bei Input, der zu einer Handlung führt, stellen sich zwei Fragen:

- Wie sieht der „Endzustand“ aus, also der Zustand, in dem „das Ding erledigt“ ist?
- Was ist der erste Schritt, damit „das Ding erledigt“ wird?

Die erste Antwort könnte lauten: Der Vorschlag ist registriert, begutachtet, umgesetzt und prämiert. Die zweite Antwort lautet dann: Vorschlag in der Software registrieren, Gutachter auswählen und Gutachten anfragen. Oder: Ein Kollege fragt nach einem Beratungstermin. Die erste Antwort ist dann: Der Kollege wurde so weit gecoacht, dass er einen richtig guten Verbesserungsvorschlag einreicht. Die zweite Antwort lautet: E-Mail mit Terminvorschlag an den Kollegen schicken und Zeit für die eigene Vorbereitung einplanen.

Dieses Vorgehen hört sich recht normal an. Wichtig und vielleicht etwas besonders sind zwei Punkte:

1. Bestimme für jedes Ding, was es bedeutet und was mit dem Ding zu tun ist: Am Ende dieses Prozesses muss der entsprechende Sammelpunkt leer sein. Also: Eine E-Mail lesen und dann sagen: „Die bearbeite ich später" – das geht nicht. Das Mindeste wäre: Die E-Mail lesen, in die Aufgabenliste einen Eintrag stellen: „Mit Kollege X das weitere Vorgehen besprechen – Termin vereinbaren." Am Ende der Prozedur müssen der E-Mail-Eingang und der physische Eingangskorb leer sein. Nur wenn einmal am Tag alle, wirklich alle Eingänge bearbeitet sind, kann man davon ausgehen, dass nichts vergessen wurde. Und dies ist die Voraussetzung für „Mind like Water".
2. Der nächste Schritt soll eine möglichst konkrete, beobachtbare Handlung sein. Dies zeigen psychologische Studien: Wenn der nächste Schritt definiert ist, dann erst ist das Gehirn frei für andere Gedanken (Baumeister und Tierney 2011, S. 82 ff.). Wenn die Aufgabe nur vorgemerkt ist, aber nicht der nächste Schritt definiert, dann bleibt das Gehirn sozusagen in diesem Stadium hängen und kann nicht die ganze Aufmerksamkeit für die aktuelle Situation bereitstellen.

Ordne die Ergebnisse

Hierzu gibt es ein Schaubild, *das* Schaubild, das die hier vorgestellte Arbeitsmethodik in dem Überblick auf Abb. 4.5 zusammenfasst.

Die ersten Schritte sind schon bekannt: In einem Eingangskorb sammeln, für jeden Eingang feststellen, was dies ist und ob eine Handlung damit verbunden ist, wie in Abb. 4.6 zusammengefasst ist.

Wenn eine Handlung mit dem Eingang verbunden ist, stellt sich die Frage: Ist es eine einzige Handlung, ein Schritt – oder ist es eher ein Projekt, also eine Folge mehrerer Handlungen? Wenn Letzteres: Dann ist ein „Projektplan" zu erstellen, also eine Liste von Aktivitäten. Die erste ausführbare Handlung kommt auf die Liste der nächsten Schritte und der Projektplan in eine Projektliste, die regelmäßig (beispielsweise wöchentlich) durchgesehen wird. Dies ist zumindest die reine Lehre – in der Praxis kann man vielleicht auch kleine „Projekte" mit zwei oder drei Schritten so planen, dass die zwei oder drei Schritte direkt in die Liste der nächsten Schritte eingetragen wird und für Kleinstprojekte kein eigener Projektplan entsteht (Abb. 4.7).

Wenn die Handlung aus einem einzigen Schritt besteht, stellt sich die Frage: Ist dies ein kleiner Schritt oder eher ein großer? David Allen schlägt vor, alles, was weniger als zwei Minuten dauert, sofort zu erledigen und alle anderen Schritte in die Liste der nächsten Schritte aufzunehmen. Diese „zwei Minuten" sind nur ein Vorschlag, es kann auch sinnvoll sein, längere Aufgaben gleich zu erledigen. Je nach Arbeitsbereich können auch fünf Minuten, vielleicht sogar eine längere Zeitspanne hier sinnvoll sein. Um dies zu ermitteln, gibt es wohl keinen anderen Weg als: Ausprobieren.

Handlungen, die länger als zwei (oder fünf oder wie viel auch immer) Minuten dauern, können delegiert werden – das Schaubild sagt: „Warten darauf, dass es ein anderer tut." Vermutlich ist es ratsam, nicht nur zu warten, sondern eine Liste offener, delegierter Aufgaben anzulegen und gelegentlich zu überprüfen, ob die delegierten Aufgaben auch tatsächlich irgendwann erledigt sind.

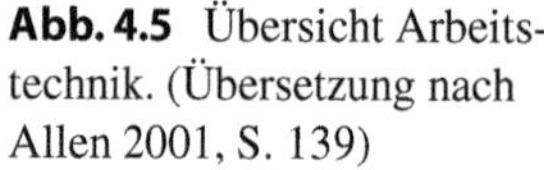

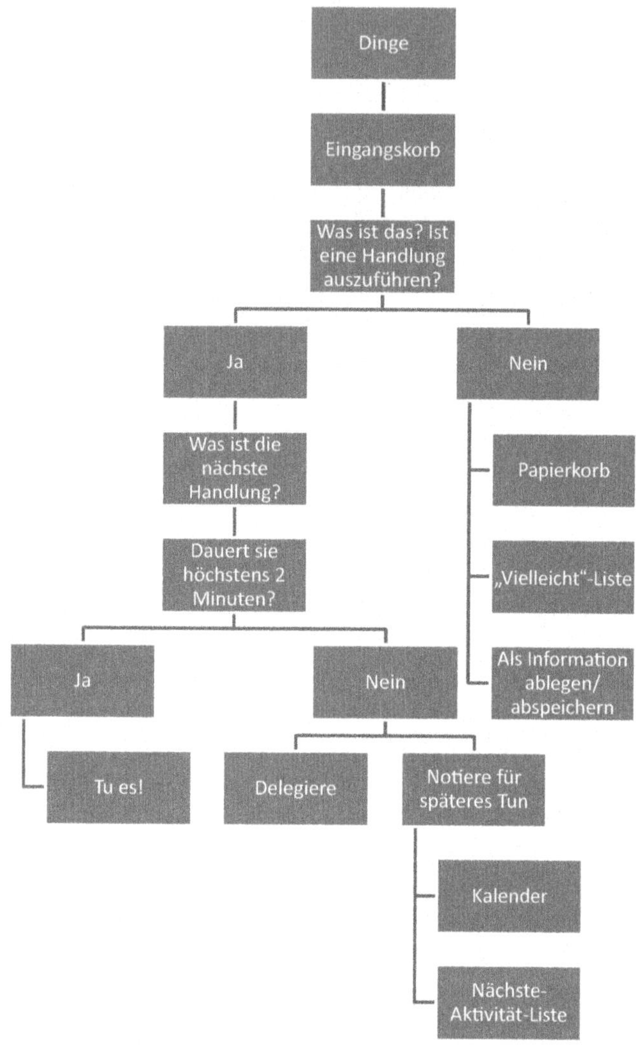

Abb. 4.5 Übersicht Arbeitstechnik. (Übersetzung nach Allen 2001, S. 139)

Dann gibt es Aufgaben, die am besten zu einem bestimmten Zeitpunkt zu erledigen sind, beispielsweise eine Reise oder eine Sitzung vorzubereiten. Diese Aufgaben werden terminiert und in einen Kalender eingetragen – ob Papier oder EDV ist einerlei. Hauptsache, es ist ein zuverlässiges System.

Schließlich bleiben die Aufgaben übrig, die eigentlich sofort erledigt werden könnten – wenn denn die Zeit dafür da wäre. Diese Aufgaben kommen in eine „So bald wie möglich“-Liste. Wenn dann die Zeit zum Abarbeiten gekommen ist, wenn also aller Input aus den Sammelkörben eingeplant wurde, dann werden diese Aufgaben der „So bald wie möglich“-Liste eine nach der anderen abgearbeitet. Um hier gleich eine passende Aufgabe zu finden, kann es sinnvoll sein, die „So bald wie möglich“-Liste noch zu unterteilen, etwa

Abb. 4.6 Überblick Arbeitstechnik – Was ist das? Ist eine Handlung auszuführen? (Übersetzung nach Allen 2001, S. 139)

in Telefonate (diese werden sinnvollerweise in einem „Telefon-Block" zusammengefasst und gemeinsam erledigt), in Aufgaben, die im Büro erledigt werden müssen (weil dort wichtige Unterlagen vorhanden sind), und solche, die nur einen PC und vielleicht noch stabiles Internet voraussetzen (und auch in Telearbeit zu Hause oder auf Reisen erledigt werden können).

Welches System zur Verwaltung der „So bald wie möglich"-Liste verwendet wird, ist im Grunde gleichgültig. Wenn eine Vielzahl von Aufgaben elektronisch, etwa als E-Mail, ankommt, dann könnte eine Softwarelösung naheliegen. Es gibt inzwischen Hunderte von Programmen, die den GTD-Ansatz von David Allen abbilden. Auch mit den üblichen

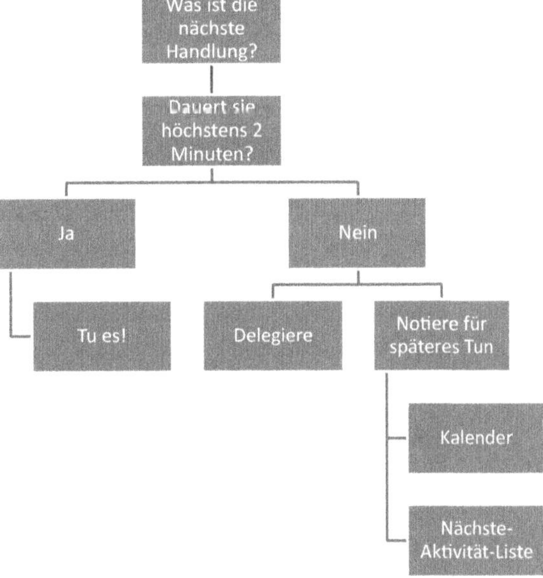

Abb. 4.7 Überblick Arbeitstechnik – Es ist eine Handlung auszuführen. (Übersetzung nach Allen 2001, S. 139)

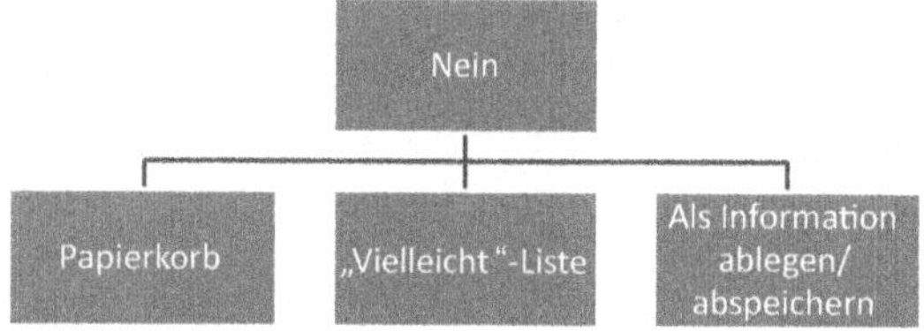

Abb. 4.8 Arbeitstechnik Überblick – Es ist keine Handlung auszuführen. (Übersetzung nach Allen 2001, S. 139)

Organizern (Outlook, Lotus Notes) kann man sich entsprechende Lösungen zusammenbauen.

Nun bleibt noch der Input, der nicht in Handlungen mündet, dargestellt in Abb. 4.8.

Einiger Input fällt sofort in die erste Kategorie: Lesen, Lächeln, Löschen. Werbebriefe, Spam-Mails und dergleichen gehören hierzu. Die zweite Kategorie heißt: Jetzt im Moment kann oder will ich damit nichts tun – aber wer weiß, was noch kommt. Dieser Input kommt auf eine „Vielleicht/Irgendwann"-Liste, die dann immer wieder einmal durchgearbeitet wird. Hier finden sich zum Beispiel Einladungen zu Veranstaltungen, die man bei der derzeitigen Arbeitsbelastung sicherlich nicht annehmen wird, in ruhigeren Zeiten aber eine Überlegung wert sind. Auch Entscheidungen, die nicht drängen und über die man noch einmal schlafen will, können hier platziert werden. Schließlich gibt es noch Kontaktdaten, Normen und Unterlagen, die nur gespeichert bzw. abgeheftet werden müssen, um sie bei Bedarf zur Hand zu haben.

Das Ergebnis dieses Planes ist also:

- „Nächste Aktivität"-Liste: Die klassische To-do-Liste. Mit dem Unterschied, dass hier nur Aktivitäten aufgelistet sind, die tatsächlich sofort angefangen werden können und die auch schon so definiert sind, dass der „nächste Schritt" klar ist.
- Projektliste: Liste aller Aufgaben, die mehr als nur einen Schritt (oder mehr als nur sehr wenige Schritte) umfassen. Der „nächste Schritt" jedes Projektes steht bereits auf der „Nächste Aktivität"-Liste.
- „Vielleicht"/„Eines Tages": Liste von möglichen Aktivitäten und Projekten, die vielleicht irgendwann begonnen werden – oder auch nicht. Wird mehr oder weniger regelmäßig durchgesehen, wobei einige Aktivitäten dann tatsächlich angegangen werden und damit auf der „Nächste Aktivität"-Liste landen, (viele) andere Aktivitäten aber einfach wieder gestrichen werden.
- „Wartet auf ...": Liste von delegierten Aufgaben und von Projekten, die erst fortgesetzt werden können, wenn z. B. bestimmte Informationen von dritter Seite geliefert wurden.
- Kalender mit terminbezogenen Informationen und Aufgaben.

Überblicke die Handlungsmöglichkeiten und wähle

Dieser Schritt steht an, wenn aller Input aus allen „Eingangskörben" bearbeitet und entweder in die entsprechenden Listen eingetragen oder gelöscht wurde. Die Handlungsmöglichkeiten finden sich auf der „Nächste Aktivität"-Liste. Kriterien, nach denen ausgewählt wird, welche Aktivität als Nächstes begonnen wird, sind:

Kontext Manche Aufgaben können nur im Büro erledigt werden, wo wichtige Unterlagen vorhanden sind. Manche Aufgaben können auch auf Reisen erledigt werden, aber nur, wenn beispielsweise Internet oder Telefonnetz stabil funktionieren.

Verfügbare Zeit Wenn noch zehn Minuten vor dem nächsten Termin frei sind, dann sollte die Aufgabe dazu passen.

Verfügbare Energie Die wichtigsten Aufgaben mit den höchsten Konzentrationsanforderungen zur besten Arbeitszeit erledigen, die Ablage dann machen, wenn das Energieniveau bereits kräftig gesunken ist.

Priorität „First Things first" – der Grundsatz wohl jeder To-do-Liste.

Mit der Auswahl ist der Planungsteil abgeschlossen, nun kommt die Ausführung:

Tu es

Mehr ist zu diesem Punkt nicht zu sagen. Denn: Wenn alles irgendwie Wichtige aufgeschrieben und eingeplant ist, dann hat man den Kopf für die Arbeit frei und kann sich auf das Nächstliegende, auf die Arbeit konzentrieren: „Mind like water".

Selbstverständlich gilt diese Planungsroutine nur für die planbare Arbeit. Manchmal ist der „nächste Schritt" nicht planbar, etwa weil ein Feuer ausbricht, der Chef einen Eilauftrag hat oder ein wichtiger Gutachter anruft. Dann muss man, Arbeitstechnik hin oder her, einfach aus der Situation heraus reagieren.

Der Ansatz von David Allen ist weit verbreitet und passt in viele Situationen. Für Ideenmanager, die grundsätzlich mit dem Planen und dem Organisieren von Arbeit ihre Probleme haben, kann als Alternative empfohlen werden: Kathrin Passig/Sascha Lobo: Dinge geregelt kriegen ohne einen Funken Selbstdisziplin (Passig und Lobo 2008). Und Ideenmanagern, denen diese Gedanken zu sehr am Operativen kleben und die lieber einen grundsätzlicheren Ansatz lesen, seien die Bücher von Stephen Covey (1989) empfohlen, insbesondere: The Seven Habits of Highly Effective People/Die sieben Wege zur Effektivität.

4.5 Barrieren

Der Grundansatz in diesem Buch ist: Darstellen, was funktioniert. Doch es gibt auch einen Ansatz, der lautet: darstellen, was nicht funktioniert, und dies beseitigen. Im Ideenmanagement sind die Hindernisse für ein gutes Ideenmanagement als „Barrieren" bekannt, die dann überwunden oder beseitigt werden müssen. Eine erste Liste solcher Barrieren entwickelte Norbert Thom (1978, S. 64):

1. *Fähigkeitsbarrieren* – gemeint sind Denkschwierigkeiten, Kritiklosigkeit, Einfallslosigkeit und Artikulationsschwierigkeiten –;
2. *Willensbarrieren* – Gleichgültigkeit, geringe Identifikation mit der Berufstätigkeit, Ressentiments gegenüber der Unternehmung, also generelle Ausbeutungsfurcht und Angst vor Ideendiebstahl, Änderungswiderstand –; und dann die
3. *Risikobarrieren*, die letztlich wohl die größte Auswirkung haben dürften: wir verstehen hierunter die Furcht vor materiellen Nachteilen aus Verbesserungsvorschlägen (zum Beispiel Einkommensverluste, Kurzarbeit), die Furcht vor ideellen Nachteilen aus Verbesserungsvorschlägen; sie resultiert aus dem Konformitätsdruck, der von Kollegen ausgeht, die Blamagefurcht nach oben und unten; das heißt, der Vorgesetzte glaubt, aus „Statusangst" immer selbst die besseren Ideen haben zu müssen und wird auch entsprechend von oben behandelt nach dem Motto: „Sie als Diplom-Ingenieur sind nicht selber auf die Idee gekommen?"

Die Sprache mag etwas veraltet wirken – die „Barrieren" selbst sind auch heutigen Ideenmanagern nicht unbekannt. Stellt sich heraus, dass das Ideenmanagement immer wieder an einer bestimmten Barriere scheitert, so lassen sich Maßnahmen ergreifen:

1. Der Ideenmanager als Prozess- und Methodencoach kann die Fähigkeitsbarrieren überwinden. Auch Führungskräfte können coachen, und manchmal sind Schulungsangebote für Problemlösetechniken oder Kreativitätsseminare sinnvoll.
2. Bei der „Willensbarriere" setzen alle Maßnahmen der Motivation an, von der Prämie über die persönliche Anerkennung bis hin zu „Gamification" und Wettbewerben.
3. Die Gründe für Risikobarrieren teilen sich in zwei Möglichkeiten auf: Die Furcht vor Einkommensverlust oder Kurzarbeit sind heute praktisch verschwunden, materielle Nachteile sind für einen Einreicher häufig per Betriebsvereinbarung und ansonsten so gut wie immer in der Betriebspraxis ausgeschlossen. Der zweite Grund ist die Angst vor Blamage – die findet sich auch heute noch. Thom (1978, S. 68) fordert Ideenmanager auf, ihr Ideenmanagement zu prüfen:

> Unterstützt das nachgeordnete Management (bis hin zur ersten Vorgesetztenebene) die Idee des BVW als Innovations- und Rationalisierungsinstrument für den Betrieb sowie als Möglichkeit zur Selbstentfaltung für alle Mitarbeiter? Erwarten die potentiellen Einreicher von Verbesserungsvorschlägen zumindest keine negativen Reaktionen ihrer unmittelbaren Vorgesetzten? Haben die Vorgesetzten vorschlagsfreudiger Mitarbeiter keine Furcht vor einem Verlust an Fachautorität? Das Letztgenannte meinte ich vorhin mit dem Begriff „Statusangst" der Vorgesetzten.

Ideenmanager fordern zu Recht eine fehlertolerante Unternehmenskultur, doch lässt sich die gewünschte Unternehmenskultur nicht ohne Weiteres herstellen, erst recht nicht unter Zeitdruck. Immerhin kann ein Ideenmanager in seinem eigenen Bereich Fehler tolerieren und eher die Stärken der Mitarbeiter und Kollegen stärken und ihre Schwächen weniger „auf's Korn nehmen".

Die personalen Barrieren hat Friedrich Kerka dem Handlungsdruck (Abb. 4.9) gegenübergestellt.

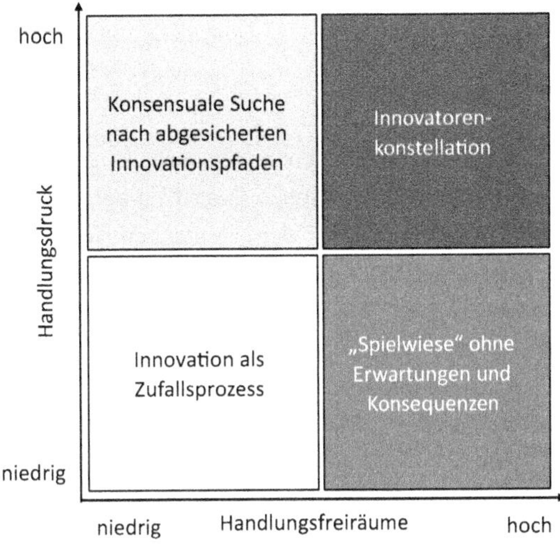

Abb. 4.9 Handlungsfreiräume und -druck bestimmen die Rahmenbedingungen für Innovationen. (Nach Kerka 2010, S. 19)

Die Aussage lautet: Fähigkeitsbarrieren, Willensbarrieren und Risikobarrieren abzubauen, das ist nur die eine Hälfte auf dem Weg zu einem guten Ideenmanagement. Wenn nicht auch die Notwendigkeit zur Verbesserung besteht, dann droht bei (und trotz) hoher Handlungsfreiräume die „Spielwiese ohne Erwartungen und Konsequenzen". Ideen werden dann entwickelt und angenommen, vielleicht auch prämiert, aber kaum umgesetzt. Dieser Zustand findet sich in einigen Unternehmen. Hier hilft nicht das Abbauen von Barrieren, hier hilft nur, den Druck zu erhöhen und deutlich auf die Notwendigkeit von Innovationen, auch von Prozessinnovationen und sehr deutlich auch von kleinschrittigen Prozessinnovationen hinzuweisen.

4.6 Benchmarking

Benchmarking vergleicht das eigene Ideenmanagement mit dem Ideenmanagement anderer Unternehmen und nutzt diesen Vergleich für die Verbesserung des eigenen Ideenmanagements. Manchmal werden Vergleichszahlen auch genutzt, um die Erfolge des eigenen Ideenmanagements darzustellen. Verbesserung und Außendarstellung des Ideenmanagements sind also die beiden möglichen Ziele von Benchmarking im Ideenmanagement.

„Benchmarking" ist kein ganz eindeutig definierter Begriff. Ohne auf eine konkrete Anwendung einzugehen, kann „Benchmarking" übersetzt werden mit

- Bewertung,
- Bezugspunkt,
- Bezugswert,
- Fixpunkt,
- Höhenmarke,

- Maßstab,
- Richtgröße,
- Vergleichspunkt.

Die Ursprünge reichen weit zurück: „Das Wort benchmark ist eine Zusammensetzung aus den beiden englischen Begriffen bench (‚(Schul-)Bank‘) und mark (‚Zeichen‘). Mark wiederum basiert auf dem deutschen Wort Marke, das aus dem französischen marque (‚Kenn-, Warenzeichen‘) entlehnt ist. Eigentlich bezeichnet Benchmark einen trigonometrischen Punkt bzw. die Markierung an diesem oder ein Nivellierzeichen im Vermessungswesen. Noch heute sind im größten Teil des Vereinigten Königreichs trigonometrische Punkte mit einem Messingschild mit den Buchstaben OSBM (Ordnance Survey Bench Mark, in etwa: ‚Markierung der Amtlichen Landesvermessung‘) versehen“ (Wikipedia 2016).

Der Grundgedanke des Benchmarkings in unserem Sinne ist sehr alt, Sun Tzu schrieb um 500 v. Chr.: „Kennst du den Feind, und kennst du dich selbst, steht der Sieg für dich außer Frage. Kennst du die Bedingungen von Himmel und Erde, wird dies deinen Sieg vollständig machen.“ (S. 97) Und: „Wenn du deinen Feind und dich kennst, brauchst du nicht die Ergebnisse von einhundert Kämpfen zu fürchten. Wenn du dich kennst, nicht aber deinen Feind, wirst du für jeden Sieg eine Niederlage erleiden. Wenn du weder dich noch deinen Feind kennst, wirst du in jeder Schlacht versagen.“ (Sun Tzu, S. 32) Ziel des Benchmarkings ist also, sich selbst bzw. das eigene Ideenmanagement und das Ideenmanagement von anderen Unternehmen, seien es Mitbewerber („Feinde“) oder branchenfremde Unternehmen, zu kennen.

Doch warnt das MTM-Handbuch zu Recht:

> Seit den achtziger Jahren hat das Best Practice-Prinzip zunehmend Beachtung gefunden, ohne dass es seinen Verfechtern nachhaltigen Erfolg beschert hätte. Der Grund liegt vermutlich darin, dass Best Practice-Fälle oft als Kopiervorlagen verstanden wurden, wozu die Versuchung zugegebenermaßen auch groß ist. Davor sei jedoch ausdrücklich gewarnt, und man sollte sich vergegenwärtigen, dass von den über 40 Unternehmen, die Peters und Waterman in ihrem Bestseller aus dem Jahre 1982 als „Best-Run Companies“ herausstellten, die meisten heute nicht mehr existieren. Von den Besten zu lernen ist dennoch richtig, wenn man Best Practice als identifizierte Handlungsgrundsätze erfolgreicher Unternehmen in bestimmten Situationen interpretiert (Bokranz und Landau 2006, S. 7 f.).

„Kapieren, nicht kopieren“ muss also die Devise des Benchmarkings im Ideenmanagement sein.

Für die moderne Zeit kann die Geschichte des Benchmarkings so wie ihn Abb. 4.10 gezeigt dargestellt werden.

Die Idee, Vorgehensweisen zu standardisieren und dabei die beste Vorgehensweise auch aus anderen Branchen zu übernehmen, wurde bereits Anfang des 20. Jahrhunderts angewendet. Pierre du Pont übernahm für General Motors Managementansätze aus der Chemie-Industrie. Henry Ford ließ sich von den Fließbändern der Schlachthöfe Chicagos inspirieren.

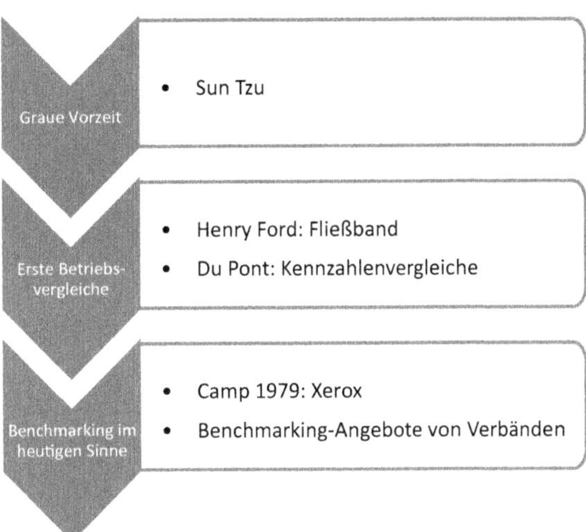

Abb. 4.10 Geschichte des Benchmarkings

Das erste weithin bekannte Benchmarking-Projekt im heutigen Sinne kommt aus dem Jahr 1979: Xerox hatte große Probleme mit der Lagerhaltung und dem Versand von Ersatzteilen für die Xerox-Kopiermaschinen. Xerox suchte die beste Lösung für derartige Probleme und fand sie bei L. L. Bean, einem Versandhaus für Bekleidung. Dieses Projekt beschrieb Camp 1989, sein Buch beginnt mit dieser Definition: „Benchmarking is the search for those best practices that will lead to the superior performance of a company." (Camp1989, S. xi – Dies ist der erste Satz des Buches) Das konkrete Projekt, das Camp beschreibt, lässt sich in diesen Stichpunkten zusammenfassen:

- Benchmark der Logistik (insbesondere: der Lager, besonders der Warenbereitstellung „picking area") von Xerox gegen mit der Logistik des Textil-Versandhauses L. L. Bean.
- Vorbereitung:
  - Bestätigung, dass die Mission der Lager von Xerox und der Lager von L. L. Bean vergleichbar sind,
  - Definition von Messgrößen,
  - Hypothesen über Ursache – Wirkung – Ketten,
- Datensammlung,
- Gap-Analyse,
- Projektion künftiger Ergebnisse,
- Umsetzung.

Wie hängen die bei L. L. Bean und bei Xerox ermittelten Konzepte zusammen? Die Ursache-Wirkungs-Vermutungen wurden mit einem Ishikava-Diagramm dargestellt:

Der folgende Schritt war die Gap-Analyse. Beispiele, in denen L. L. Bean besser war, sind:

- Das Lager wurde nicht nach fachlicher Zuordnung (alle Socken in einem Bereich, alle Hüte in einem anderen Bereich) aufgebaut, sondern nach Zugriffshäufigkeit: Alle häufig benötigten Produkte in der Nähe der Packstation, die weniger häufig versandten Produkte weiter entfernt.
- Sowohl der Lagerplatz als auch das Produkt waren mit einem Bar-Code ausgestattet, für jeden Lagervorgang wurden beide Bar-Codes gescannt und so überprüft, ob wirklich das richtige Produkt aus dem richtigen Lagerplatz entnommen wurde.
- Die Pakete wurden automatisch sortiert und dem richtigen Versandweg zugeordnet, dies erzeugt weniger Fehler als das Sortieren durch Menschen.

Nachdem der Gap erkannt war, wurden Szenarien entwickelt, wie sich die Prozesse bei Xerox verbessern würden, wenn die entsprechenden Ansätze von L. L. Bean dort umgesetzt würden. Das Ergebnis war: Ja, es lohnt sich für Xerox, die „Best Practices" von L. L. Bean umzusetzen und so den „Gap" zu schließen.

Die konkrete Umsetzung geschah unter intensiver Beteiligung der Betroffenen – zum einen aus der alten Organisatorenweisheit: Ohne Beteiligung der Betroffenen funktioniert Wandel nicht. Zum anderen aus der Devise: „Kapieren, nicht nur kopieren" – und je mehr Menschen im Unternehmen die neue Vorgehensweise verstanden haben, desto fester ist sie dort verankert.

Dieses frühe große Benchmarking-Projekt betraf die internen Prozesse von Xerox, die mit einem branchenübergreifenden Vergleich optimiert werden sollten, und es gehört damit zu den anspruchsvollsten Benchmarking-Projekten.

Die einfachsten Benchmarking-Projekte finden innerhalb des eigenen Unternehmens statt und vergleichen etwa das Ideenmanagement an verschiedenen Standorten des gleichen Unternehmens. Hier finden sich ähnliche Vorgehensweisen, und die Kennzahlen stehen grundsätzlich zur Verfügung. Etwas schwieriger sind unternehmensübergreifende Vergleiche in der gleichen Branche: Auch hier sind die Vorgehensweisen ähnlich und damit die Kennzahlen häufig vergleichbar. Diese Kennzahlen stehen aber nicht unbedingt zur Verfügung. Doch bieten hier Branchenverbände und Ähnliches gelegentlich Benchmarking-Möglichkeiten für ihre Mitglieder an. Die anspruchsvollsten, aber häufig auch erkenntnisreichsten Benchmarking-Projekte vergleichen über Branchengrenzen hinweg und orientieren sich auch international an Best Practices, wie in Abb. 4.11 veranschaulicht.

Die einzelnen Kriterien oder Variablen und ihre Systematik müssen nicht für jedes Unternehmen neu definiert werden: „Es empfiehlt sich eine Anlehnung der Benchmarkkriterien an die Kriterien des EFQM-Modells, da dies die Datentransparenz erhöht und den Aufwand der Datenerfassung durch die Doppelnutzung verringert. Der Nachweis derartiger Benchmarks wird auch schon durch das Bewertungsschema der EFQM für die Selbstbewertung vorgegeben." (Kamiske 2000, S. 170) Für die ZI-Awards ist das EFQM-Schema schon angewandt worden, hieran ließe sich anknüpfen (Abschn. 4.14.1).

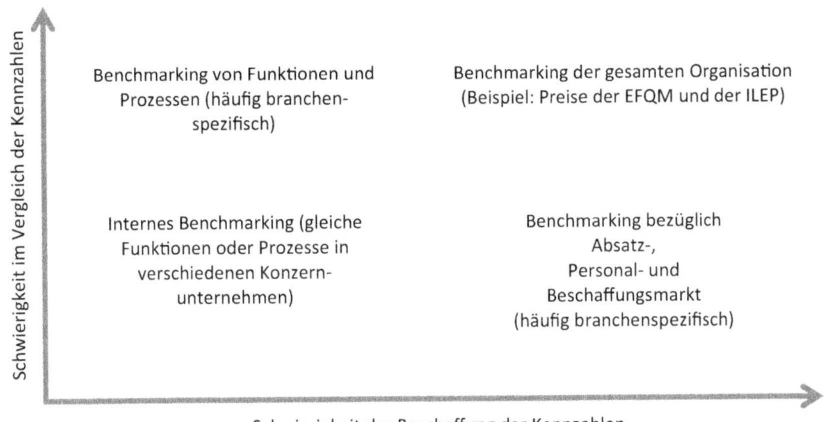

Abb. 4.11 Systematik des Benchmarkings

Ein Fragebogen kann in kurzer Zeit eine sehr effektive Einschätzung des Zustands eines Unternehmens und seines Ideenmanagements geben – so etwas hat Bernie Sander für das Ideenmanagement erstellt (Tab. 4.2).

Ein spezielles Benchmarking als Kennzahlenvergleich bietet das Zentrum Ideenmanagement (http://www.zi-benchmark.de/) an, in der Basisversion kostenlos, und für Mitglieder ist die weiterführende Version ebenfalls kostenlos.

Vergleicht man den Stand des Benchmarkings überhaupt mit dem Benchmarking im Ideenmanagement, so scheint Letzteres noch deutliches Entwicklungspotenzial zu haben. „Benchmarking" scheint manchmal im Ideenmanagement auf „Kennzahlenvergleich" reduziert zu werden. Selbstverständlich gehört ein Kennzahlenvergleich zum Benchmarking, wichtiger jedoch ist es, den Ideenmanagern eines Unternehmens ein Verständnis davon zu vermitteln, wie die Kennzahlen anderer Unternehmen entstehen. Damit ist nicht nur das Messen, also das Ermitteln der Kennzahlen gemeint. Hierzu liegt beispielsweise eine „Definition der zertifizierten Kennzahlen" (ZI 2016) vor. Es ist auch nicht nur eine Auswahl der wichtigsten Kennzahlen gemeint – das Zentrum Ideenmanagement beispielsweise definiert die „Big five"-Kennzahlen als:

- Beteiligungsquote,
- Ideenquote,
- Realisierungsquote,
- Nutzen pro Mitarbeiter,
- Durchschnittliche Bearbeitungszeit.

Mit dem „Nutzen pro Mitarbeiter" ist eine ganz klare Ergebnisvariable enthalten. Mit gutem Willen kann man die Beteiligungsquote als Ergebnisvariable bezeichnen, zumindest, wenn ein Unternehmen Ideenmanagement als Führungsinstrument und weniger als

Tab. 4.2 Checkliste der Erfolgsfaktoren für Ideenmanagement. (Leicht modifiziert nach Sander 2006)

	Ja	Nein	
	Beispiel	Wichtig	Nice to have
Kommunikation „What gets communicated gets done“			
Verlosungen			
Azubi-Aktionen			
Ideenolympiade			
Turnusmäßige Aktionen			
Ideen Wanderausstellung			
IDM – auf erster Stelle in jeder Tagesordnung			
Kostenstellen Market-Share-/Market-Loss-Analyse			
EDV: Handhabung und Dokumentation			
Ideen-Webseite			
Kampagnen „What gests recogniced gets done“			
Problemspeicher und Ideenspeicher			
Balanced-Scorecard-Denke			
Quality-Gate-Denke			
Kunden/Lieferanten einbeziehen			
Anerkennung „What gets recognized gets done“			
Club der Denker			
Punktekontos			
Best Practices in jedem Bereich			
Ideenpokal			
Messen „What gets measured gets done“			
Werks-/Bereichs-/Kostenstellenzielvorgaben			
Visualisierung der Ergebnisse			
Interner Wettbewerb			
Handlungsfelder Quartalsberichte			
Indizes für den Erfolg			
Umsetzung Auditierung			
Entscheiden „What gests evaluated gets done“			
Altlasten-Workshops			
Entscheider-/Gutachter-Punktekonto			
Entscheider-/Gutachter-Prämienanteil			
Business Case Development und Priorisierung			
Geld in Risiko			
Training „What gets trained gets done“			
Moderatoren-Ausbildung			
Ideenfindung vor Ort			
Fragen-, Problemlösungs-, Analysetechnik für die Praxis			
Führungskräfteleitlinien für den Erfolg (Handlungsfelder)			
KVP Steuerteams, Kernteams, Basisteams			

Rationalisierungsinstrument einsetzt (Abschn. 4.29). Die anderen Variablen sind Input-Variablen, die für sich selbst genommen noch keinen Nutzen für das Unternehmen stiften. Hier wären weitere Ergebnisvariablen, etwa der ROI des Ideenmanagements auf Vollkostenbasis oder der budgetwirksame Nettonutzen im Verhältnis zum Umsatz sinnvoll.

Wichtiger als diese Kennzahlen sind Fragen wie beispielsweise:

- Wie schafft ein Unternehmen seinen hohen ROI?
- Wenn in Firma X das Ideenmanagement als Profitcenter organisiert ist – was heißt das konkret?
- Warum reichen in einigen Unternehmen viele Beschäftigten Vorschläge ein – und in anderen Unternehmen nicht?
- ...

Für Antworten können Kennzahlen genutzt werden, doch liegen aktuell nur wenige quantitativ orientierte Arbeiten zum Ideenmanagement vor (Ausnahmen sind die herausragende Dissertation von Läge 2002 sowie Landmann und Schat 2016). Damit scheint es sinnvoll zu sein, Ansätze von Benchmarking für das Ideenmanagement zu entwickeln, die über den Kennzahlenvergleich hinausgehen.

Benchmarking nutzt den Vergleich mit anderen Unternehmen für die Verbesserung des eigenen Ideenmanagements. Manchmal werden Vergleichszahlen auch genutzt, um die Erfolge des eigenen Ideenmanagements darzustellen. Im quantitativen Benchmarking kommt es besonders häufig zur Vermischung der beiden Ziele „Verbesserung" und „Außendarstellung" des Ideenmanagements, nämlich dann, wenn einerseits Vergleichszahlen gesammelt werden, andererseits für „die Besten" in bestimmten Kennzahlen ein Preis oder auch nur eine besondere Erwähnung ausgelobt werden. Dann kommen einzelne Unternehmen auf den Gedanken, etwas bessere Kennzahlen zu melden, um einen vielleicht aus innerbetrieblichen Gründen besonders begehrten Preis zu erhalten. Und Unternehmen, denen der Kennzahlenvergleich deutliche Verbesserungspotenziale nahelegt, können abwinken: „Die Daten der Besten sind doch nur frisiert – das sind Daten, um einen Preis zu erhalten, keine echten Daten!" So ein Benchmarking verfehlt dann beide Ziele: Die auf möglicherweise nicht ganz korrekten Angaben begründeten Preise und Auszeichnungen sind wenig wert, wenn sich der Zweifel herumspricht. Und der Vergleich mit den Besten ist nichts wert, wenn die „Besten", tatsächlich oder auch nur vermutlich gar nicht so gut sind.

Wenn aber valide Kennzahlen vorliegen, dann kann für das Ideenmanagement des eigenen Unternehmens daraus eine SWOT-Analyse abgeleitet werden (Abb. 4.12).

Zusammenfassend meint das Fraunhofer IPK: „Benchmarking unterstützt, in Ergänzung zum klassischen Unternehmensvergleich, die zielorientierte Suche nach neuen Ideen für Methoden, Verfahren und Prozessen außerhalb der eigenen ‚Unternehmens-/Organisationswelt' beziehungsweise außerhalb der eigenen Branche. [...] Benchmarking ist entscheidend durch die Frage gekennzeichnet: ‚Warum und wie machen es Andere bes-

Abb. 4.12 SWOT-Analyse im Benchmarking für das Ideenmanagement

ser und was können wir daraus lernen?‘“ (Mertins und Kohl 2009, S. 19 f.) Im Gegensatz zum quantitativen Benchmarking geht es also beim qualitativen Benchmarking weniger um Kennzahlenvergleich und eher um das Verstehen der Methoden, Verfahren und Prozesse, die in einem vergleichbaren, aber deutlich besser aufgestellten Unternehmen zu finden sind.

Das qualitative Benchmarking wird häufig als Gruppen-Benchmarking durchgeführt und hat dann folgende Charakteristika:

- Drei bis fünf Unternehmen mit vergleichbarem Hintergrund, aber keine Wettbewerber.
- Fokussiert auf einen Unternehmensbereich
  - Produktivität in der Fertigung,
  - Ideen- und Innovationsmanagement,
  - Betriebliches Gesundheitsmanagement,
  - …
- Vier bis sechs Treffen
  - Moderiert durch einen Fachmann des Unternehmensbereichs,
  - Freie Berater,
  - Krankenkasse/Berufsgenossenschaft.
- Erfolgskritisch
  - Fach- und Moderationskompetenz des Moderators,
  - Zusammensetzung der Teilnehmer.

Die Initiative für ein solches Gruppen-Benchmarking kann von Beratern oder Verbänden ausgehen, möglich ist es aber auch, Gruppen-Benchmarking selbst zu organisieren.

Im Sinne der kontinuierlichen Verbesserung ist „Benchmarking“ kein Projekt, das irgendwann abgeschlossen wird, sondern eine fortlaufende Aufgabe. So kann auch das Benchmarking in der Struktur des P-D-C-A (Abb. 1.6) dargestellt und verstanden werden. Realistischerweise kann für einen „Durchlauf“ eine Zeit von ein bis zwei Jahren veranschlagt werden, sodass alle ein bis zwei Jahre eine neue Benchmarking-Runde begonnen wird.

4.7 Betriebliches Gesundheitsmanagement

Ideenmanagement hat Schnittstellen zu vielen Prozessen und Unterstützungsprozessen im Unternehmen. Und selbstverständlich soll Ideenmanagement überall die Zusammenarbeit suchen, wo es sinnvoll ist. Diese allgemeine Aussage trifft auch für das Betriebliche Gesundheitsmanagement zu – und zusätzlich gibt es aus Sicht des Betrieblichen Gesundheitsmanagements noch einen besonderen Anreiz, mit dem Ideenmanagement zusammenzuarbeiten. Um diesen Anreiz zu erkennen, lohnt ein Blick auf die Entwicklung der Krankheiten in den letzten Jahren. Diese ist in Abb. 4.13 dargestellt.

Auffällig ist die deutliche Steigerung der psychischen Erkrankungen. Kann hier Ideenmanagement positiv einwirken? Um diese Frage zu beantworten, sollen zunächst zwei weithin diskutierte Modelle für die arbeitsbedingte Entstehung von psychischen Erkrankungen dargestellt werden. Seit 1979 entwickelt Karasek das Job-Demand-Control-Modell, das zwei Dimensionen enthält, dargestellt in Abb. 4.14.

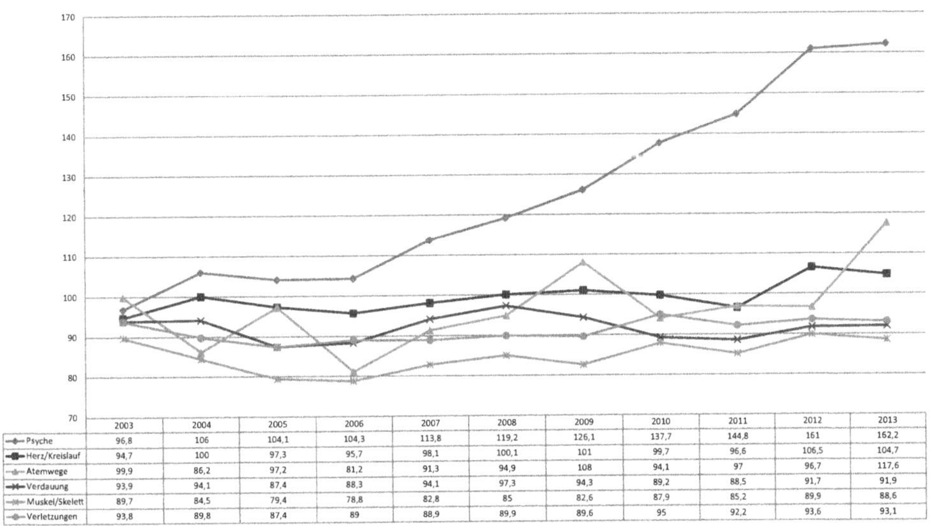

	2003	2004	2005	2006	2007	2008	2009	2010	2011	2012	2013
Psyche	96,8	106	104,1	104,3	113,8	119,2	126,1	137,7	144,8	161	162,2
Herz/Kreislauf	94,7	100	97,3	95,7	98,1	100,1	101	99,7	96,6	106,5	104,7
Atemwege	99,9	86,2	97,2	81,2	91,3	94,9	108	94,1	97	96,7	117,6
Verdauung	93,9	94,1	87,4	88,3	94,1	97,3	94,3	89,2	88,5	91,7	91,9
Muskel/Skelett	89,7	84,5	79,4	78,8	82,8	85	82,6	87,9	85,2	89,9	88,6
Verletzungen	93,8	89,8	87,4	89	88,9	89,9	89,6	95	92,2	93,6	93,1

Abb. 4.13 Tage der Arbeitsunfähigkeit der AOK-Mitglieder nach Krankheitsarten in den Jahren 2003–2013, Indexdarstellung (2002 = 100). (Daten nach Meyer et al. 2014, S. 351)

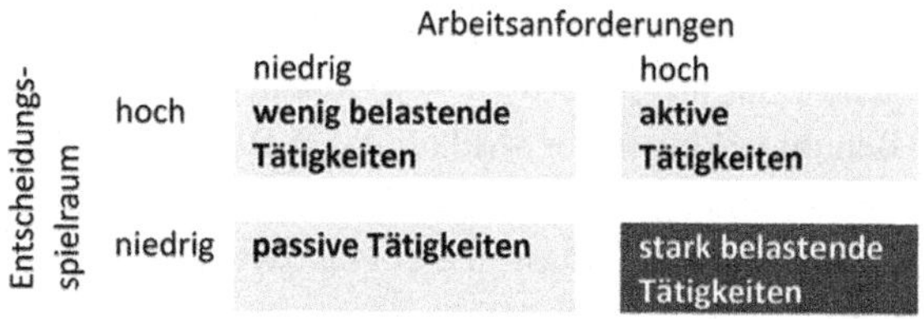

Abb. 4.14 Job-Demand-Control-Modell. (Nach Kauffeld und Hoppe 2014, S. 249)

Der Name dieses Modells ist Programm: In der einen Dimension ist „Demand" abgetragen – Wie hoch sind dies Anforderungen am Arbeitsplatz? Was wird von den Beschäftigten verlangt? Die andere Dimension beschreibt „Control" – Wie hoch ist der Einfluss der Beschäftigten auf ihren Arbeitsalltag? Welche Möglichkeiten haben sie? Mit anderen Worten lassen sich die Dimensionen wie folgt beschreiben:

Die psychischen Anforderungen beinhalten die qualitativen und quantitativen Arbeitsanforderungen einschließlich derer, die aus der Zusammenarbeit mit Kollegen und Vorgesetzten entstehen. Dazu zählen beispielsweise Arbeitscharakteristika wie Zeitdruck oder ungewollte Unterbrechungen.

Mit der Kontrolle über die Arbeitsaufgaben ist zum einen die Möglichkeit gemeint, die eigenen Fähigkeiten anzuwenden und zu entwickeln. Zum anderen geht es darum, welche Entscheidungsspielräume bestehen und wie viel Kreativität die Arbeitsorganisation ermöglicht (Friedel und Orfeld 2002, S. 50).

Die Zweiteilung (niedrig/hoch) dient jeweils dazu, das Grundprinzip zu veranschaulichen. Deutlich wird: Hohe Anforderungen sind nicht grundsätzlich schädlich. Die Gefahr von psychischen Erkrankungen steigt, wenn Beschäftigte an einem Arbeitsplatz mit hohen Anforderungen und geringen Handlungsmöglichkeiten arbeiten. In dieser Situation ist es manchmal nicht möglich, die „Demand"-Dimension zu verbessern. Dann kann eine Strategie der Arbeitsgestaltung darin liegen, die „Control"-Dimension zu optimieren. Hier werden häufig verschiedene Methoden parallel zum Einsatz kommen. Die Beteiligung der Beschäftigten an der Arbeitsgestaltung und an der Prozessverbesserung, insbesondere an der Verbesserung der Prozesse, in denen sie selbst arbeiten, kann hier ein Ansatz sein.

Das Job-Demand-Control-Modell erklärt eine Reihe der hier relevanten Phänomene, im Laufe der Forschung traten weitere Faktoren hinzu. Besonders diskutiert wird das Modell der Gratifikationskrise, das Siegrist ab 1990 entwickelte. Er definiert: „Erfahrungen wiederholter hoher Verausgabung am Arbeitsplatz bei vergleichsweise niedriger Belohnung nennen wir im folgenden ‚Erfahrungen beruflicher Gratifikationskrisen'." (Siegrist 1990, S. 81) Bei derartigen Gratifikationskrisen unterscheidet das Modell drei Ebenen:

a) Ökonomische Ebene: Lohn- bzw. Gehaltszahlungen, die im Verhältnis zu erbrachter Leistung und in einem darüber hinausreichenden sozialen Vergleichsprozeß als unangemessen niedrig erfahren werden, bilden eine wichtige Quelle beruflicher Gratifikationskrisen. [...]
b) Sozio-emotionale Ebene: Berufliche Leistung wird in einer Gruppe bzw. in einem Umfeld erbracht, von der oder von dem der einzelne positive Rückmeldung, Lernchancen und Anreize für die eigene Entwicklung erwartet. Restriktive Tätigkeiten mit geringen

individuellen Gestaltungsmöglichkeiten und geringen Chancen positiver Rückmeldung erzeugen bei hohem Leistungsdruck mehr Gratifikationskrisen als Tätigkeiten, die durch ein bestimmtes Maß an Autonomie am Arbeitsplatz gekennzeichnet sind. [...]

c) Ebene der Status-Kontrolle: Besondere Verausgabung wird häufig als Mittel beruflichen Aufstiegs gefordert oder aus eigenen Motiven erbracht, zumindest jedoch, um den erreichten Status gegen Konkurrenz abzusichern. Unter diesem Aspekt werden Anstrengungen in einer biographischen Langzeitperspektive erbracht, deren entscheidende Belohnung erst Jahre später erwartet wird. Berufsbiographische Erfahrungen blockierten sozialen Aufstiegs, unfreiwilligen Wechsels, Erfahrungen von Abwärtsmobilität, von qualifikationsfremdem beruflichem Einsatz sowie Erfahrungen bedrohter Arbeitsplatzsicherheit und temporärer Arbeitslosigkeit stellen besonders belastende Formen beruflicher Gratifikationskrisen dar, weil hier das Ungleichgewicht zwischen Investition und Ertrag sichtbarer als sonst, die unmittelbaren psychischen, sozialen und ökonomischen Folgen einer bedrohten sozialen Verortung spürbarer als sonst sind (Siegrist 1990, S. 82 f.).

Beschäftigte, die unter einer so definierten Gratifikationskrise leiden, haben ein deutlich höheres Risiko, an psychischen und physischen Erkrankungen zu leiden, bis hin zu einem höheren Risiko, vorzeitig zu sterben. Aktuelle Untersuchungen konnten diese Zusammenhänge bestätigen (vgl. Angerer et al. 2014).

Selbstverständlich kann eine Gratifikationskrise nicht durch die Mitarbeit im Ideenmanagement allein gelöst werden – erst recht nicht, wenn man aktuellen Überlegungen folgt, wonach Gratifikationskrisen nicht nur betriebliche, sondern in gewissem Maße auch gesellschaftliche Phänomene darstellen. Allerdings lässt sich eine Reihe von Beispielen anführen, in denen Beschäftigte deutliche Anerkennung durch ihre Beteiligung im Ideenmanagement erhalten haben – von der positiven Leistungsbeurteilung bis hin zu Preisen, wie sie etwa für die beste Idee in verschiedenen Kategorien vom Zentrum Ideenmanagement vergeben werden (vgl. ZI 2016).

4.8 Coach für Prozesse und Methoden

Einige Themen des Ideenmanagements werden aktuell intensiv diskutiert, hierzu gehört die Motivation von Beschäftigten, sich am Ideenmanagement zu beteiligen (Schat 2014b, für eine ausführlichere Version dieses Abschnitts siehe Schat 2016). Doch möglicherweise liegt der Grund für fehlende Beteiligung am Ideenmanagement nicht nur im Wollen, sondern (auch) im Können: Vielleicht würden einige Beschäftigte gerne gute, umsetzbare, wirtschaftliche Ideen einreichen und Verbesserungen vorschlagen – doch wie entwickelt man einen guten Vorschlag? Diese Fragen scheinen in der aktuellen Diskussion nicht die höchste Aufmerksamkeit zu erhalten.

Im 20. Jahrhundert wurde dann der „Beauftragte für das Betriebliche Vorschlagswesen" geschaffen, der zunächst die Verbesserungsvorschläge, Gutachten und Prämien ordnungsgemäß zu verwalten hatte. Doch: Wie ein Einreicher seinen Verbesserungsvorschlag entwickelte, das interessierte die meisten Vorschlagswesenbeauftragten des 20. Jahrhunderts kaum.

Ganz anders der Ansatz im Kontinuierlichen Verbesserungsprozess: W. Edwards Deming (1986) entwickelte ein Modell, das funktioniert und das als Deming Circle oder als P-D-C-A Zyklus (Abb. 1.6) bis heute weithin angewendet wird. Der Plan-Do-Check-Act-Zyklus und die von W. Edwards Deming und seinen Kollegen gelehrte statistische Prozesskontrolle fielen gerade in Japan auf fruchtbaren Boden. Verbesserungsgruppen wurden für spezifische, dem Betrieb besonders wichtige Probleme eingesetzt. Die Methoden waren bis zu den verwendeten Formblättern vorgegeben. Die direkten Führungskräfte (Vorarbeiter, Meister) waren auch Coaches für die eingesetzten Methoden – oder organisierten die Unterstützung durch speziell ausgebildete Coaches. Die Abteilungsnamen für diese Prozess- und Methodencoaches variierten: Industrial Engineering, Arbeitsvorbereitung, Arbeitswissenschaft, Zeitwirtschaft, Produktionsvorbereitung, gelegentlich auch einfach nach der eingesetzten Methodik: REFA-Abteilung.

In den Rationalisierungswellen der letzten Jahrzehnte wurden diese Abteilungen in vielen Unternehmen stark verkleinert, häufig sogar ganz geschlossen. Das Ergebnis: Kurzfristig wurden Kosten eingespart, doch langfristig verschwand das Methodenwissen aus den Unternehmen. In vielen Betrieben gibt es kaum noch Mitarbeiter, die professionell Prozesse optimieren und so auch als Prozess- und Methodencoach für die Beschäftigten arbeiten können.

Das Ideenmanagement als Integration von Betrieblichem Vorschlagswesen, Kontinuierlichem Verbesserungsprozess und ggf. weiteren Säulen kann die Lücke ausfüllen, die durch den Abbau des arbeitswissenschaftlichen Wissens in den Unternehmen entstanden ist. Dies geschieht, indem Ideenmanager nun ihre Rolle als Prozess- und Methodencoach in einem oder auch mehreren Methoden einsetzen. Dabei muss es sich nicht um hochkomplexe Ansätze handeln, selbst ein einfaches Methodenblatt (Abb. 4.15) kann in vielen Fällen weiterhelfen.

Einen guten Überblick über die einschlägigen Methoden, einschließlich Einsatzfeld und weiteren Informationsmöglichkeiten, gibt die „Methodensammlung zur Unternehmensprozessoptimierung“ (Baszenski 2012).

Ein vergleichbarer, aber doch anderer Ansatz wird von Toyota berichtet. Dort werden die Beschäftigten systematisch in der methodischen Prozessverbesserung gecoacht. Doch der Coach ist dort nicht ein Ideenmanager, sondern die direkte Führungskraft. Diese wird wieder von ihrer Führungskraft gecoacht, und dies setzt sich bis zur Unternehmensspitze fort (vgl. Rother 2010).

Der Gedanke, Aufgaben des Ideenmanagements auf Führungskräfte zu übertragen, ist auch der hiesigen Diskussion nicht fremd, wie das Vorgesetztenmodell des Betrieblichen Vorschlagswesens zeigt. Auch werden Meister in Arbeitsgruppen des Kontinuierlichen Verbesserungsprozesses eingebunden. Das Toyota-Modell entstammt der industriellen Großserienproduktion. Hier sind unter dem Stichwort „Industrie 4.0“ grundlegende Fortentwicklungen zu erwarten, die auch das Ideenmanagement betreffen (Abschn. 4.12).

Die Zukunft des Ideenmanagers scheint noch offen: Einerseits steigt der Anteil der Akademiker in Betrieben, viele Beschäftigte sind selbst zumindest in den Ansätzen von einschlägigen Methoden geschult. Andererseits steigt die Komplexität von Prozessen und

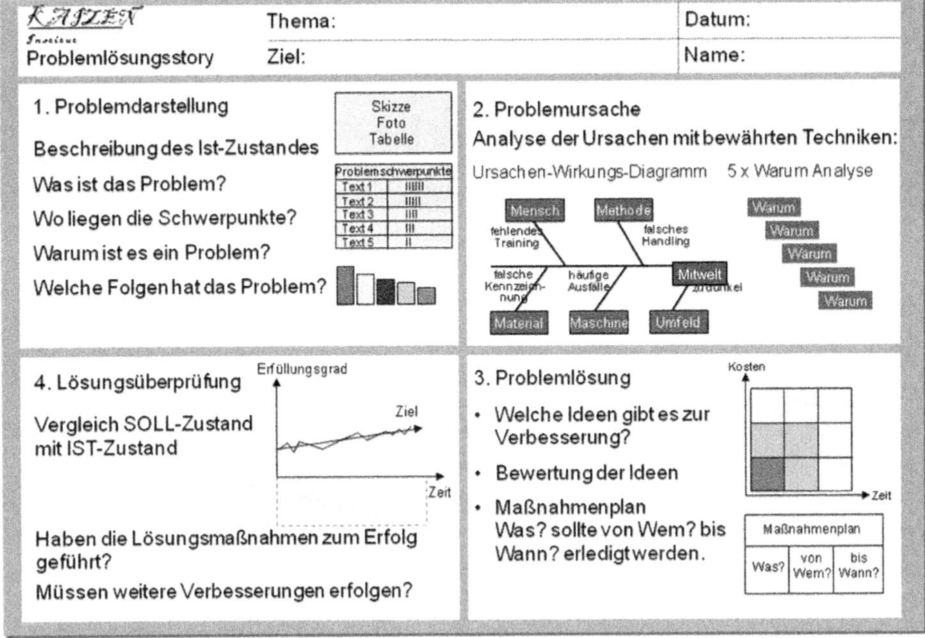

Abb. 4.15 Problemlöseblatt. (REFA-Nachrichten 2008)

der Anteil gering Qualifizierter in Betrieben scheint zumindest nicht deutlich zurückzugehen. Damit wäre durchaus ein Bedarf an Prozess- und Methodencoaching gegeben. Doch wie ist der aktuelle Stand?

Im Herbst 2015 wurde eine internetgestützte Befragung von Ideenmanagern durchgeführt (Landmann und Schat 2016). 107 Fragebögen waren verwertbar. Auch wenn diese Zahl nicht ausreicht, um ein sicheres Bild des Ideenmanagements im deutschsprachigen Raum zu generieren, ist es doch eine der größten Befragungen von Ideenmanagern der letzten Jahre und für eine vorsichtige Auswertung im Sinne einer explorativen Studie geeignet.

Eines der Items dieser Befragung lautet: „Ideenmanager agiert als Prozess- und Methodencoach". Die Befragten konnten für ihren Betrieb auf einer sechsstufigen Skala antworten, von 0 Punkte = überhaupt nicht erfüllt bis zu 5 Punkte = voll und ganz erfüllt. Die Auszählung stellt Abb. 4.16 dar.

Die Aussage „Ideenmanager agiert als Prozess- und Methodencoach" polarisiert: Die Hälfte der Befragten gibt hier 0 oder 1 Punkt, ein Drittel der Befragten vergibt 4 oder 5 Punkte, die übrigen verteilen sich in der Mitte. Demnach lassen sich tatsächlich „aktive" und „passive" Ideenmanager unterscheiden. Ideenmanager, die sich als Prozess- und Methodencoach engagieren, wollen wir als „aktive Ideenmanager" bezeichnen. Dessen Gegenteil ist rein sprachlich der „passive Ideenmanager" – was selbstverständlich nicht

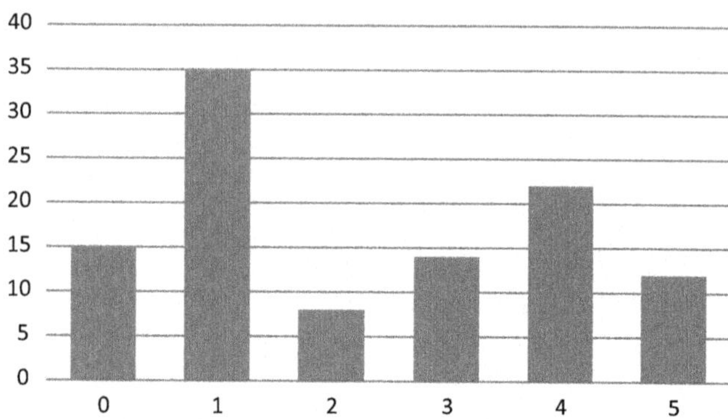

Abb. 4.16 Ideenmanager agiert als Prozess- und Methodencoach: 0 = Gar nicht … 5 = Vollkommene Zustimmung. (Landmann und Schat 2016)

heißen soll, diese Ideenmanager seien träge und faul. Es bedeutet lediglich: Diese Ideenmanager agieren nicht als Prozess- und Methodencoach.

Als „aktive Ideenmanager" definieren wir Ideenmanager, die 4 oder 5 Punkte zur Aussage „Ideenmanager agiert als Prozess- und Methodencoach" vergeben, „passive Ideenmanager" vergeben nur 0 oder 1 Punkt. Passive Ideenmanager berichten von einer durchschnittlichen rechenbaren Einsparung je Beschäftigtem von 213 €, dagegen erreichen aktive Ideenmanager eine durchschnittliche rechenbare Einsparung von 584 €. Dies ist nicht nur mehr als doppelt so viel, es handelt sich auch um einen statistisch signifikanten Unterschied (t-Test mit $p < 0{,}1$). Der durchschnittliche rechenbare Nutzen je Beschäftigtem wurde aus zwei Gründen gewählt:

- Durch den Bezug „je Beschäftigter" ist bei großen Unternehmen ein ähnlicher Wert wie bei kleinen Unternehmen zu vermuten.
- Der nicht rechenbare Nutzen ist zwar in der Betriebspraxis wichtig, wird aber in den Unternehmen so unterschiedlich gehandhabt, dass ein Vergleich nur bedingt sinnvoll erscheint.

Wenn der Ideenmanager als Prozess- und Methodencoach agiert, dann steigert dies unserer Erhebung nach den Erfolg des Ideenmanagements, quantifiziert in einer hohen rechenbaren Einsparung.

Hinzu kommt: Ideenmanager mit einem aktiven Ideenmanagement berichten im Durchschnitt von 8000 € höherem Bruttojahresgehalt – der Erfolg als Prozess- und Methodencoach ist also nicht nur für das Unternehmen, sondern auch für den Ideenmanager spürbar.

Wird ein Prozess- und Methodencoach tendenziell höher bezahlt, oder agieren höher bezahlte Ideenmanager häufiger als Prozess- und Methodencoach? Diese Frage kann in einer Querschnittsuntersuchung nicht beantwortet werden. Die Beziehung ist in beiden Richtungen plausibel – möglicherweise verstärken sich beide Faktoren auch wechselseitig.

Ideenmanager als Prozess- und Methodencoach – das scheint nicht einfach eine unter vielen Möglichkeiten zu sein, wie ein Ideenmanager seine Aufgabe verstehen kann. Hier liegt ein echter Erfolgsfaktor vor – für das Unternehmen wie für den Ideenmanager.

4.9 Erfolgsfaktoren

Die Suche nach Erfolgsfaktoren des Ideenmanagements dürfte fast so alt sein wie das Ideenmanagement selbst. Ein fester, allgemein akzeptierter Satz von Erfolgsfaktoren hat sich bis heute nicht herausgebildet. Ein Grund dürfte darin liegen, dass je nach gesellschaftlicher, wirtschaftlicher und auch technischer Entwicklung immer wieder unterschiedliche Erfolgsfaktoren in den Vordergrund rücken. Auch müssen die allgemein entwickelten Erfolgsfaktoren nicht in jedem Unternehmen so gelten. Je nach Unternehmenskultur, nach der spezifischen Situation im Unternehmen und auch nach der Geschichte und den Erfahrungen, die die Beschäftigten im Unternehmen mit dem Ideenmanagement gemacht haben, können andere Faktoren wichtig werden. So sind die folgenden Ausführungen nicht als in Stein gemeißelte Handlungsanleitung für alle Unternehmen, sondern eher als Denkanregung und als Steinbruch gedacht, aus dem jeder Ideenmanager für seine Situation das Passende auswählen kann.

4.9.1 Grundsätzliche Überlegungen zu Erfolgsfaktoren im Ideenmanagement

Zunächst sei hier aber ein kurzer, warnender Absatz über den Sinn und Unsinn von Erfolgsfaktoren eingeschaltet. Die anschließend dargestellten Erfolgsfaktoren beruhen auf der zum Zeitpunkt der Erstellung des Manuskriptes umfangreichsten Erhebung zum Ideenmanagement im deutschsprachigen Raum (Landmann und Schat 2016). Doch auch dies war nicht die erste Studie zu Erfolgsfaktoren im Ideenmanagement (vgl. Schat 2008; Munzke und Schat 2013), sie wird auch nicht die letzte Studie zu diesen Erfolgsfaktoren bleiben. Daraus kann man schließen:

- Es gibt einen kontinuierlichen Bedarf an Studien zu Erfolgsfaktoren.
- Keine dieser Studien konnte eine abschließende Antwort auf die Frage nach Erfolgsfaktoren im Ideenmanagement geben.

Beide Schlussfolgerungen geben Anlass zum Nachdenken. Beginnen wir mit einigen der typischen Einschränkungen für Studien der vorliegenden Art.

Landmann und Schat haben eine Querschnittsstudie durchgeführt. Bei dieser Art von Studien kann man ermitteln, ob bestimmte Merkmalsausprägungen überzufällig häufig mit anderen Merkmalsausprägungen gemeinsam auftreten, etwa: „Hohe Anzahl an Verbesserungsvorschlägen“ tritt häufig mit „Gute Unterstützung durch die Geschäftsführung“

auf, und „Geringe Anzahl von Verbesserungsvorschlägen“ tritt häufig mit „Geringe Unterstützung durch die Geschäftsführung“ auf. Dies sind Korrelationen, aber damit noch keine Kausalitäten. Funktioniert ein Ideenmanagement, weil die Geschäftsführung es unterstützt? Oder unterstützen Geschäftsführer besonders gerne ein erfolgreiches Ideenmanagement? Oder gibt es gar einen dritten Faktor: In wirtschaftlich erfolgreichen Unternehmen hat die Geschäftsführung genügend Ressourcen, um das Ideenmanagement zu unterstützen, und die Beschäftigten haben keine Angst, einen Verbesserungsvorschlag einzureichen. Anders bei Unternehmen in einer wirtschaftlichen Krise: Da ist die Geschäftsführung mit der Bewältigung der Krise beschäftigt und hat keine Zeit für das Ideenmanagement. Und die Beschäftigten sorgen sich um ihren Arbeitsplatz und reichen wenige Vorschläge ein. Schließlich könnten auch nichtlineare, etwa selbstverstärkende Kausalitäten auftreten: Ein erfolgreiches Ideenmanagement bekommt leichter die Unterstützung der Geschäftsführung und wird damit noch erfolgreicher.

Um herauszufinden, welche Faktoren ein erfolgreiches von einem erfolglosen Ideenmanagement unterscheiden, müsste man die Daten von beiden Extremen vergleichen. Bei Landmann und Schat 2016 (wie in praktisch allen vergleichbaren Studien) finden sich aber kaum Angaben eines wirklich schlecht aufgestellten Ideenmanagements. Alle Ideenmanager, die sich an dieser Befragung beteiligt haben, waren zumindest soweit an ihrer Aufgabe interessiert, dass sie sich an einer einschlägigen Befragung beteiligt haben. Ideenmanager, die nicht einmal dieses Interesse aufbringen, haben uns ihre Daten nicht gegeben und werden dies auch in anderen Befragungen nicht tun. Unsere „Erfolgsfaktoren“ können ehrlicherweise nur angeben, was ein recht erfolgreiches Ideenmanagement von einem wirklich herausragenden Ideenmanagement unterscheidet.

Selbstverständlich finden sich in keiner Studie zu Erfolgsfaktoren im Ideenmanagement Angaben aus Unternehmen, die sich in einer ernsten wirtschaftlichen Krise befinden. Wenn der Konkurs droht, dann haben Manager (auch Ideenmanager) Wichtigeres zu tun, als die Fragen neugieriger Wissenschaftler zu beantworten.

Die Werte, die in Erfolgsfaktorenstudien erhoben werden, beziehen sich auf die Vergangenheit. Können wir daraus auf die Zukunft schließen? Kurzfristig vermutlich ja: Im nächsten Jahr werden nicht vollkommen andere Spielregeln im Ideenmanagement gelten als im vergangenen Jahr. Andererseits hören wir immer wieder von radikalen Veränderungen in der Wirtschaft, von disruptiven Innovationen, von einer neuen Generation, die mit neuen Werten in die Unternehmen strömt, und der Globalisierung, die den Wettbewerbsdruck noch einmal verstärkt. Wenn diese Aussagen auch nur teilweise zutreffen, dann sollten wir zumindest nicht selbstverständlich annehmen, dass die hier (oder in anderen Studien) dargestellten Erfolgsfaktoren in alle Ewigkeit weiter gelten.

Erfolgsfaktoren sollen den Erfolg eines Ideenmanagements beeinflussen. Worin aber besteht der Erfolg des Ideenmanagements?

Wenn das Ideenmanagement in einem Betrieb hauptsächlich auf kurzfristigen wirtschaftlich rechenbaren Nutzen ausgerichtet ist, dann lässt sich dieser Erfolg leicht messen. Bereits bei einer Ausrichtung auf langfristigen Erfolg wird es schwieriger: Wenn sich die Rahmenbedingungen, die allgemeine Wirtschaftslage, die strategische Ausrichtung des

Unternehmens, die Zusammenarbeit mit wichtigen Kunden oder Lieferanten ändert, wird sich das auf die langfristige Wirtschaftlichkeit von Verbesserungsvorschlägen auswirken. Wie soll dies in die Ermittlung des Erfolgs von Ideenmanagement einfließen?

Ideenmanagement kann auch als Ansatz zur nachhaltigen Arbeit an der Unternehmenskultur verstanden werden (Schat 2015b). Hier gibt es langfristige Erfolgsindikatoren (Rückgang von Krankenstand und ungewünschter Fluktuation), doch wird man diese kaum direkt mit dem Ideenmanagement verknüpfen können.

Schließlich soll ein Ideenmanagement nicht nur Produktivität, Kultur oder dergleichen fördern, sondern auch andere Aktivitäten im Unternehmen möglichst wenig stören. Wie lässt sich hier der Erfolg messen?

Nach all diesen Warnungen vor Erfolgsfaktoren: Wie kann ein Abschnitt über „Erfolgsfaktoren im Ideenmanagement" dennoch sinnvoll sein? Warum habt sich der Autor dieses Buches die Mühe gemacht, diesen Text zu schreiben, warum kann es für Ideenmanager nützlich sein, den Text zu lesen?

Zunächst eine unwissenschaftliche, persönliche Bemerkung: Der Autor dieses Buches hat vor 25 Jahren seinen ersten Verbesserungsvorschlag eingereicht und seither als Einreicher, Gutachter, Führungskraft, „Beauftragter für das Betriebliche Vorschlagswesen" und als Wissenschaftler einige Beobachtungen im Ideenmanagement anstellen können. Daraus resultiert die rein subjektive Vermutung, dass ein entscheidender Erfolgsfaktor nur schwer zu messen und zu quantifizieren ist: der Ideenmanager selbst. Ich habe Ideenmanager kennengelernt, die klug analysiert haben und tatkräftig engagiert vorgegangen sind und ihr Ideenmanagement zum Erfolg geführt haben. Ich habe Vorschlagsverwalter kennengelernt, die pflichtbewusst den Vorgaben ihrer Stellenbeschreibung gefolgt sind und keine Erfolge vorzuweisen haben. Und ich konnte in einigen Unternehmen den Wechsel vom Verwalter zum reflektierten Umsetzer beobachten. Ohne dass sich die Rahmenbedingungen geändert hätten, zeigten sich nach ein bis zwei Jahren deutliche Erfolge. Wenn diese persönliche Einschätzung zutrifft, dann müsste es die Aufgabe eines Textes zu Erfolgsfaktoren im Ideenmanagement sein, dem Ideenmanager bei der Analyse des Ideenmanagements und der Umsetzung von Maßnahmen zu helfen. Hierzu werden im Folgenden einige Ansätze dargestellt.

Erfolgreiche Ideenmanager verstehen ihr Geschäft, können ihre betriebliche Umwelt gut einschätzen, haben die Zusammenhänge im Ideenmanagement und in dessen Rahmen begriffen. Hierzu können Texte Anregungen und Konzepte anbieten.

Werden wir noch einen Schritt konkreter: Anhand einer Erfolgsfaktorenstudie kann ein Ideenmanager erkennen, dass das eigene Ideenmanagement bei einem Erfolgsfaktor (beispielsweise dem Marketing) besonders gut aufgestellt ist, während ein anderer Faktor (beispielsweise die Unterstützung durch die Geschäftsführung) deutlich unterdurchschnittlich ist. Doch was folgt daraus? Ein Ansatz wäre: Mehr um die Unterstützung der Geschäftsführung werben und dafür weniger Energie in das Ideenmarketing stecken, denn diese ist ohnehin überdurchschnittlich. Das kann ein sinnvoller Ansatz sein, wenn die Unterstützung durch die Geschäftsführung tatsächlich der Engpass ist, der das Ideenmanagement an weiterem Erfolg hindert. Ein anderer Ansatz sagt: Sich als Ideenmanager auf die Beseitigung der Schwächen des Ideenmanagements zu konzentrieren, ist aus zwei Gründen sinnlos: „Erstens werden Sie lediglich durchschnittlich, wenn Sie Ihre Stärken zugunsten Ihrer Schwächen vernachlässigen; zweitens werden Sie unweigerlich demotiviert, wenn Sie sich mit Ihren Schwächen beschäftigen." (Friedrich et al. 2011, S. 61) Es kann also unter den spezifischen Bedingungen dieses Betriebes gerade sinnvoll sein, die Geschäftsführung nach wie vor nur zu informieren und sich noch stärker um das Marketing zu kümmern, wenn genau dies der entscheidende Erfolgsfaktor im Betrieb ist. Doch welcher Ansatz im Betrieb angemessen ist – die Schwächen zu schwächen oder die Stärken zu stärken – das kann nur der Ideenmanager selbst entscheiden.

4.9.2 Aktive Elemente

Das Symbol des ursprünglichen Ideenmanagements war der Briefkasten: Wenn Beschäftigte aus eigenem Antrieb Verbesserungsvorschläge entwickelten und einreichten, dann wurde dies gerne gesehen. Wenn sie keine Vorschläge entwickelten, dann wurde dies genauso hingenommen. Allenfalls wurden Plakate für das Vorschlagswesen ausgehängt. Die „Ideenmanager" verstanden sich als Verwalter. Aktives Einwerben von Vorschlägen wurde von einem Ideenmanager nicht erwartet und auch nicht geleistet.

In diesem Buch wurde bereits der große Nutzen des Ideenmanagers als Prozess- und Methodencoach dargestellt (Abschn. 4.8), ebenso wurde auf das Marketing im Ideenmanagement eingegangen (Abschn. 4.21). Welche Rolle spielen hier nun aktive Elemente wie Workshops, Kampagnen etc.?

Die meisten Befragten aus der Studie von Landmann und Schat sehen sich hier im Mittelfeld, aber mit je rund 10 % sind auch die beiden Extrempositionen (gar keine Punkte und maximale Punktzahl) besetzt. Die Selbsteinschätzung der Betriebe ist breit gestreut.

Unternehmen, die eine hohe Punktzahl für den Einsatz aktiver Elemente nennen, punkten auch bei Marketing und Coaching hoch. Aktive Elemente, Marketing und Coaching sind nicht nur konzeptionell, sondern auch im Einsatz verwandt (Tab. 4.3).

Der Einsatz aktiver Elemente und die Anzahl im Ideenmanagement Beschäftigter sind statistisch unabhängig. Vielleicht auch, weil die Punkte Selbsteinschätzungen sind. Bedeutet die maximale Punktzahl: „Für unsere Verhältnisse setzen wir sehr häufig aktive

Tab. 4.3 Zusammenhang „Aktive Elemente" mit anderen Parametern des Ideenmanagements

Beteiligungsquote	r = 0,35	Statistisch höchst signifikant (p < 0,001)
Rechenbarer Einsparung pro Mitarbeiter	r = 0,18	Statistisch nicht signifikant
ROI	r = 0,2	Statistisch nicht signifikant
Marketing	r = 0,6	Statistisch höchst signifikant (p < 0,001)
Coaching	r = 0,64	Statistisch höchst signifikant (p < 0,001)
Beschäftigte im Ideenmanagement pro 1000 Beschäftigte	r = 0,03	Unterschied statistisch nicht signifikant

Elemente ein“? Oder kann man auch mit wenigen Ressourcen häufig aktive Elemente einsetzen – etwa, wenn die Verwaltung effizient geschieht und damit Kapazitäten für aktives Ideenmanagement frei werden?

Hieraus lassen sich als Handlungsempfehlungen ableiten:

Aktive Elemente im Ideenmanagement werden zu Recht im Kontext von „Ideenmanagement als Kulturarbeit“ diskutiert – häufiger Einsatz aktiver Elemente geht mit höherer Beteiligungsquote einher. Wenn ein Unternehmen eher die wirtschaftlichen Zielgrößen im Blick hat, dann schadet der Einsatz aktiver Element zwar nicht, ein statistisch signifikanter Nutzen ist aber auch nicht nachweisbar. Das bedeutet: Aktive Elemente können situationsbezogen sinnvoll sein, sollten aber mit Augenmaß und zielorientiert eingesetzt werden.

Auch Unternehmen mit weniger Beschäftigten im Ideenmanagement (bezogen auf die Anzahl der Beschäftigten im Unternehmen insgesamt) berichten von einem häufigen Einsatz aktiver Elemente. Wer als Ideenmanager also nur wenige Ressourcen zur Verfügung hat, sollte sich dadurch nicht abschrecken lassen.

4.9.3 Arbeitnehmervertretung

In Deutschland sind die Grundsätze des Betrieblichen Vorschlagswesens mitbestimmungspflichtig (§ 87 Abs. 1 Nr. 12 Betriebsverfassungsgesetz, Abschn. 1.5.1.2). Daraus folgt zwar logisch noch nicht die Mitwirkung des Betriebsrats in der praktischen Umsetzung des Betrieblichen Vorschlagswesens – tatsächlich finden sich in vielen Betrieben dann auch Strukturen des Betrieblichen Vorschlagswesens, in denen der Betriebsrat mehr oder weniger intensiv eingebunden ist.

Der Kontinuierliche Verbesserungsprozess findet während der normalen Arbeitszeit und auf Weisung des Arbeitgebers statt – hier ist zunächst keine Mitbestimmung gegeben (Abschn. 1.5.1.3). Doch wenn der Kontinuierliche Verbesserungsprozess im Rahmen von Gruppenarbeit eingesetzt wird, so greift die Mitbestimmung hierüber (§ 87 Abs. 1 Nr. 13 Betriebsverfassungsgesetz). Auch wenn Einsatz oder Erfolge im Kontinuierlichen Verbesserungsprozess in die Ermittlung von Leistungszulagen einfließt, folgt hierüber eine Mitbestimmung des Betriebsrats (§ 87 Abs. 1 Nr. 10 Betriebsverfassungsgesetz).

Wird Ideenmanagement genutzt, um den betrieblichen Arbeits- und Umweltschutz zu fördern, so folgt eine Mitbestimmung aus § 89 des Betriebsverfassungsgesetzes, und wenn der Arbeitsschutzausschuss ins Spiel kommt, so ist der Betriebsrat nach § 11 des Gesetzes über Betriebsärzte, Sicherheitsingenieure und andere Fachkräfte für Arbeitssicherheit beteiligt.

Doch die meisten dieser Mitbestimmungsrechte sind eben Rechte, keine Pflichten. Wenn ein Betriebsrat der Auffassung ist, dass er auf anderen Wegen seinem Auftrag besser nachkommt, dann kann er das Ideenmanagement auch freundlich ignorieren.

Die Beschäftigten sind nicht verpflichtet, einen Betriebsrat zu wählen. Gerade unter den mittelgroßen und den kleinen Unternehmen finden sich immer wieder Betriebe, in denen kein Betriebsrat arbeitet. Die Kirchen haben mit dem „dritten Weg“ eine ganz eigene Form der Mitarbeiterbeteiligung gefunden.

Grundsätzlich wäre plausibel, dass eine hohe Unterstützung durch die Beschäftigtenvertretung fast automatisch zu guten Erfolgen des Ideenmanagements führt – doch gerade sehr plausible Konzepte haben sich in der Wissenschaftsgeschichte als falsch erwiesen. Wie sieht dies in diesem Fall aus?

Knapp 10 % der Befragten berichten von keiner Unterstützung durch die Arbeitnehmervertretung – vermutlich auch aus Betrieben, in denen es keine Arbeitnehmervertretung gibt. 15 % der Befragten werden in sehr geringem Umfang von ihrer Arbeitnehmervertretung unterstützt, hier muss also eine Arbeitnehmervertretung immerhin vorhanden sein. Drei von vier Befragten geben eine mittlere bis hohe Unterstützung an, dies dürfte also der Normalfall in Betrieben sein. Doch kann man die Zahlen auch anders lesen: 85 % der Befragten vergeben nicht die höchste Punktzahl – und stufen damit die Unterstützung durch die Arbeitnehmervertretung als verbesserungsfähig ein.

„Ohne Betriebsrat geht im Ideenmanagement gar nichts!“ – Stimmt das? Diese Frage stellt sich besonders im Hinblick auf die Beteiligungsquote: Der Betriebsrat wird eher Einfluss darauf haben, ob sich die Beschäftigten überhaupt am Ideenmanagement beteiligen, als beispielsweise auf die rechenbare Einsparung pro Mitarbeiter und Jahr. Einen Überblick zu diesem Zusammenhang gibt Abb. 4.17.

Die Abb. 4.17 lässt einen solchen Schluss zu – genauer: Nur wenige Betriebe geben der Unterstützung durch ihre Arbeitnehmervertretung 0 oder 1 Punkt. Unter diesen erreichen einige Betriebe eine recht hohe Beteiligung. Betriebe, die 2 oder 3 Punkte für die Unterstützung durch ihre Arbeitnehmervertretung geben, kommen dagegen nicht über mittlere Beteiligungsquoten hinaus. Dies gelingt erst Betrieben, deren Unterstützung durch die Arbeitnehmervertretung 4 oder 5 Punkte wert ist. Doch: Bei jedem Grad der Unterstützung durch die Arbeitnehmervertretung finden sich auch etliche Betriebe mit sehr mäßigen Beteiligungsquoten.

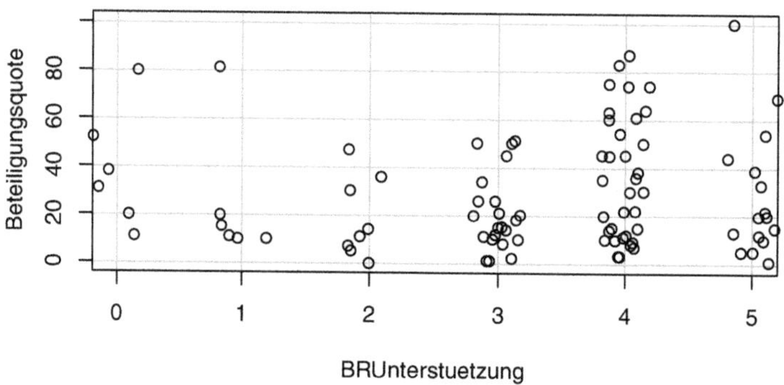

Abb. 4.17 Zusammenhang von Beteiligungsquote und Unterstützung durch den Betriebsrat

Die hier nicht abgebildete Grafik mit der Zielgröße „durchschnittliche rechenbare Einsparung pro Mitarbeiter“ zeigt ein ähnliches Bild: Mit wenig Unterstützung durch die Arbeitnehmervertretung sind zwar gute Werte möglich, aber selten. Mit hohen Punktwerten für die Unterstützung durch die Arbeitnehmervertretung sind hohe durchschnittlich rechenbare Einsparungen pro Mitarbeiter möglich – aber auch sehr geringe derartige Einsparungen gehen mit guter Unterstützung durch die Arbeitnehmervertretung einher. Also: Unterstützung durch die Arbeitnehmervertretung hilft, aber garantiert kein gutes Ideenmanagement.

Als Handlungsempfehlung lässt sich hieraus ableiten: Selbstverständlich sollten sich Ideenmanager um die Unterstützung durch die Arbeitnehmervertretung bemühen. Aber: Dies ist notwendig, nicht hinreichend. Auch mit bester Unterstützung durch die Arbeitnehmervertretung kann ein Ideenmanagement schlechte Resultate erbringen.

4.9.4 Gehälter von Ideenmanagern

„Ideenmanager“ ist kein Ausbildungsberuf, kennt keine standardisierte Laufbahn, ist nirgends geregelt – entsprechend finden sich auch keine Standards für die Bezahlung von Ideenmanagern. Bei mehr als der Hälfte der befragten Unternehmen arbeitet ein einziger Ideenmanager im Ideenmanagement. Damit funktioniert auch ein Gehaltsabgleich unter Kollegen nicht. Ein überbetrieblicher Vergleich des Gehalts von Ideenmanagern wurde meines Wissens bisher nicht durchgeführt.

Zahlt ein Unternehmen einem erfolgreichen Ideenmanager tendenziell ein höheres Gehalt, – oder kann ein Unternehmen, das ein hohes Gehalt bietet, dadurch bessere Ideenmanager einstellen, die das Ideenmanagement zum Erfolg führen? Oder treffen gar beide Argumente zu, sodass ein sich selbst verstärkender Effekt entsteht?

Die Mehrzahl der Ideenmanager erhält zwischen 40.000 € und 60.000 €, aber auch weniger als 30.000 € und mehr als 70.000 € an Ideenmanager-Bruttojahresgehältern kommen vor. Welche Eigenschaften des Arbeitgebers beeinflussen das Einkommen eines Ideenmanagers (Tab. 4.4)?

Tab. 4.4 Eigenschaften des Arbeitgebers und Gehalt des Ideenmanagers

Das Bruttojahresnettogehalt eines Ideenmanagers korreliert mit		Die Korrelation ist statistisch
Anzahl Beschäftigte	r = 0,08	Nicht signifikant
Anzahl Beschäftigte im Ideenmanagement	r = 0,14	Nicht signifikant
Anzahl Ideenmanager pro 1000 Beschäftigte	r = −0,002	Nicht signifikant
Organisation des Ideenmanagements als Profitcenter	r = 0,19	Noch signifikant
Umsatz	r = 0,23	Signifikant
Anzahl Ideenmanager im Ideenmanagement	r = −0,02	Nicht signifikant

Tab. 4.5 Einfluss des Gehaltes eines Ideenmanagers auf dessen Erfolge

Das Bruttojahresnettogehalt eines Ideenmanagers korreliert mit		Die Korrelation ist statistisch
Beteiligungsquote	r = −0,08	Nicht signifikant
Durchschnittliche rechenbare Einsparung je Mitarbeiter	r = 0,24	Signifikant
Realisierungsquote	r = −0,08	Nicht signifikant
ROI	r = −0,02	Nicht signifikant

Die Organisation des Ideenmanagements als Profitcenter spricht für eine konsequente Ausrichtung des Ideenmanagements auf wirtschaftliche Ziele – davon profitieren auch die Ideenmanager. Der Umsatz korreliert ebenfalls mit dem Gehalt, nicht jedoch die Anzahl der Beschäftigten. Unternehmensgröße ist also kein eindeutiger Indikator für oder gegen ein höheres Gehalt von Ideenmanagern. Zusammengefasst: Die Unternehmensstruktur hat einen eher geringen Einfluss auf das Gehalt von Ideenmanagern.

Ob nun „Geld Tore schießt" oder Unternehmen erfolgreiche Ideenmanager am Erfolg teilhaben lassen: Unabhängig von der Richtung des Einflusses besteht die Frage, ob es einen Zusammenhang zwischen dem Erfolg des Ideenmanagements und dem Einkommen des Ideenmanagers gibt (Tab. 4.5).

Die durchschnittliche rechenbare Einsparung je Mitarbeiter zeigt einen statistisch signifikanten Zusammenhang mit dem Einkommen der Ideenmanager – auch die Erfolgsfaktoren haben zusammengefasst einen eher geringen Einfluss auf das Gehalt von Ideenmanagern.

4.9.5 Modelle des Ideenmanagements

Grundsätzlich besteht das Ideenmanagement aus zwei Komponenten/Modellen: dem Betrieblichen Vorschlagswesen (BVW), in dessen idealtypischer Form Beschäftigte aus eigenem Antrieb außerhalb der Arbeitszeit mit selbstgewählten Methoden Verbesserungen auf einem selbst gewählten Gebiet entwickeln. Und als zweites Modell aus dem Kontinuierlichen Verbesserungsprozess (KVP), in dem Beschäftigte während der Arbeitszeit mit vorgegebenen und durch das Unternehmen geschulten Methoden Verbesserungen in Gebieten erarbeiten, die durch das Unternehmen vorgegeben wurden. Somit lassen sich für den Kern des Ideenmanagements vier Gruppen von Unternehmen unterscheiden:

1. Unternehmen ohne Ideenmanagement,
2. Unternehmen, deren Ideenmanagement nur aus dem BVW besteht,
3. Unternehmen, deren Ideenmanagement nur aus dem KVP besteht,
4. Unternehmen mit vollständigem Ideenmanagement aus dem BVW und dem KVP.

Knapp die Hälfte der Befragten betreibt ein vollständiges Ideenmanagement, knapp 40 % ein reines BVW. Gar kein Modell oder nur den KVP setzen gut 10 % bzw. gut 5 % der

Tab. 4.6 Erfolge verschiedener Modelle des Ideenmanagements

	Durchschnitt für untypisches Ideenmanagement	Durchschnitt für reines BVW	Durchschnitt für BVW und KVP	Die Unterschiede sind statistisch
Beteiligungsquote	28,9 %	23,4 %	33,6 %	Nicht signifikant
Durchschnittliche rechenbare Einsparung pro Mitarbeiter	245 €	400 €	508 €	Nicht signifikant
ROI	0,2	2,8	3,2	Signifikant – aber auf sehr kleiner Datenbasis (nur 5 Untypische Betriebe gaben den ROI an)

Befragten ein; diese beiden Modelle werden für die weitere Auswertung als „untypisch" zusammengefasst (Tab. 4.6).

Tendenziell ergibt die Kombination aus BVW und KVP die besseren Resultate, aber die Ergebnisse deuten auf einen eher kleinen Einfluss des gewählten Modells auf die Resultate im Ideenmanagement an. Vielleicht spiegelt dies auch wider, dass die Modelle in der Praxis nicht konsequent unterschieden werden und sich beispielsweise Vorschlagswesen finden, die zwar aus der BVW-Tradition stammen, tatsächlich im Tagesgeschäft aber einen recht konsequenten KVP umsetzen.

Als Handlungsempfehlung lässt sich daraus ableiten: Die Frage nach dem eingesetzten Grundmodell sollte nicht überbewertet werden, die Umsetzung im Ideenmanagementalltag macht den Unterschied.

4.9.6 Profitcenter

Ideenmanagement nützt. Davon ist die einschlägige Literatur überzeugt. Die Erhöhung der Wirtschaftlichkeit ist für 80 % der Befragten ein Ziel (Abschn. 4.29). Der „Lackmus-Test" für Wirtschaftlichkeit ist die Organisation des Ideenmanagements in einem Profitcenter. Hier werden alle Kosten, die das Ideenmanagement verursacht, auch dem Ideenmanagement zugeschrieben. Auch alle Einsparungen, die das Ideenmanagement verantwortet, werden hier verbucht. Die Aufgabe eines Profitcenters liegt bereits im Namen: Profit. Dies Wort hat manchmal einen negativen Beigeschmack, neutraler könnte man formulieren: Die Aufgabe eines Profitcenters ist es, Überschüsse zu erwirtschaften.

Bei diesem Konzept ist nicht ausgeschlossen, dass Ideenmanagement außer einem Überschuss noch weitere nützliche Effekte generiert. Aus diesem Grund wurde die Beteiligungsquote (die eigentlich eher der Erfolgsfaktor für Ideenmanagement als Kulturarbeit ist) auch für „Ideenmanagement als Profitcenter" ausgewertet.

Tab. 4.7 Profitcenter und Erfolge des Ideenmanagements

	Kein Profitcenter	Zumindest Ansätze eines Profitcenters
Durchschnittliche rechenbare Einsparung pro Mitarbeiter (Unterschied statistisch nicht signifikant)	370 €	566 €
Durchschnittliche Beteiligungsquote (Unterschied statistisch nicht signifikant)	26 %	38 %
ROI (Unterschied statistisch höchst signifikant, $p < 0{,}001$)	2,3	4
Die Erhöhung der Wirtschaftlichkeit ist ein wichtiges Ziel des Ideenmanagements (Unterschied statistisch signifikant, $p < 0{,}05$)	71 %	93 %
Durchschnittliche Anzahl Ideenmanager, Bürokräfte und sonstige Beschäftigte im Ideenmanagement (Unterschied statistisch nicht signifikant) – Profitcenter sind tendenziell kleiner!	17,7	9,9
Durchschnittsgehalt der Ideenmanager (Unterschied statistisch signifikant, $p < 0{,}05$)	48.000 €	54.000 €

Die Antworten in der Befragung von Landmann und Schat sind eindeutig: In gut zwei von drei antwortenden Unternehmen ist das Ideenmanagement nicht als Profitcenter organisiert. Knapp 7 % der Befragten vergeben die volle Punktzahl, hier sind also Profitcenter in Reinkultur zu finden. Die anderen Befragten zeigen mehr oder weniger deutliche Ansätze (Tab. 4.7).

Als Handlungsempfehlung lässt sich daraus ableiten: In zwei Dimensionen schneiden Profitcenter besser ab als anderes Ideenmanagement: im ROI und im Gehalt der Ideenmanager. Wenn also Unternehmen und/oder Ideenmanager sich streng auf die wirtschaftlichen Resultate im engeren Sinne konzentrieren, ist eine Organisation des Ideenmanagements als Profitcenter die Option der Wahl. Wenn eine breitere Zielfunktion verfolgt wird, dann bietet ein Profitcenter zumindest keine eindeutigen Vorteile.

4.9.7 Topmanagement-Unterstützung

„Topmanagement" – hier wurde bewusst ein unscharfer Begriff verwendet. In familiengeführten Unternehmen ist der Eigentümer oder sind die maßgeblichen Mitglieder der Eigentümerfamilie gleichzeitig das Topmanagement. In einem kleinen oder mittelgroßen Unternehmen, die von angestellten Managern geführt werden, zählen Geschäftsführung oder Vorstand zum Topmanagement. In großen, zentral geführten Unternehmen stellt ebenfalls Geschäftsführung oder Vorstand das Topmanagement. In großen, dezentral geführten Unternehmen sind die Entscheider vor Ort maßgeblich: die Werkleiter, Gebietsleiter, Filialleiter, die im täglichen Geschäft die Entscheidungen treffen. „Topmanagement" sind also die Menschen, auf die geschaut wird, wenn sich die Frage stellt:

„Wollen die da oben überhaupt Ideenmanagement?“ Unwichtig ist dabei, welche Rechtsstellung und welchen Titel eine Führungskraft hat – gerade in kleineren Unternehmen finden sich gelegentlich „graue Eminenzen“, die zwar im Organigramm an untergeordneter Stelle stehen, die aber tatsächlich alle wichtigen Entscheidungen beeinflussen und deren Stellung zum Ideenmanagement hier maßgeblich ist.

Auch „Unterstützung“ kann auf vielerlei Weise erfolgen – welche davon dem Ideenmanagement nützt, hängt von der konkreten Situation und der Kultur des Betriebes ab. Insbesondere bei einem (Neu-)Start des Ideenmanagements kann die Unterstützung in der Bereitstellung von Ressourcen bestehen, von Personal, Software, Schulung der Ideenmanager, Prämien und Budget für weitere Sachaufgaben.

In der Diskussion unter Ideenmanagern ist mit „Topmanagement-Unterstützung“ häufig der persönliche Einsatz und das Interesse aus dem Topmanagement gemeint: die Übergabe von besonderen Prämien und Auszeichnungen durch das Topmanagement, die Anwesenheit bei Veranstaltungen des Ideenmanagements, das Werben für Ideenmanagement in der Betriebszeitung und auf Betriebsversammlungen … eben die persönliche Wertschätzung für Aktivitäten des Ideenmanagements. Dabei steht das Ideenmanagement häufig in Konkurrenz zu Arbeitsschutz, betrieblichem Bildungswesen, IT-Sicherheit und Wissensmanagement – also zu all jenen Arbeitsgebieten, deren Beiträge zum Betriebserfolg kaum unmittelbar nachzuweisen sind.

Für die Analyse des Einflusses der Topmanagement-Unterstützung auf die Erfolge des Ideenmanagements wurden zwei in etwa gleich große Gruppen gebildet und die Beteiligungsquote sowie die rechenbare Einsparung pro Mitarbeiter verglichen. Die Beteiligungsquote bildet den Ansatz „Ideenmanagement als Führungsinstrument und Kulturarbeit“ ab – nur Beschäftigte, die sich beteiligen, können von diesem Führungsinstrument erfasst werden. Die rechenbare Einsparung pro Mitarbeiter bildet den Ansatz „Ideenmanagement als Rationalisierungsinstrument“ ab.

Unter den Betrieben mit geringerer Topmanagement-Unterstützung erreicht immerhin ein Fünftel eine Beteiligungsquote von 45 % oder mehr (s. a. Tab. 4.8). Ebenfalls ein Fünftel der Befragten mit geringerer Topmanagement-Unterstützung berichtet von einer durchschnittlichen berechenbaren Einsparung pro Mitarbeiter von 550 € oder mehr.

Tab. 4.8 Topmanagement-Unterstützung und Erfolge im Ideenmanagement

	Geringere Topmanagement-Unterstützung	Höhere Topmanagement-Unterstützung
Anteil Befragter in dieser Stichprobe	54 %	46 %
Beteiligungsquote (Unterschied statistisch hoch signifikant, $p < 0{,}01$)	22,9 %	36,7 %
Durchschnittliche rechenbare Einsparung pro Mitarbeiter (Unterschied statistisch nicht signifikant)	692 €	773 €

Daher: Auch mit geringer Topmanagement-Unterstützung ist erfolgreiches Ideenmanagement möglich. Wenn auch sicher nicht einfach.

Als Handlungsempfehlungen kann für die Topmanagement-Unterstützung formuliert werden:

Die Ressource „Topmanagement-Unterstützung" ist eine knappe Ressource, Ideenmanager sollten sie verantwortlich einsetzen. Dazu gehört:

- Eine Strategie, wie Ideenmanagement den Betriebserfolg nachweislich fördert,
- Erfolge im Ideenmanagement erarbeiten,
- Erfolge des Ideenmanagements überzeugend präsentieren,
- die Sprache des Topmanagements zu sprechen (häufig: eher Zahlen und Geschichten, eher weniger allgemeine Vorsätze und breit angelegte Pläne),
- eine Strategie, wie das Topmanagement möglichst effizient und effektiv das Ideenmanagement unterstützen kann.

4.10 Gamification

Einige Menschen sind bei der Arbeit kaum zu motivieren, sich auch nur ein wenig über das dringend Notwendige hinaus zu engagieren – beispielsweise beim Ideenmanagement. Die gleichen Menschen verbringen zu Hause stundenlang am PC mit Computerspielen. Da liegt der Gedanke nahe: Wenn wir die Arbeit wie ein Spiel gestalten, dann arbeiten diese Menschen vielleicht lieber und besser mit. Software (und andere Aspekte am Arbeitsplatz) wie ein Spiel zu gestalten – das ist der Grundgedanke von Gamification.

Eine ähnliche Herangehensweise kommt aus dem Personalbereich: Die „Generation Y" ist angeblich nicht mehr so ehrgeizig und diszipliniert wie ihre Vorgänger-Generationen. Doch sind die Mitglieder der Generation Y zugleich auch „Digital Natives" – seit Kindesbeinen gewöhnt, mit Smartphone, Tablet und PC umzugehen. Müsste man dann nicht die Arbeitswelt der Generation Y mit vielen hübschen digitalen Gadgets ausstatten?

Im Ideenmanagement gibt es beispielsweise Wettbewerbe, etwa für die ideenreichste Abteilung oder den zuverlässigsten Gutachter. Auch Verlosungen können einen spielerischen Charakter annehmen. So gesehen ist die „Gamification" im Ideenmanagement längst unterwegs.

„Gamification" – die deutsche Übersetzung als „Spielifizierung" hat sich nicht durchgesetzt – bezeichnet die Einführung von spielerischen Elementen in Bereiche, in denen diese Elemente bisher nicht zu finden waren. Diese spielerischen Elemente sollen zu Handlungen motivieren, die ansonsten gerne vermieden werden. Jeder, der einmal intensiver gespielt hat – seien es Brett-/Gesellschaftsspiele oder Computerspiele – kennt die enorme Kraft, die einen dazu bringt, gewinnen zu wollen. Dies versucht man nun, sich in Gamification-Ansätzen zunutze zu machen, um Beschäftigte oder Kunden dazu zu bringen, entsprechende Verhaltensweisen anzunehmen oder Aktivitäten auszuführen. Bereits seit Längerem wird dieser Ansatz im Bereich des Edutainments verfolgt: Spielerische

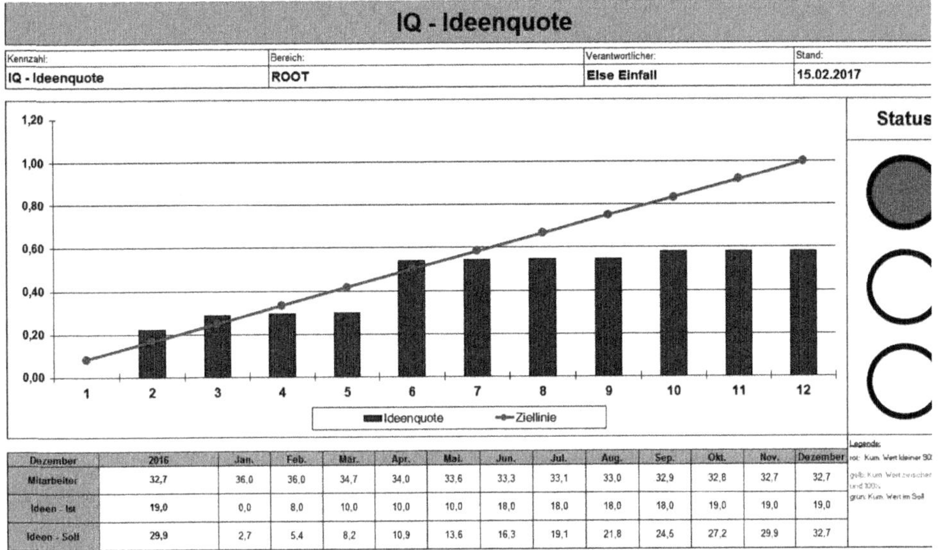

Dezember	2016	Jan.	Feb.	Mär.	Apr.	Mai.	Jun.	Jul.	Aug.	Sep.	Okt.	Nov.	Dezember
Mitarbeiter	32,7	36,0	36,0	34,7	34,0	33,6	33,3	33,1	33,0	32,9	32,8	32,7	32,7
Ideen - Ist	19,0	0,0	8,0	10,0	10,0	10,0	18,0	18,0	18,0	18,0	19,0	19,0	19,0
Ideen - Soll	29,9	2,7	5,4	8,2	10,9	13,6	16,3	19,1	21,8	24,5	27,2	29,9	32,7

Abb. 4.18 Wettbewerb gegen das eigene Ziel. (Landmann und Schat 2016)

Elemente sollen beim Vokabellernen helfen, pfiffige Animationen erklären naturwissenschaftliche Zusammenhänge, Mathematik-, Vorlese- und Musikwettbewerbe fördern die besten Schüler in den jeweiligen Fächern. Ebenfalls eingeführt ist der Gamification-Ansatz im Bereich der Gesundheitsförderung: „Fitness-Tracker" zeichnen Körperfunktionen (Pulsfrequenz, Schlafdauer) und Bewegungen auf. Damit kann man sich z. B. selbst das Ziel setzen, eine bestimmte Anzahl an Schritten pro Tag zu gehen, und bekommt eine Freudenmeldung der Anwendung, wenn dieses Ziel erreicht ist. Freunde oder Kollegen können Wettbewerbe veranstalten und die Gruppensieger mit den meisten sportlichen Aktivitäten küren.

Für das Ideenmanagement ist diese Entwicklung noch am Beginn. Beispiele für erste Ansätze sind Fortschrittsbalken bei der Eingabe oder Bearbeitung, grüne oder rote Markierungen beim (nicht) Einhalten von Fristen oder der grafische Abgleich von Jahreszielen und deren Erreichung, wie in Abb. 4.18 zu sehen.

Selbstverständlich bieten sich auch Wettbewerbe im Ideenmanagement (sogenannte Ideenwettbewerbe) als Gamification-Ansatz.

Dabei ist Gamification nicht auf Software angewiesen: So wird in einem produzierenden Unternehmen mit rund 250 Beschäftigten am Freitagnachmittag, nach Ende der letzten Schicht in der Woche, aus einer Lotterietrommel eine Personalnummer gezogen. Hat der betreffende Beschäftigte in der abgelaufenen Woche einen Verbesserungsvorschlag eingereicht, so erhält er 50 € (bar, die Versteuerung trägt das Unternehmen). Hat der Beschäftigte keinen Vorschlag eingereicht, gehen die 50 € in einen Jackpot, in der nächsten Woche werden dann 100 € verlost – oder der Jackpot wächst, bis es zu einem

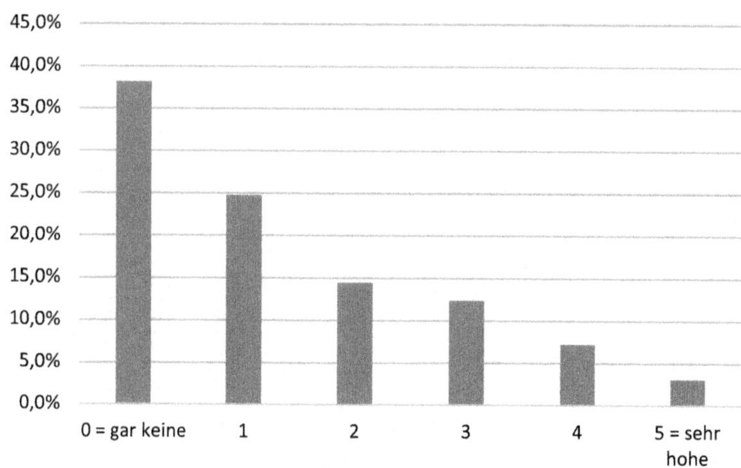

Abb. 4.19 Einschätzung der zukünftigen Bedeutung von Gamification. (Daten nach Landmann und Schat 2016)

regelrechten Vorschlagsfieber im Unternehmen kommt und praktisch jeder Beschäftigte einen Vorschlag eingereicht hat. Und mit der Anzahl der Vorschläge steigt typischerweise auch die Qualität (Läge 2002).

In einer Befragung gaben 107 Ideenmanager eine Einschätzung von Trends ab (vgl. Landmann und Schat 2016). Abgefragt wurde die zukünftige Bedeutung auf einer Skala von 0 Punkten (keine Bedeutung) bis 5 Punkten (sehr hohe Bedeutung). Die Verteilung der Punkte findet sich in Abb. 4.19.

Über die Hälfte der Ideenmanager vergab maximal einen Punkt – Gamification war der Trend der Studie, der die geringste Bewertung erfuhr. Da aber weder die technischen Möglichkeiten noch die Motivationslagen der Beschäftigten genau vorhersehbar sind, kann es nicht schaden, auch den Trend der Gamification zumindest aus dem Augenwinkel zu beobachten.

Spiele enden häufig mit Gewinnern – entsprechend zeichnet Gamification gerne gute Beschäftigte und ihre Ideen aus. Auszeichnungen im Ideenmanagement können beispielsweise vergeben werden für

- die ersten x eingereichten Ideen,
- die ersten x umgesetzten Ideen,
- Topgutachter – die x % Mitarbeiter, die die meisten Gutachten erstellt haben,
- Top-Voter – die x % Mitarbeiter, die die meisten Bewertungen in communitybasierten Ansätzen vergeben haben,
- Topkommentierer – die x % Mitarbeiter, die die meisten Kommentare in communitybasierten Ansätzen vergeben haben.

Diese Auszeichnungen können auf einen bestimmten Zeitraum bezogen werden. Dann gibt es beispielsweise die „Besten Einreicher 2016" oder den „Top-Gutachter Mai 2017". Oder die Auszeichnungen werden neu vergeben. Dann gibt es in einem Unternehmen zur gleichen Zeit immer nur einen „Besten Einreicher" oder einen „Top-Gutachter", und nach Ablauf eines Monats oder eines Jahres wird neu ausgewertet, ob die Auszeichnung weitergegeben werden muss. Schließlich ermöglicht Ideenmanagement-Software auch tagesaktuelle Auswertungen. Dann kann z. B. auf der Einstiegsseite ins Ideenmanagement angezeigt werden, welche Abteilung aktuell die meisten Ideen pro Mitarbeiter eingereicht hat oder welcher Gutachter die meisten Gutachten erstellt hat.

Ausgerichtet an den Zielen des Ideenmanagements können Ranglisten für Anwender, Rollen und Organisationseinheiten erstellt werden, beispielsweise ausgerichtet an Beteiligungsquoten, Realisierungsquoten oder Nutzen.

Je nach Unternehmensgröße kann es ergänzend sinnvoll sein, Ranglisten in eine Art Liga mit Auf- und Abstiegsplätzen zu organisieren, wie z. B. im Fußball die Champions League, Bundesliga, zweite und dritte Liga. Empfehlenswert ist auf jeden Fall, die Ranglisten immer nach absoluten Werten und ab dem zweiten Jahr immer auch ergänzend nach relativer Verbesserung aufzusetzen.

Club-Konzepte: Für bestimmte gewünschte Effekte oder Verhaltensweisen im Ideenmanagement werden Punkte vergeben, beispielsweise für jede umgesetzte Idee, jede vor Ablauf der Bearbeitungsfrist bearbeitete Idee oder die Kommentierung von Ideen in communitybasierten Ideenmanagementansätzen.

Abhängig von der erreichten Punktzahl erlangen Mitarbeiter dann einen bestimmten Status in Form einer Mitgliedschaft. Diese Mitgliedschaft berechtigt an der Teilnahme an besonderen Events, Workshops, Weiterbildungen oder einer anderen Form der Anerkennung (Abschn. 4.1).

Die Mitgliedschaft kann entweder binär (Mitglied ja/nein) oder differenziert (Bronze-, Silber-, Gold-Level) ausgeprägt werden.

Die Gründe und Motivation für die Gamifizierung des Ideenmanagements sind vielfältig:

- Erhöhung von Beteiligungsquoten.
- Reduktion von Ideenmanagement-Marketing.
- Aufweichung – starrer, regelbasierter Ideenworkflow erhöht interaktive und soziale Anteile im Ideenmanagement.
- Communitybasiertes Ideenmanagement (CBI) erhöht Bedarf an Selektionsmechanismen.
- Start der Generation Y in der Geschäftswelt.

Bei der Konzeption von Gamification-Elementen ist in besonderem Maße darauf zu achten, dass diese sowohl für Einsteiger und Neulinge als auch für absolute Könner und Ideenmanagementprofis gleichermaßen attraktiv sind. Andernfalls wirken sie nicht motivierend auf die Gesamtheit der Mitarbeiter. Gartner (2012) prophezeite bereits Ende 2012 mit einem vielbeachteten und -zitierten Presseartikel, dass bereits zwei Jahre später die Vielzahl der gamifizierten Anwendungen die in sie gesteckten Erwartungen nicht erfüllen würden.

Hieraus lassen sich folgende Handlungsempfehlungen ableiten:

- Gestalten Sie Ihre Gamification-Ansätze sowohl für Einsteiger wie auch Profis gleichermaßen attraktiv und herausfordernd.
- Achten Sie beim Einsatz von Ranglisten und Ideenligen darauf, dass Sie gleichermaßen Auszeichnungen für die absoluten Gewinner wie auch diejenigen vergeben, die sich in Relation in dem betrachteten Zeitraum am meisten verbessert haben.

4.11 Gerechtigkeit

> Die Leute werden nicht böse, wenn sie vielleicht eine niedrige Prämie bekommen; sie werden böse, wenn sie eine relativ niedrigere Prämie erhalten als der Lehmann, der Müller oder der Schmidt, die ähnliche VV eingereicht haben (Höckel 1964, S. 164).

Ein zentraler „Hygienefaktor" im Ideenmanagement ist Fairness: Beschäftigte werden sich nicht nur deshalb am Ideenmanagement beteiligen, weil es dort gerecht zugeht. Aber Beschäftigte werden das Ideenmanagement meiden, wenn es dort nicht fair zugeht. Aber was genau ist „Gerechtigkeit" im Ideenmanagement? Es lassen sich hier vier Facetten (Abb. 4.20) unterscheiden (vgl. Stock-Homburg 2010, S. 65).

Die *distributive Gerechtigkeit* ist jene Facette, die Höckel (1964) anspricht: Werden Prämien, Anerkennung und Wertschätzung fair verteilt? Stehen Nutzen des Unterneh-

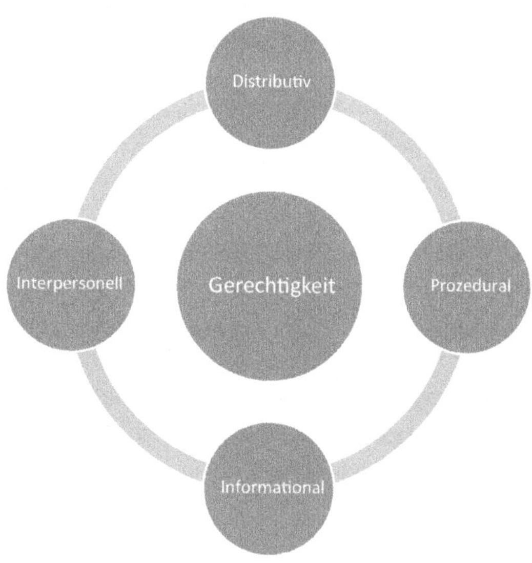

Abb. 4.20 Vier Facetten von Gerechtigkeit im Unternehmen. (Nach Stock-Homburg 2010, S. 65)

mens, Einsatz des Beschäftigten und dann eben die Prämie und die nichtmaterielle Anerkennung in einem akzeptablen Verhältnis?

Die *prozedurale Gerechtigkeit* beschäftigt sich damit, wie Entscheidungen zustande kommen: Werden die Regeln des Ideenmanagements eingehalten? Ist der Entscheidungsprozess dokumentiert und nachvollziehbar – sind beispielsweise die Argumente im Gutachten verständlich und plausibel? Im Sinne der prozeduralen Gerechtigkeit akzeptieren Beschäftigte durchaus, wenn eine Entscheidung gegen sie gefällt wird, wenn dies denn gemäß den vorher geklärten Regeln geschieht. In vielen Unternehmen besteht eine Aufgabe des Betriebsratsvertreters im Ideenmanagement darin, sicherzustellen, dass die Regeln eingehalten werden.

Die *informationale Gerechtigkeit* stellt die Frage: Wie weit sind alle Beteiligten über die Vorgänge, Entscheidungen und ihre Grundlagen informiert? Liegen alle Kriterien und Argumente offen? Sind diese in einer Sprache verfasst, die die Betroffenen auch verstehen? Wichtig ist hier: Nicht alle gesendeten Informationen kommen beim Empfänger an. Entscheidend für die informationale Gerechtigkeit ist aber ausschließlich, was beim Empfänger ankommt.

Die *interpersonelle Gerechtigkeit* schließlich stellt die grundsätzliche Frage, ob und inwieweit alle Beschäftigten gleich und fair behandelt werden. Wird ein Vorschlag anders behandelt, wenn der Name des einreichenden Mitarbeiters nicht deutsch, sondern eher türkisch, russisch oder arabisch klingt? Werden Vorschläge eines Meisters anders begutachtet als Vorschläge eines Hilfsarbeiters? Werden grundsätzlich alle Vorschläge unvoreingenommen begutachtet und bewertet?

Die vier Facetten der Gerechtigkeit überschneiden sich und sind eher als Schwerpunkte zu sehen. Doch können sie einander manchmal kompensieren: Eine unfair geringe Prämie (distributive Gerechtigkeit) kann verschmerzt werden, wenn sie ganz getreu den Regeln des Ideenmanagements entsprechend vergeben wurde (prozedurale Gerechtigkeit) und dies auch alle Beteiligten wissen und die Sachlage überprüfen können (informationale Gerechtigkeit).

4.12 Industrie 4.0

Industrie 4.0 ist wichtig, aber unbekannt – das ist in etwa das Fazit einer Studie des Instituts für angewandte Arbeitswissenschaft ifaa, zusammengefasst in Abb. 4.21.

Quer über alle Unternehmensgrößen zeigt sich: Kaum ein Unternehmen schätzt die Bedeutung der Industrie 4.0 sehr gering ein, nur eine kleine Minderheit antwortet mit „gering“. Die weit überwiegende Anzahl der Unternehmen schätzt die Bedeutung der Industrie 4.0 als hoch oder gar sehr hoch ein. Doch wissen die Unternehmen auch genau, was „Industrie 4.0“ ist? Die Einschätzung der Befragten ist in Abb. 4.22 zu sehen.

Hier ist die Einschätzung zwar nicht ganz so eindeutig, aber eindeutig genug: Mehr als die Hälfte der Unternehmen jeder Größe halten den Begriff „Industrie 4.0“ für nicht klar definiert. Ein Grund hierfür könnte sein, dass dieser Begriff tatsächlich nicht klar

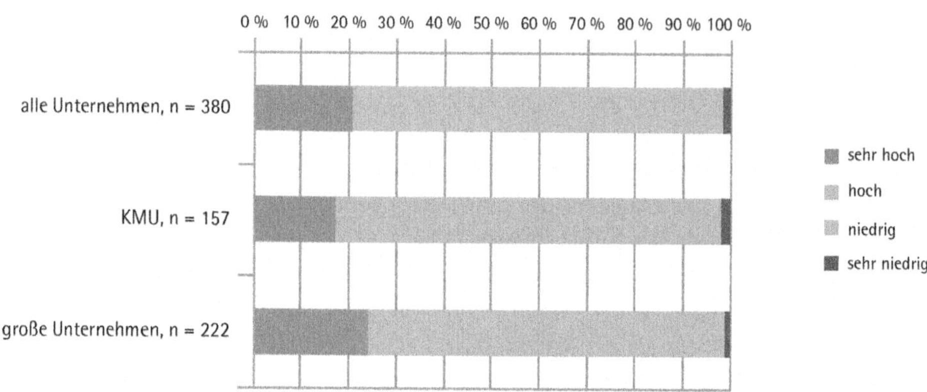

Abb. 4.21 Welche Bedeutung messen Sie dem Thema Industrie 4.0 allgemein für die Zukunft bei? (ifaa 2015)

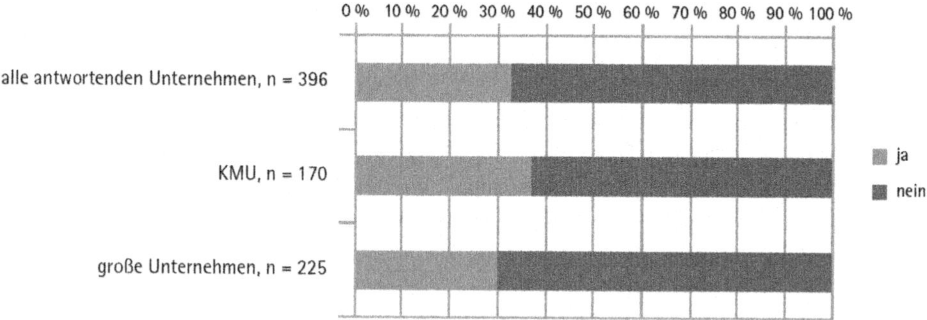

Abb. 4.22 Erscheint Ihnen der Begriff Industrie 4.0 klar definiert? (n = 396, KMU < 250 Beschäftigte). (ifaa 2015)

definiert ist. Trotzdem kann er sinnvoll sein – als erste Annäherung mag eine Geschichte der Industrie dienen, sozusagen von „Industrie 1.0" bis „Industrie 4.0".

Eine Voraussetzung für die Industrialisierung war der Ersatz von menschlicher und tierischer Arbeit durch die Dampfmaschine. Typischerweise gab es eine einzige Dampfmaschine in jedem Betrieb. Die Bearbeitungsmaschinen wurden dann um die Dampfmaschine gruppiert (Abb. 4.23). Bearbeitungsmaschinen, die viel Energie benötigten, standen in der Nähe der Dampfmaschine. Bearbeitungsmaschinen mit geringem Energiebedarf standen entfernter und wurden über Wellen und Riemen mit Energie versorgt. Später kam der Elektromotor. Dieser wurde zunächst genauso eingesetzt wie die Dampfmaschinen: Ein großer Elektromotor stand in der Mitte des Betriebs, die Bearbeitungsmaschinen wurden um diesen Motor herum gruppiert.

Erst nach etlichen Jahren wurden auch kleinere Elektromotoren entwickelt. Mit diesen war es möglich, dass jede Bearbeitungsmaschine ihren eigenen Antrieb bekam. Die Energie wurde also elektrisch, nicht mehr mechanisch verteilt. Damit mussten die Be-

Abb. 4.23 Produktion mit zentraler Dampfmaschine. (Fotolia 2016d, © Morphart/Fotolia)

arbeitungsmaschinen nicht mehr nahe an der zentralen Energiequelle stehen, sondern konnten frei aufgestellt werden – sie konnten insbesondere gemäß dem Materialfluss aufgestellt werden. Dies war eine wesentliche Voraussetzung für Fließ- und dann für Fließbandfertigung.

Die ersten mobilen Telefone konnten – telefonieren. Häufig waren noch eine Uhr und ein Taschenrechner integriert, aber keine weiteren Funktionen.

Auch hier hat es einige Jahre gedauert, bis klar war: Ein Mobiltelefon ist einfach ein kleines Kommunikations- und Datenverarbeitungsgerät, das überall hin mitgenommen werden kann. Mit einem Smartphone kann man immer noch telefonieren, aber das ist nur eine unter vielen Funktionen.

Voraussetzung für die Fortentwicklung war jeweils, dass die entsprechende Technik eine gewisse Reife erreicht hatte – also dass die frühen Elektromotoren und Mobiltelefone halbwegs zuverlässig funktionierten und wichtige Parameter, also etwa Spannung, Protokolle und Netze, eine vernünftige Standardisierung erreichten.

Diesen Grad der technischen Reife scheint derzeit auch die Produktionstechnik erreicht zu haben, deren Entwicklung in Abb. 4.24 zusammengefasst wird.

Speicherprogrammierbare Steuerungen, überhaupt computergesteuerte Bearbeitungsanlagen samt Betriebsdatenerfassung funktionieren, die nötigen Protokolle sind definiert, doch herrscht der Eindruck vor: Noch nutzen wir diese Technik nicht richtig aus. Und so wie die ersten PC-Nutzer nicht das Internet vorhersagen konnten und die ersten Nutzer von Autotelefonen noch nicht das Smartphone im Blick hatten, so können wir heute noch nicht exakt sagen, was „Industrie 4.0“ sein wird. Klar ist nur: Die Technik für „mehr“ steht bereit.

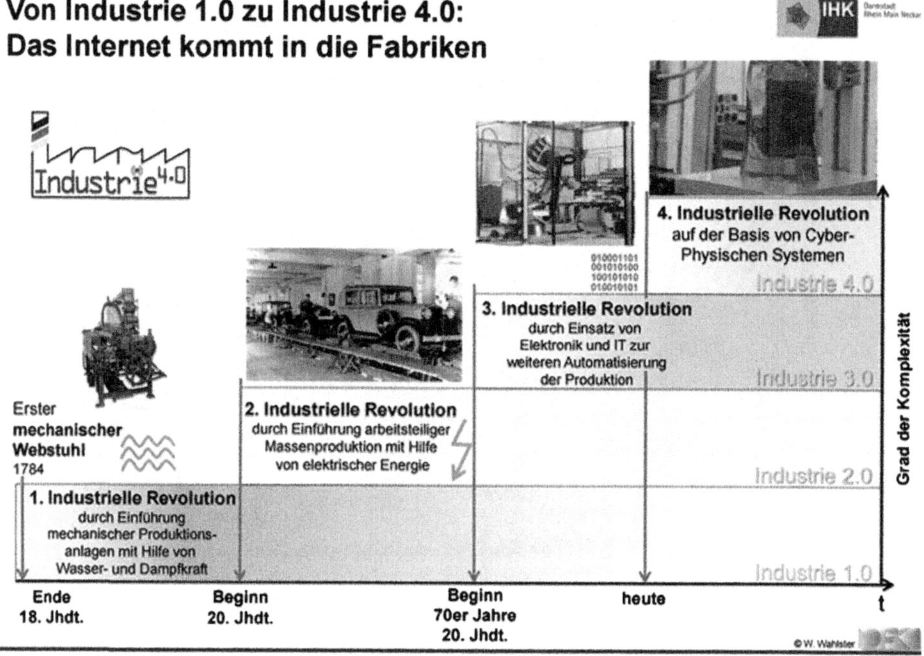

Abb. 4.24 Industrie 1.0 bis 4.0. (DFKI GmbH)

Die Konzepte des Kontinuierlichen Verbesserungsprozesses bilden insgesamt ein ausgefeiltes System des organisationalen Lernens. Hierzu gehören die konzeptionelle Herleitung und Begriffserklärung, umfangreiche Literatur sowie Schulungs- und Beratungsangebote. Alle diese Konzepte des Kontinuierlichen Verbesserungsprozesses bieten eine große Zahl an Erfolgsgeschichten.

Diese Ansätze des Ideenmanagements aus der Lean-Diskussion fokussieren die Rationalisierung. Ideenmanagement soll Kosten reduzieren, Qualität verbessern und die Arbeitssicherheit erhöhen. Ideenmanagement kann aber auch als Führungsinstrument gesehen werden: Beschäftigte werden in die Prozessinnovation eingebunden, erfahren Beteiligungsmöglichkeiten, lernen bei der Entwicklung von Verbesserungsvorschlägen ihre Prozesse und deren Rahmenbedingungen besser kennen. Wie sehen diese Ansätze, insbesondere auch „Lernen im Ideenmanagement“, in der Industrie 4.0 aus?

Ein Strukturrahmen wurde im Forschungsprojekt ELIAS (u. a. RWTH Aachen) entwickelt, siehe Abb. 4.25.

Eingebettet sind diese Strukturvariablen und ihre Beziehungen in die Unternehmenskultur, hier kann man spezifisch von einer Lernkultur sprechen: „Lernkultur besteht danach sowohl aus Werten und Denkmustern als auch aus Praktiken und Gewohnheiten und wird in der Regel in einem normativen Sinne betrachtet, sodass ausgeprägte und gefestigte Lernkulturen besser geeignet sind, bestimmte Ziele zu erreichen. In ihrer Gesamtheit sind

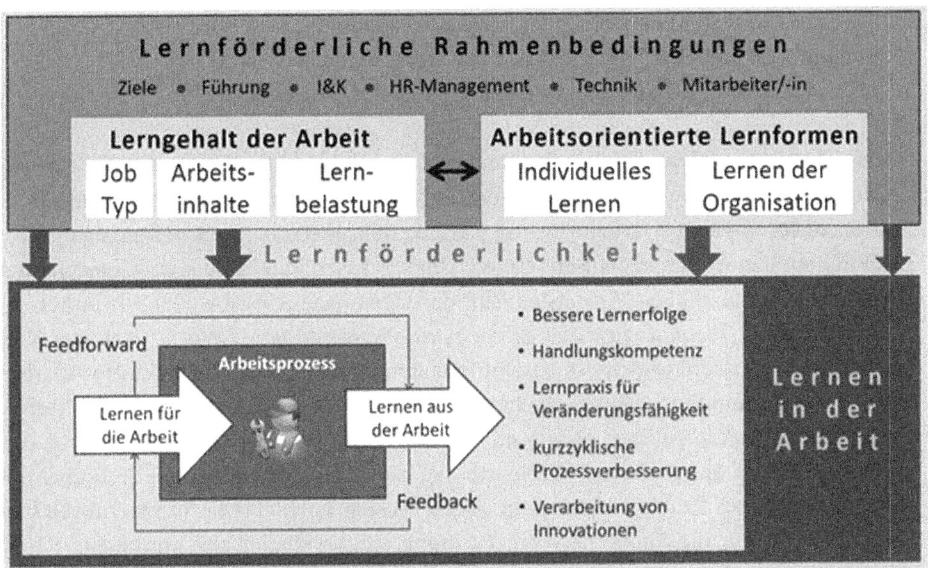

Abb. 4.25 Das ELIAS-Strukturmodell. (Mühlbradt 2015)

sie jedoch komplex und eng verbunden mit der Entwicklungsgeschichte der Organisation und ihrer Mitglieder und nicht kurzfristig veränderbar" (Schat und Mühlbradt 2016).

Eine Bedingung für die Entwicklung von Industrie 4.0 ist die Standardisierung von Prozessen, Protokollen, Messverfahren und dergleichen. Wie können sich vor diesem Hintergrund einzelne Unternehmen einen Wettbewerbsvorteil erarbeiten? Genauer: Warum kann es vor diesem Hintergrund für Unternehmen sinnvoll sein, in Deutschland Produktionsstätten zu betreiben?

Mit dieser Frage sind wir mitten in der aktuellen Diskussion angekommen, hier ist noch keine abschließende und weithin geteilte Antwort zu erwarten. Eine mögliche Diskussionsrichtung lautet jedoch: Die Kultur in erfolgreichen Produktionsunternehmen ist die einer effektiven „learning factory" (vgl. Kampker et al. 2014).

Im Zeitalter von Industrie 4.0 machen nicht Technik und ihre Anwendung den Unterschied zwischen erfolgreichen und weniger erfolgreichen Unternehmen aus, sondern die Fähigkeit zu organisationalem Lernen.

Beschäftigte werden in einer typischen Industrie-4.0-Definition nicht genannt. Während die Rollen von Technik und Organisation im Konzept der Industrie 4.0 zumindest grundsätzlich geklärt sind, scheint dies für die Rolle des Personals, der Beschäftigten, der Menschen in der Produktion noch nicht der Fall zu sein. Die Zukunft des Ideenmanagements in der Industrie 4.0 ist noch offen. Vor diesem Hintergrund wurden mit Dr. Thomas Mühlbradt, Leiter Forschung und Arbeitspolitik der Deutschen MTM-Vereinigung e. V., drei Szenarien für das Ideenmanagement in der Industrie 4.0 entwickelt:

1. Szenario „Technologien unterstützen das organisationale Lernen“,
2. Szenario „Technologien übernehmen das organisationale Lernen“,
3. Szenario „Technologien verändern das organisationale Lernen“.

Das *Szenario „Technologien unterstützen das organisationale Lernen*“ sieht in den Entwicklungen der Industrie 4.0 neue Werkzeuge für das Ideenmanagement entstehen.

Frühere Ideenmanager arbeiteten mit Karteikarten, heute haben wir Datenbanken, in Zukunft kommen weitere technische Entwicklungen hinzu, die Einreicher, Gutachter und Ideenmanager unterstützen. Ansonsten läuft das Ideenmanagement weiter wie bisher.

Das *Szenario „Technologien übernehmen das organisationale Lernen*“ sagt: Der Kontinuierliche Verbesserungsprozess besteht in einem tendenziell routinemäßigen Abarbeiten von Datensammlung, Mustererkennung, Suche nach einer Lösung für die Verbesserung der erkannten Muster. Datensammeln und Mustererkennen bieten sich für eine Computerisierung an. In diesen Bereichen sind die Lösungen prinzipiell verfügbar und werden in nächster Zeit zu ständig sinkenden Kosten auch für die breite Anwendung verfügbar sein. Für die Suche nach einer Lösung ist eine Datenbank mit bereits erfolgreich eingesetzten Lösungen notwendig, auch dies ist kein technisches Problem. In diesem Szenario reduziert sich „organisationales Lernen“ auf den geschickten Einsatz von Produktionstechnik und von Technik, die diese Produktionstechnik automatisch optimiert. Ideenmanager sind hier überflüssig.

Schließlich das *Szenario „Technologien verändern das organisationale Lernen*“: Dieses Szenario zeichnet in gewisser Weise einen mittleren Weg: Technik wird wichtiger. „Routine-Vorschläge“ nach der Art von „Materialbehälter einen Meter nach links stellen, dann ist der Zugriff leichter“ oder „Werkstoff A durch Werkstoff B ersetzen, das hat sich in einem anderen Betrieb unseres Unternehmens schon bestens bewährt“ – solche Verbesserungsvorschläge werden in Zukunft automatisch generiert werden, hierzu ist keine KVP-Gruppe und kein Ideenmanager mehr notwendig. Gute, radikal neue Ideen entwickeln und vorantreiben – diese als „Ideation“ bezeichnete Fähigkeit scheint in absehbarer Zukunft nicht auf Maschinen übertragbar zu sein: „Ideation in its many forms is an area today where humans have a comparative advantage over machines. Scientists come up with new hypotheses. Journalists sniff out a good story. Chefs add a new dish to the menu. Engineers on a factory floor figure out why a machine is no longer working properly. Steve Jobs and his colleagues at Apple figure out what kind of tablet Computer we actually want. Many of these activities are supported and accelerated by computers, but non are driven by them.“ (Brynjolfsson und McAfee 2014, S. 191 f.) Zusätzlich zur Beherrschung der Technik (wie im ersten Szenario) wird ein Ideenmanager in diesem Szenario also noch ein gutes Verständnis benötigen, wie sich das Unternehmen weiter entwickeln soll, welche Wettbewerbsvorteile das Unternehmen auszeichnen und wie optimierte Produktionsprozesse dies unterstützen können. Damit wird der Ideenmanager zum Manager im engeren Sinne.

Vermutlich lässt sich die Frage nach der konkreten Ausgestaltung des Ideenmanagements in der Industrie 4.0 nicht für die deutsche Industrie insgesamt beantworten, sondern die Antwort wird für unterschiedliche Unternehmen unterschiedlich ausfallen, es „können keine abschließenden Aussagen über die zukünftige Ausgestaltung der Industrie 4.0 getroffen werden. Es ist davon auszugehen, dass die vielseitigen Potenziale bedarfsspezifisch genutzt werden" (ifaa 2015, S. 153).

Wenn im konkreten Betrieb das Ideenmanagement bisher als Erfolgsgeschichte wahrgenommen wird, dann wird es auch seinen Platz in der Entwicklung zur Industrie 4.0 erhalten. Wenn Ideenmanager bereits jetzt als Manager zum Nutzen des gesamten Unternehmens agieren, dann werden sie es auch unter geänderten Rahmenbedingungen können. Wenn hingegen in einem Unternehmen Ideenmanagement nur existiert, weil es eben dazugehört, und wenn von Ideenmanagern nur der Wunsch nach mehr Unterstützung für ihr spezifisches Anliegen zu hören ist – dann wird für das Unternehmen eine technische Lösung interessanter.

Die Aufgabe des Ideenmanagers in der Industrie 4.0 ist gestaltbar. Ideenmanager, die ihre künftige Aufgabe aktiv mitgestalten, können sich als Spezialisten für organisationales Lernen positionieren und eine zentrale Rolle bei der Sicherung des Wettbewerbsvorteils ihres Unternehmens einnehmen.

4.13 Innovationsmanagement

Die gemeinsame und doch unterschiedliche Problematik des Ideen- und Innovationsmanagements hat Friedrich Kerka (2010, S. 6) auf den Punkt gebracht:

> Wer innovatives Engagement von seinen Mitarbeitern fordert und die Ideenentwicklung im Unternehmen initiiert, muss sich dann aber auch um die Ideen kümmern. Das erscheint nur allzu plausibel. Wenn aus vielen Ideen einige erfolgreiche Innovationen werden sollen, werden Fach- und Führungskräfte benötigt, die Ideen „sichten und sieben", Prioritäten bilden und „Nachrangigkeiten" begründen, Mittel für die Weiterentwicklung freigeben und am Ende die Verantwortung für (Fehl-)Entscheidungen übernehmen. Die „Auffang- und Bewertungssysteme" für Verbesserungsvorschläge und innovative Ideen sind in den Unternehmen jedoch nur selten gut ausgeprägt. Während im Betrieblichen Vorschlagswesen Verbesserungsvorschläge häufig bürokratisch administriert werden, fehlen für Innovationen mit hohem Neuigkeitsgrad oft schon die Anlaufstellen oder sind die Zuständigkeiten ungeklärt.

Auf betrieblicher Ebene ist eine Vielzahl von innovationsbezogener Entscheidungen zu treffen. Ideenmanagement setzt Verbesserungen bei der Leistungserstellung frei und zielt damit auf Struktur- bzw. Prozessinnovationen. Wichtig in diesem Kontext ist die Unterscheidung von interner/prozess- und marktorientierter Innovation.

Das grundlegende Konzept der Innovation im betrieblichen Kontext wurde von Josef Schumpeter als die „Durchsetzung neuer Kombinationen" entwickelt.

Dieser Begriff deckt folgende fünf Fälle:

1. Herstellung eines neuen, d. h. dem Konsumentenkreise noch nicht vertrauten Gutes oder einer neuen Qualität eines Gutes.
2. Einführung einer neuen, d. h. dem betreffenden Industriezweig noch nicht praktisch bekannten Produktionsmethode, die keineswegs auf einer wissenschaftlich neuen Entdeckung zu beruhen braucht und auch in einer neuartigen Weise bestehen kann mit einer Ware kommerziell zu verfahren.
3. Erschließung eines neuen Absatzmarktes, d. h. eines Marktes, auf dem der betreffende Industriezweig des betreffenden Landes bisher noch nicht eingeführt war, mag dieser Markt schon vorher existiert haben oder nicht.
4. Eroberung einer neuen Bezugsquelle von Rohstoffen oder Halbfabrikaten, wiederum: gleichgültig, ob diese Bezugsquelle schon vorher existierte – und bloß sei es nicht beachtet wurde sei es für unzugänglich galt – oder ob sie erst geschaffen werden muß.
5. Durchführung einer Neuorganisation, wie Schaffung einer Monopolstellung (z. B. durch Vertrustung) oder Durchbrechen eines Monopols (Schumpeter 1911, S. 100 f.).

Die neuere Diskussion hat die ersten beiden Fälle als hauptsächliche Unterscheidung akzeptiert. Im Zuge zunehmender Transparenz sowohl auf den Absatz- wie auch auf den Beschaffungsmärkten haben die Fälle drei und vier ihre Bedeutung verloren. Bestrebungen gemäß Fallgruppe fünf sind in einer seit Jahrzehnten gefestigten Marktwirtschaft ebenfalls selten geworden. Im Ideenmanagement ist die Anforderung an die „Innovationshöhe“ nicht ganz so hoch: Auch die Einführung einer Produktionsmethode, die an dieser Stelle, an diesem Arbeitsplatz, noch nicht genutzt wurde, ist hier eine Innovation.

Neue Prozesse zur Produktion neuer Produkte werden typischerweise von Spezialisten, etwa Produktionsingenieuren, entwickelt. Prozessinnovation im Sinne der Qualitätsverbesserung oder der Kostenreduktion bei bereits laufenden Prozessen ist meist im Rahmen des Kontinuierlichen Verbesserungsprozesses und ähnlicher Strategien die Aufgabe von allen Beteiligten.

In Betrieben erscheint Innovation somit in zwei Bereichen:

- In der Entwicklung neuer und der Verbesserung vorhandener Produkte.
- In der Verbesserung der Prozesse, seien es Prozesse der Leistungserstellung oder diese unterstützende Prozesse.

Neuentwickelte und verbesserte Produkte müssen sich auf dem Markt behaupten und tragen so zum Unternehmenserfolg bei: „Wir stellen die These auf, innovative Unternehmen seien nicht nur ungewöhnlich leistungsfähig beim Hervorbringen wirtschaftlich erfolgreicher neuer Produktideen, sondern: innovative Unternehmen verstünden es besonders gut, sich laufend an jede Veränderung ihrer Umweltbedingungen anzupassen“ (Peters und Waterman 1982, S. 34).

Im hier allein relevanten wirtschaftlichen Sinne wird unter Innovation „die zielgerichtete Durchsetzung von neuen technischen, wirtschaftlichen, organisatorischen und sozialen

Problemlösungen verstanden, die darauf gerichtet sind, die Unternehmensziele auf eine neuartige Weise zu erreichen" (Vahs und Burmester 2002, S. 1). Und es genügt im Ideenmanagement, dass die Problemlösung an der Stelle neu ist, an der sie nun eingesetzt wird. Anders formuliert:

Innovation kann subjektiv (für den Anwendungsbereich) oder objektiv (erstmalig auf der Welt) bedeuten. Für innerbetriebliche Rationalisierung und damit für das Ideenmanagement ist subjektive Neuigkeit ausreichend, für die Patentfähigkeit nicht.

Eine Innovation muss auf jeden Fall neu sein. Zusätzliche Kriterien können sein: Werden die angestrebten Ziele in wirtschaftlicher und/oder technischer Dimension erreicht? Wird der neue Prozess tatsächlich eingeführt und dann auch genutzt?

Weitere Kriterien dienen der Abgrenzung von Innovation und Invention. Invention wird auch mit Erfindung gleichgesetzt und ist eine Voraussetzung für Innovation. Invention ist damit die eigentliche Erzeugung von Wissen als die erstmalige Realisierung einer neuen Problemlösung. Invention kann geplant wie auch ungeplant und zufällig erfolgen. Innovation ist hingegen ein wirtschaftlicher Sachverhalt. Im engeren Sinne ist Innovation die erstmalige Einführung einer Invention am Markt (im weitesten Sinne) als Produkteinführung. Im weiteren Sinne ist Innovation die Bewährung einer Invention am Markt als Diffusion des neuen Produkts. Im Ideenmanagement ist eine Idee oder ein Verbesserungsvorschlag eine Invention. Eine umgesetzte Idee und ein realisierter Verbesserungsvorschlag stellen dann Innovationen dar.

Die Innovationshöhe kann nach verschiedenen Kriterien bewertet werden, beispielsweise aus der Perspektive der Entwickler oder der Perspektive der Anwender einer Innovation. Ökonomische Kriterien können zu weiteren Einschätzungen führen. Eine allgemein akzeptierte Aggregation dieser Kriterien ist bislang nicht gelungen.

Innovationsprozesse sind mit mehr Unsicherheit behaftet und so komplexer als Routineprozesse. Innovationen treten oft Widerstände von Betroffenen entgegen. Man hat daher Innovationsmanagement als „Akzeptanzmanagement neuer Ideen" bezeichnet (Linneweh 1995, S. 20, zitiert nach Vahs und Burmester 2002, S. 50). Und dieses, nämlich „Akzeptanzmanagement", ist auch eine Daueraufgabe des Ideenmanagements.

Die gemeinsame Aufgabe, für die Entwicklung und die Akzeptanz des Besseren gegenüber dem „nur" Guten zu sorgen, ist nicht der einzige Grund, aus dem einige Unternehmen Ideen- und Innovationsmanagement zusammenführen.

Der Hauptgrund, Ideen- und Innovationsmanagement unter einem Dach zu betreiben, liegt darin, dass in einigen Unternehmen die Produktinnovation eng mit der Prozessinnovation verbunden ist. Beispielsweise begrenzen im Sondermaschinenbau häufig die Produktionsprozesse die Fähigkeiten der Produkte, also der Sondermaschinen. Wenn nun ein verbessertes Produktionsverfahren beispielsweise zu höherer Genauigkeit und damit zu verbesserten Produkteigenschaften führt – dann ist das Produkt- und Prozessinnovation in einem Zuge und wird sinnvollerweise auch von ein und derselben Abteilung verantwortet und vorangetrieben.

4.14 Integrierte Managementkonzepte

Integrierte Managementkonzepte sind „Systeme, die den ganzen Strategieprozess von der Analyse über die Formulierung bis hin zur Implementierung mit Kennzahlen und Indikatoren unterstützen. Dabei liegt der Fokus der einzelnen Instrumente auf unterschiedlichen Aspekten und Prozessphasen.“ (Reisinger et al. 2013, S. 217) Die beiden wichtigsten und am meisten verbreiteten dieser Integrierten Managementkonzepte sollen hier vorgestellt werden:

- das Business-Excellence-Modell der European Foundation for Quality Management (EFQM) und
- die Balanced Scorecard (BSC).

Jedes dieser beiden Konzepte kann für das Ideenmanagement auf zwei Weisen nützlich sein:

- Mit einem Integrierten Managementkonzept können Ist- und Soll-Zustand des Ideenmanagements ganzheitlich abgebildet und Entwicklungsmöglichkeiten dargestellt werden.
- Mit einem Integrierten Managementkonzept können Ist- und Soll-Zustand des Unternehmens ganzheitlich abgebildet und die Möglichkeiten des Ideenmanagements zur Entwicklung des Unternehmens dargestellt werden.

Zudem können derartige Konzepte nützlich sein, um eine gemeinsame Sprache von Ideenmanagement und Arbeitsschutz, Gesundheitsmanagement, Qualitätsmanagement und anderen Bereichen des Unternehmens zu finden.

4.14.1 Business-Excellence-Modell der European Foundation for Quality Management (EFQM)

Das EFQM-Modell besteht aus zwei Kriteriengruppen: Input- und Output-Kriterien. Diese unterteilen sich noch einmal in vier oder fünf Kriterien – sämtliche Kriterien finden sich in Abb. 4.26.

Die Input-Kriterien werden bei der EFQM „Befähiger“ genannt. Es sind Kriterien wie die Qualität der Führung, die Strategie und ihre Verflechtung mit den anderen Kriterien oder die Leistungen, die das Unternehmen erbringt, also die Produkte und Dienstleistungen bzw. die Prozesse, mit denen Produkte und Dienstleistungen erstellt werden.

Die Output-Kriterien sind die „Ergebnisse“, zunächst die Schüsselergebnisse: Jahresüberschuss, Marktanteil, ROI – was auch immer für das Unternehmen wichtig ist. Dies müssen keine ökonomischen Kennzahlen sein. Für ein gemeinnütziges Unternehmen kann

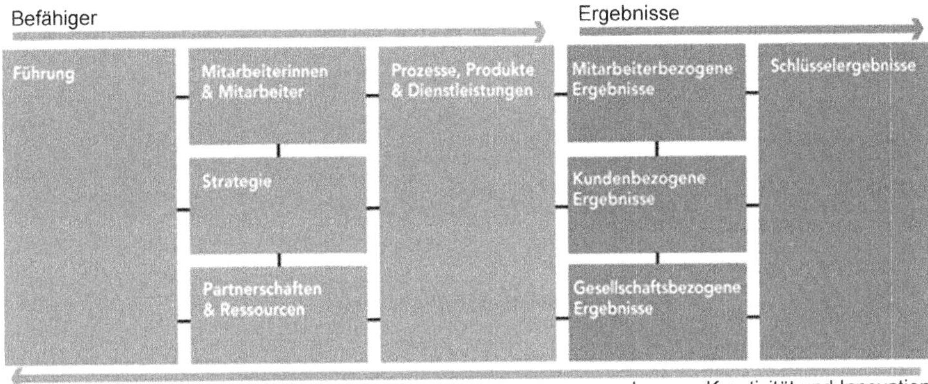

Abb. 4.26 Struktur des Business-Excellence-Modells der European Foundation for Quality Management EFQM. (Initiative Ludwig-Erhard-Preis 2013, Folie 12)

es beispielsweise die Anzahl der Menschen sein, die die Angebote dieses Unternehmens nutzen konnten. Eine gemeinnützige Hochschule könnte die Anzahl der Studierenden als Schlüsselkennzahl nutzen. Für eine karitative Einrichtung wären ökonomische Kennzahlen ungeeignet. Eine Obdachlosenhilfe oder eine Pfarrei soll keinen Überschuss erwirtschaften, aber beispielsweise in ihrer Zielgruppe eine hohe Bekanntheit und ein positives Image erwerben.

Tendenziell soll viel guter Input zu viel gutem Output führen. Doch dies ist nicht immer so: In einer Wirtschaftskrise kann auch wirklich guter Input nicht richtig umgesetzt werden. Manchmal sorgt ein überraschender Nachfrageanstieg dafür, dass auch Unternehmen mit sehr mäßigem Input einen hervorragenden Output erreichen. Daher ist es sinnvoll, Input und Output, also Befähiger und Ergebnisse, in die Planung und in die Bewertung einzubeziehen. Beide sind als gleich wichtig anzusehen – und im Allgemeinen sind sie auch tendenziell auf dem gleichen Stand: Ein Unternehmen mit schlechten Input-Kriterien zeigt nur selten guten Output, also gute Ergebnisse.

Die neun Kriterien sind noch einmal in Teilkriterien untergliedert. Diese zu beschreiben, würde die Möglichkeiten dieses Buches überschreiten. Die Initiative Ludwig-Erhard-Preis (ILEP) hält auf ihrer Homepage detailliertere Informationen bereit.

Eine ähnliche Aufteilung der Kriterien nimmt auch das Zentrum Ideenmanagement für seine Auszeichnungen und „Awards“ vor, wie es Abb. 4.27 zeigt.

Wenn sich ein Unternehmen auf den Weg zur „Business Excellence“ macht und eine erste Selbstbewertung durchführt, dann werden sich in aller Regel vor allem Potenziale für Verbesserungen zeigen. Der Kontinuierliche Verbesserungsprozess ist kein eigenständiges Kriterium, sondern ist im Prozess der wiederholten Selbstbewertung enthalten, diese kontinuierliche Verbesserung ist symbolisiert in Abb. 4.28.

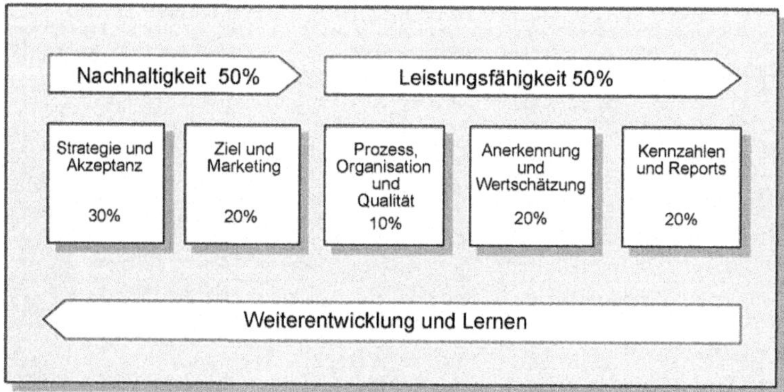

Abb. 4.27 Kriterien der Auszeichnungen und Awards des Zentrum Ideenmanagement. (ZI 2016)

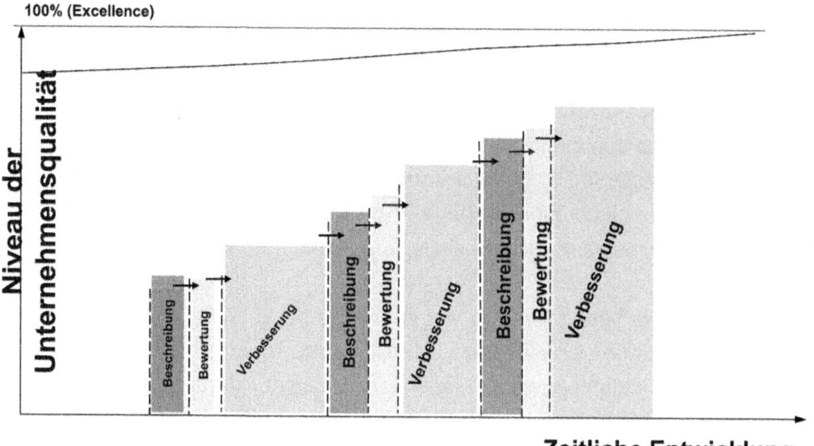

Abb. 4.28 Kontinuierliche Verbesserung durch wiederholte Bewertungen. (Inititative Ludwig-Erhard-Preis 2013, Folie 16)

Im Zusammenhang mit dem EFQM-Modell wurden auch Hinweise zur Umsetzung entwickelt, beispielsweise die Grafik der Abb. 4.29.

Diese Aussagen können auch für die Einführung und Optimierung des Ideenmanagements konkretisiert werden:

- Kein Veränderungsdruck heißt: Wir werden Ideenmanagement einführen bzw. optimieren, wenn wir einmal Zeit dazu haben. Zeit hat man aber nie.
- Ideenmanagement ohne klare gemeinsame Vision verzettelt sich zwischen Rationalisierungsprojekten, Kulturarbeit, kontinuierlicher Qualitätsverbesserung und Beteiligung der Beschäftigten: Jede dieser Variablen für sich kann angestrebt werden, aber wenn unterschiedliche Beteiligte unterschiedliche Ziele verfolgen, dann wird sich das

Abb. 4.29 Was passiert, wenn … fehlt. (Inititative Ludwig-Erhard-Preis 2013, Folie 28)

Ideenmanagement kaum entwickeln. Nicht umsonst sind Ziele und der Zielvereinbarungsprozess wichtige Erfolgsfaktoren im Ideenmanagement (Abschn. 4.29).

- Notwendigkeit und Ziele, aber keine Kapazitäten – das wurde früher als „Kümmerer-Wesen“ bezeichnet: Irgendjemand sollte sich um das Vorschlagswesen oder den Kontinuierlichen Verbesserungsprozess kümmern, hatte aber keine Zeit dafür. Entsprechend kümmerlich waren die Ergebnisse, entsprechend frustriert die Beteiligten.
- Schließlich bleibt ein Einführungs- oder Optimierungsprojekt ohne konkrete erste Schritte auf dem Stand von „Da müsste man mal etwas tun …“ und versandet dann wieder, auch dies gilt unbedingt, wenn Ideenmanagement eingeführt oder optimiert werden soll.

Noch knapper hat es Bernie Sander (2006, S. 21) zusammengefasst:

Empowermentprozesse sind aus 2 Gründen nicht erfolgreich:

Prozesse ohne Enthusiasmus

oder

Enthusiasmus ohne Prozesse

Das Business-Excellence-Modell der EFQM besteht aus drei Komponenten. Die erste (und auch als erstes entwickelte und vorgestellte) Komponente sind die eben vorgestellten neun Kriterien. Die zweite Komponente sind die Grundkonzepte oder Werte, dargestellt in Abb. 4.30.

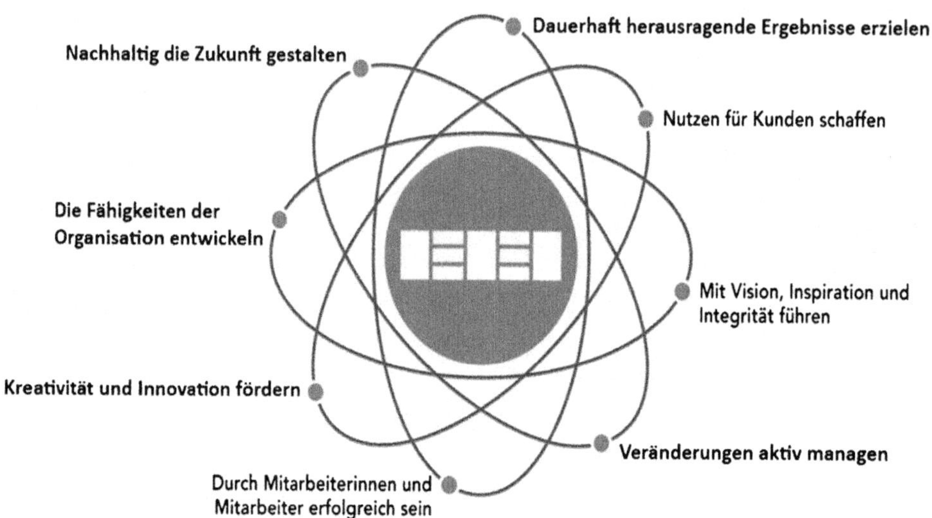

Abb. 4.30 Grundkonzepte der Business Excellence. (Inititative Ludwig-Erhard-Preis 2013, Folie 38)

Einige Werte sind offensichtlich mit dem Ideenmanagement verbunden: „Veränderungen aktiv managen" und „Kreativität und Innovation fördern". Hervorzuheben ist auch „Durch Mitarbeiterinnen und Mitarbeiter erfolgreich sein". Damit ist gemeint: Durch die „einfachen" Beschäftigten, durch diejenigen, die nicht zum Management gehören, durch die Mitarbeiterinnen und Mitarbeiter, die die Produkte und Dienstleistungen erstellen, kommt der Erfolg. Und dies ist ja auch ein wichtiger Grundsatz des Ideenmanagements.

Als dritte Komponente kennt das Business-Excellence-Modell die „RADAR-Logik" (Abb. 4.31). Diese ist eine konkretisierte Version des P-D-C-A – wenn ein Unternehmen den P-D-C-A richtig gut beherrscht, dann hat es von der Radar-Logik schon die wichtigsten Teile realisiert.

Somit greift das Business-Excellence-Modell auch auf für den Ideenmanager bekannte, teilweise selbstverständliche Konzepte zurück. So ist es nicht verwunderlich, dass sich das Business-Excellence-Modell seit seiner Einführung immer weiter durchgesetzt hat, wie in Abb. 4.32 beispielhaft für produzierende Unternehmen dargestellt.

Die Kriterien und weitere Materialien zum EFQM-Modell der Business Excellence sind frei verfügbar, niemand muss sich irgendwo anmelden oder registrieren lassen, wenn er diesen Ansatz anwenden will. Daher gibt es auch wenige zuverlässige Zahlen über die Verbreitung. Die Auswertung (Abb. 4.32) wurde vom Fraunhofer Institut für System- und Innovationsforschung 2006 durchgeführt, aktuellere Zahlen oder die Verbreitung über produzierende Unternehmen hinaus sind nicht bekannt.

Für weitere Informationen zum EFQM-Modell der Business Excellence sei neben der Homepage der EFQM (zumeist in Englisch) und jener der Initiative Ludwig-Erhard-Preis auch auf die Bücher des Geschäftsführenden Vorstandsmitglieds, Dr. André Moll (Moll und Kohler 2013, 2014), verwiesen.

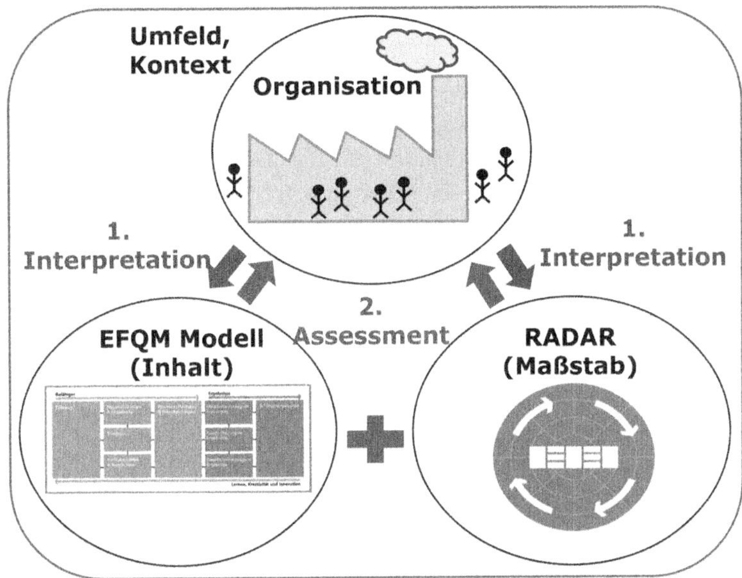

Abb. 4.31 Überblick über die Zusammensetzung des Business-Excellence-Modells. (Initiative Ludwig-Erhard-Preis 2013, Folie 89)

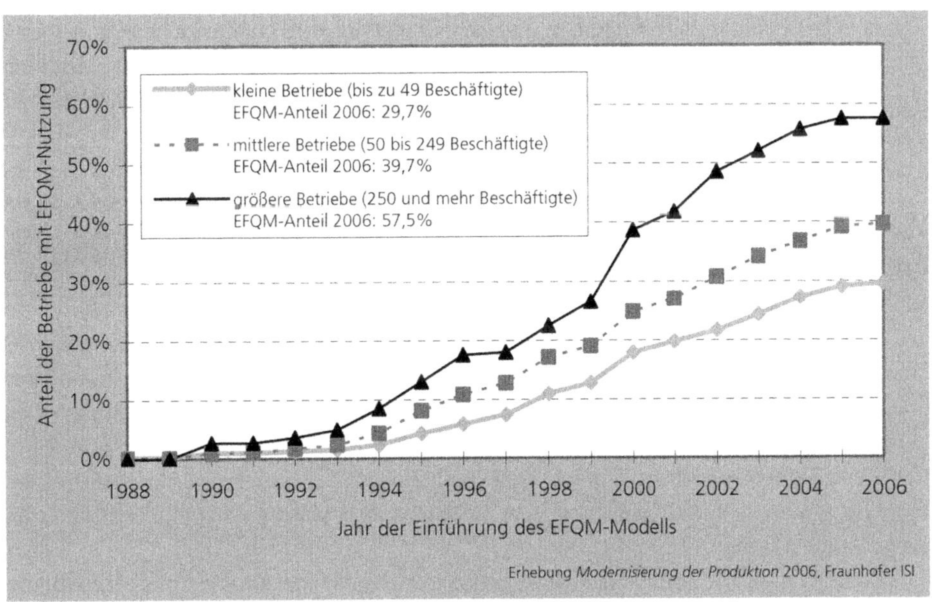

Abb. 4.32 Verbreitung des EFQM-Modells in produzierenden Unternehmen. (Lay et al. 2009, S. 3)

4.14.2 Balanced Scorecard (BSC)

Die Balanced Scorecard ist ein 1992 von Robert Kaplan und David Norton entwickelter Gestaltungs- und Controlling-Ansatz. Die Verknüpfung von Gestaltung und Controlling ist mit dem ersten Satz des ersten Aufsatzes zur Balanced Scorecard gegeben: „What you measure is what you get" (Kaplan und Norton 2005). Dieser Satz steht leider nicht in der deutschen Fassung dieses Aufsatzes, die Bedeutung ist klar, für den Betriebspraktiker selbstverständlich und verknüpft so Gestaltung und Controlling zu einem Managementansatz.

Die Balanced Scorecard beruht auf vier Perspektiven:

- Finanzperspektive,
- Kundenperspektive,
- Interne Prozesse,
- Lernen und Wachstum.

Für jede dieser Perspektiven werden mehrere Kenngrößen definiert sowie ein Zielkorridor für jede Größe. Das Gesamtziel der Balanced Scorecard besteht darin, die Ziele im Zielkorridor zu halten, nicht aber, ein Ziel auf Kosten der anderen Ziele zu maximieren. Damit ist die Balanced Scorecard auch für Organisationen geeignet, die nicht in erster Linie ökonomische Ziele verfolgen. Eine Balanced Scorecard wird typischerweise jährlich erstellt. Die Kenngrößen, deren Ziele und jeweiligen Zielkorridore müssen in gewissen Abständen überarbeitet werden. Die Balanced Scorecard wird häufig, gelegentlich auch in diesem Buch, mit BSC abgekürzt. Anders als das EFQM-Modell der Business Excellence findet sich hier „Lernen und Wachstum" als eigene Perspektive oder Kriterium deutlich herausgehoben.

Die Ziele und Leistungsmaßstäbe sollten, so Kaplan und Norton, von den Unternehmen selbst für ihre spezifische Situation entwickelt werden. Bald schon entwickelten andere Autoren Konkretisierungsvorschläge.

Das Ideenmanagement kann an die Balanced Scorecard im Unternehmen auf verschiedenen Wegen „andocken":

Ideenmanagement kann bei der Ausarbeitung der Balanced Scorecard mitwirken, insbesondere bei der Definition der Ziele, Kenngrößen und Meilensteine mit besonderem Augenmerk auf die Perspektive „Lernen und Entwicklung", häufig auch bei der Perspektive „Mitarbeiterorientierung".

Wenn Ideenmanager als Prozess- und Methodencoach fungieren, so können sie auch bei der Konzeption und Einführung der Balanced Scorecard die verantwortlichen Führungskräfte coachen.

Durch Kampagnen und angepasste Aktionen kann das Ideenmanagement dazu beitragen, die Ziele der Balanced Scorecard zu erreichen.

Wirtschaftlichkeitsperspektive

Ziele	Kennzahlen
Rationalisierung Nutzen	• errechnete Einsparungen • Gesamtnutzen • Nutzen / Mitarbeiter
Erfolg Rentabilität	• Periodenerfolg des IM • Periodenerfolg / Kosten des IM

Einreicherperspektive

Ziele	Kennzahlen
Akzeptanz; Ernst genommen werden	• Zeit bis zur ersten Reaktion • VV mit persönlichem Feed-back / insgesamt beurteilte VV
Mitwirken und Anerkennung Erfolgsbeteiligung	• Annahmequote • Unsetzungsquote • Prämie / Mitarbeiter • Prämie / prämierte Vorschläge

Interne Perspektive

Ziele	Kennzahlen
Effizienz	• Durchlaufzeiten • Bearbeitungskosten pro VV. • Bearbeitungszeit / Durch-laufzeit
Bearbeitungsqualität Offene Kommu-nikation	• Einspruchsquote • Quote anonymer Vorschläge

Entwicklungsperspektive

Ziele	Kennzahlen
stetige Verbesserung	• Vorschläge/Mitarbeiter
Verbreitung unter allen Mitarbeitern	• Einreicher/Mitarbeiter • Investitionsbudget
Bekanntheit des IM	• Bekanntheitsgrad (Befragung)
Unterstützung durch Vorgesetzte	• Abteilungen mit einge-reichten VV/Gesamtzahl Abteilungen

Abb. 4.33 Balanced Scorecard für das Ideenmanagement. (Läge 2002, S. 111)

Schließlich kann das Ideenmanagement eine eigene „Ideenmanagement-Scorecard" entwickeln und so die Beiträge des Ideenmanagements zum Unternehmensziel und die ständige Verbesserung des Ideenmanagements deutlich machen. Eine solche Balanced Scorecard für das Ideenmanagement (Abb. 4.33) hat Karola Läge vorgestellt.

Dieser Vorschlag kann selbstverständlich auf die unternehmensspezifischen Ziele und Kennzahlen abgestimmt werden.

4.14.3 Vier Kennzahlen nach Sander

Ein „integriertes Modell" für das Ideenmanagement mit vier Kennzahlen hat Bernie Sander (2012) vorgestellt. Die möglichen Ziele eines Ideenmanagements fasst er in fünf Leitfragen zusammen:

1. Wollen wir, dass möglichst viele Verbesserungsideen vorliegen?
2. Wollen wir, dass möglichst viele Mitarbeiter Verbesserungsideen einreichen?
3. Wollen wir mit vielen Verbesserungsideen einen möglichst großen Gesamtnutzen erreichen?
4. Wollen wir, dass möglichst viele Verbesserungsideen realisiert werden?
5. Wie wirtschaftlich betreiben wir ein Ideenmanagement?

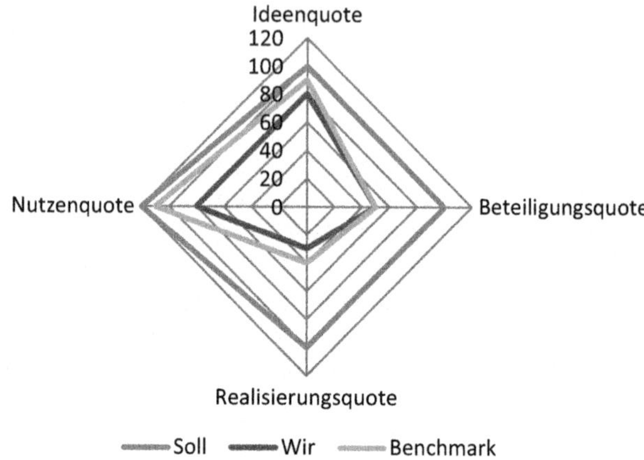

Abb. 4.34 Kennzahlenradar nach Sander. (Nach Sander 2012, S. 81 ff.)

Für die Fragen eins bis vier definiert Sander entsprechende Kennzahlen:

1. Ideenquote, also Anzahl Ideen pro Mitarbeiter,
2. Beteiligungsquote, also Anzahl Einreicher an den einreichungsberechtigten Mitarbeitern,
3. Nutzenquote als berechenbarer Nutzen pro Mitarbeiter und
4. Realisierungsquote als Anteil der realisierten an den eingereichten Vorschlägen – wobei zu berücksichtigen ist, dass einige Vorschläge aus Vorjahren im Berichtsjahr gezählt werden.

Die fünfte Kennzahl ist der ROI, doch ist in vielen Unternehmen das Rechnungswesen nicht darauf ausgerichtet, die Kosten des Ideenmanagements exakt zu fassen. Die ersten vier Kennzahlen fasst Sander in eine Radar- oder Spinnendiagrammdarstellung zusammen, ein Beispiel gibt Abb. 4.34.

So kann sich ein Ideenmanagement in vier wesentlichen Kennzahlen vergleichen – und dabei die eigenen Ziele berücksichtigen.

4.15 Jahresverlosung

Hier geht es um eine Tradition im Betrieblichen Vorschlagswesen: Einmal im Jahr, gerne in der Vorweihnachtszeit, lädt das Vorschlagswesen ein: Einreicher, Gutachter, vielleicht noch ein paar Führungskräfte, die sich um das Ideenmanagement verdient gemacht haben. Die Veranstaltung besteht aus Ehrungen, vielleicht einem Fachvortrag, Kaffee und Kuchen – und eben der Jahresendverlosung. Unter allen Einreichern werden einige wenige hochwertige Preise (Reisen, Autos) und viele nicht ganz so hochwertige Preise (Eintrittskarten für das nächste Bundesligaspiel in der Region, Fahrt mit einem Fesselballon) verlost. Die Frage stellt sich hier: Ist eine solche Jahresendverlosung eine sinnvolle Maßnahme im Ideenmanagement? Tab. 4.9 zeigt hierzu eine Argumentebilanz.

Tab. 4.9 Argumetebilanz Jahresendverlosung

Pro	Contra
Die Jahresendverlosung ist eine sinnvolle Maßnahme zur Förderung des Ideenmanagements.	Die Jahresendverlosung mag einmal sinnvoll gewesen sein – heute ist sie es nicht.
Die Jahresendverlosung hat Tradition.	Ideenmanagement ist der kontinuierlichen Verbesserung verpflichtet. Da ist „Tradition" kein gutes Argument.
Bei Befragungen geben Beschäftigte an, dass sie die Jahresendverlosung gut finden.	Wer nichts anderes kennt, ist im Zweifel für den aktuellen Zustand.
Die Jahresendverlosung motiviert zur Teilnahme – in den Wochen vor der Veranstaltung kommen viele Verbesserungsvorschläge herein.	Zur Teilnahme an der Verlosung genügt es, irgendeinen Vorschlag einzureichen, und sei er noch so unsinnig. Das sind nicht die Verbesserungsvorschläge, die das Ideenmanagement voranbringen. Nicht nur die Quantität, auch die Qualität der Vorschläge zählt. Qualität wird durch die Verlosung nicht gefördert.
Bei der Verlosung sehen die Beschäftigten, dass sich ihr Engagement im Ideenmanagement lohnt.	Bei der Verlosung sehen die Beschäftigten, dass Glück beim Ideenmanagement eine große Rolle spielt. Wer Glück hat, kann eine höhere „Prämie" bekommen als jemand, der mühsam einen gründlich ausgearbeiteten Verbesserungsvorschlag einreicht. Solche Signale sollte das Ideenmanagement lieber nicht senden.
Die Gewinner freuen sich über ihre Preise.	Im Zuge des demografischen Wandels arbeiten beispielsweise mehr ältere Frauen in den Betrieben – und freuen sich vielleicht nicht so recht über eine Eintrittskarte zum Bundesligaspiel.
Die Jahresendveranstaltung ist *die* Veranstaltung, bei der der Ideenmanager im Mittelpunkt stehen darf.	Wenn das Ideenmanagement und der Ideenmanager im betrieblichen Alltag zu wenig wahrgenommen werden, dann ist das ein Alarmzeichen: Das Ideenmanagement muss überarbeitet werden!
Hochwertige Prämien zeigen die Wertschätzung des Unternehmens für das Ideenmanagement.	Die hier eingesetzten Gelder könnten sinnvoller eingesetzt werden. Wertschätzung zeigt sich besonders wirkungsvoll im persönlichen Kontakt, nicht im Verlosen teurer Prämien.

Die Entscheidung wird je nach Unternehmenskultur unterschiedlich ausfallen. Und: Wenn ein „Abschaffen" zu radikal erscheint, dann können auch zunächst die Preise reduziert und die Veranstaltung zu einer freundlichen Informations- und Schulungsveranstaltung umfunktioniert werden.

4.16 Kaizen

Beginnen wir diesen Abschnitt über „Kaizen“ mit dem Beginn des Buches, das den Begriff „Kaizen“ in die westliche Wirtschaftswelt eingeführt hat:

> Die Strategie von KAIZEN ist das wichtigste japanische Managementkonzept – der Schlüssel zum Wettbewerbsvorteil der Japaner. KAIZEN heißt Verbesserung. Im Zusammenhang mit diesem Buch bedeutet KAIZEN ständige Verbesserung unter Einbeziehung aller Mitarbeiter – Geschäftsleitung, Führungskräfte und Arbeiter. In Japan wurden viele Systeme entwickelt, um Management und Arbeitern zu KAIZEN-Bewußtsein zu verhelfen.
>
> KAIZEN ist jedermanns Angelegenheit. Das KAIZEN-Konzept ist entscheidend beim Verständnis des Unterschieds zwischen japanischem und westlichem Management. Auf die Frage nach dem wichtigsten Unterschied zwischen japanischen und westlichen Managementkonzepten würde ich ohne Zögern folgende Antwort geben: „Japanisches KAIZEN und die damit verbundene prozeßorientierte Art zu denken gegenüber dem westlichen innovations- und ergebnisorientierten Denken.“ KAIZEN ist in Japan eines der gebräuchlichsten Wörter. Wir werden täglich über Zeitungen, Radio und Fernsehen mit Aussagen von Regierungsbeamten und Politikern bombardiert, welche sich auf KAIZEN unserer Handelsbilanz mit den USA, auf KAIZEN unserer diplomatischen Beziehungen mit dem Land X oder auf das KAIZEN unseres sozialen Wohlfahrtssystems beziehen. Sowohl Arbeitnehmer- als auch Arbeitgeberorganisationen sprechen von KAIZEN in den gegenseitigen Beziehungen (Imai 1992, S. 15).

Die Botschaft ist klar: Kaizen ist ein spezifisch japanisches Konzept, tief in der japanischen Kultur verankert und so einer der entscheidenden Wettbewerbsvorteile japanischer Unternehmen.

Bei einer Studienreise nach Japan erzählte mir ein japanischer Kaizen-Trainer, wie er Kaizen kennengelernt hatte: Sein Unternehmen hatte ihn auf Einsätze nach Finnland und Ungarn geschickt und dort, in Europa, dort werde „Kaizen“ wirklich gelebt.

Übersetzt man „Kaizen“ mit „Verbesserung“, so kann man auch für unsere Kultur feststellen: „Verbesserung“ ist eines der gebräuchlichsten Wörter. Ständig werden neue Produkte als „verbessert“ angepriesen, Politiker wollen unsere diplomatischen Beziehungen oder auch das Wohlfahrtssystem verbessern.

In der Tat: Der Gedanke der kontinuierlichen (Selbst-)Verbesserung ist tief in der abendländischen Kultur verwurzelt. Benjamin Franklin (1706–1790) war als Schriftsteller, Naturwissenschaftler, Diplomat und Staatsmann auf beiden Seiten des Ozeans erfolgreich. In seiner Autobiografie fasste er seine ethischen Grundsätze zusammen, hier die für das Ideenmanagementthema wichtigen Punkte:

> 3. Order. Let all your Things have their Places. Let each Part of your Business have its Time.
> 5. Frugality. Make no Expense but to do good to others or yourself: i. e. Waste nothing.
> 6. Industry. Lose no Time. Be always employ'd in something useful. Cut off all unnecessary Actions.
> 8. Justice. Wrong none, by doing Injuries or omitting the Benefits that are your Duty.
> 9. Moderation. Avoid Extremes. Forbear resenting Injuries so much as you think they deserve.
> 10. Cleanliness. Tolerate no Uncleanness in Body, Clothes or Habitation.
> 13. Humility. Imitate Jesus and Socrates (Franklin 1785, S. 79 f.).

Diese ethischen Grundsätze sind direkt in die Unternehmenspraxis zu übertragen: Ordnung (3) und Sauberkeit (10) sind häufig erste Schritte, wenn sich ein Betrieb auf den Weg der kontinuierlichen Verbesserung begibt. Verschwendung vermeiden (5) kann als ein Motto des Kontinuierlichen Verbesserungsprozesses betrachtet werden, ein Teilaspekt ist das Vermeiden von Leerzeiten (6) für Beschäftigte und Maschinen. Wenn sich Beschäftigte, auch außerhalb ihrer Arbeitszeit, an der Entwicklung von Verbesserungsvorschlägen beteiligen, dann erwarten sie eine faire Kompensation und Anerkennung hierfür (8). Insbesondere radikale Verbesserungen werden zunächst in einem überschaubaren Bereich erprobt. Zwar erscheinen Vorschläge oft plausibel, doch rät das Wissen um die Begrenztheit menschlichen Denkens zu einem Praxistest (9). Schließlich gehört zu einem guten Unternehmen auch der Vergleich mit den Besten (13), aus dem Impulse für weitere Verbesserungen abgeleitet werden können.

Die konkrete Übertragung dieser Gedanken in den betrieblichen Kontinuierlichen Verbesserungsprozess bezieht sich häufig auf jene Verschwendungsarten, die ganzheitliche Produktionssysteme vermeiden möchten. Das wohl bekannteste dieser Systeme ist das Toyota Produktionssystem. Es vermeidet

1. Nacharbeiten, bei denen ein Produkt erneut bearbeitet werden muss, weil es beim ersten Mal fehlerhaft bearbeitet wurde,
2. Wartezeiten, die Mitarbeiter von der Wertschöpfung abhalten, beispielsweise durch Maschinenausfälle,
3. Überbearbeitungen, die das Produkt über das hinaus verbessern, für das der Kunde zu zahlen bereit ist,
4. Bewegungen, die Mitarbeiter unnötigerweise durchführen, um zum Beispiel an Teile zu gelangen,
5. Überproduktionen, also Produkte, die zu früh oder in zu großer Stückzahl produziert werden,
6. Transporte, die Material von einem Ort zum anderen bewegen, ohne den Wert des Produktes zu steigern, und
7. Lagerbestände, die Platz einnehmen, finanziert und gemanagt werden müssen (Thonemann 2005, S. 334).

Weitere Impulse in dieser Richtung kamen Anfang der 1980er Jahre aus Japan. Gruppenarbeit und Qualitätszirkel wurden in den Unternehmen eingeführt, das Verhältnis zum bereits etablierten Vorschlagswesen musste erst noch entwickelt werden. Diese Entwicklung wurde ab Mitte der 1980er Jahre noch verstärkt durch den Einfluss weiterer Managementmethoden aus Japan, vor allem durch Kaizen. Die Unternehmen verknüpften das traditionelle Vorschlagswesen mit dem Kontinuierlichen Verbesserungsprozess.

Die Kombination von Vorschlagswesen und Verbesserungsprozess zum Ideenmanagement hat dazu geführt, dass das Thema nicht nur nach wie vor aktuell ist, sondern auch im Zusammenhang mit den integrierten Managementmethoden und den Managementsystemen gesehen wird. Im Hinblick auf Führung ist hier das Gesundheitsmanagement besonders zu nennen (vgl. Vogt 2010).

4.17 Kampagnen

Bei Schulungsveranstaltungen für frisch ernannte Ideenmanager kommt immer wieder die Frage auf: „Wie organisiere ich das Ideenmanagement so, dass es von selbst läuft (und sich der Ideenmanager auf strategische Fragen konzentrieren kann)?" Die Antwort lautet leider: gar nicht. Ideenmanagement läuft nicht von alleine, auch richtig gutes Ideenmanagement benötigt operative Betreuung.

Im Kontinuierlichen Verbesserungsprozess sorgen regelmäßige Sitzungen der Verbesserungsteams für die Kontinuität der Verbesserungsprozesse. Im Betrieblichen Vorschlagswesen sind Kampagnen ein Mittel, immer wieder Aufmerksamkeit auf das Ideenmanagement zu lenken. Für derartige Kampagnen bzw. Sonderaktionen hat sich im Laufe der Entwicklung des Vorschlagswesens ein gewisser Standard herausgebildet, der in Abb. 4.35 dargestellt wird.

Kampagnen werben für das Vorschlagswesen mit einem bestimmten Schwerpunkt. Diese können sein

- Betriebsteile, die noch Potenzial für Verbesserungen vermuten lassen (Verwaltung, indirekte Bereiche – letztendlich: Welcher Bereich hat kein Potenzial für Verbesserungen mehr?).
- Themen, in denen das Unternehmen aktuell besonderen Verbesserungsbedarf hat (Qualität, Umwelt- oder Arbeitsschutz, Energie- oder Materialeffizienz).
- Zielgruppen, deren Beteiligung zu wünschen lässt (Auszubildende, „alte Hasen", neue Beschäftigte, langjährige Beschäftigte, die bislang keine Vorschläge eingereicht haben, kaufmännische Beschäftigte, Außendienst, Beschäftigte von Fremdfirmen, Kunden).

Dieser Schwerpunkt muss werbewirksam in einem Motto zusammengefasst werden – das ist das Motto der Kampagne. Eine Kampagne ist zeitlich begrenzt, hat also einen Start-

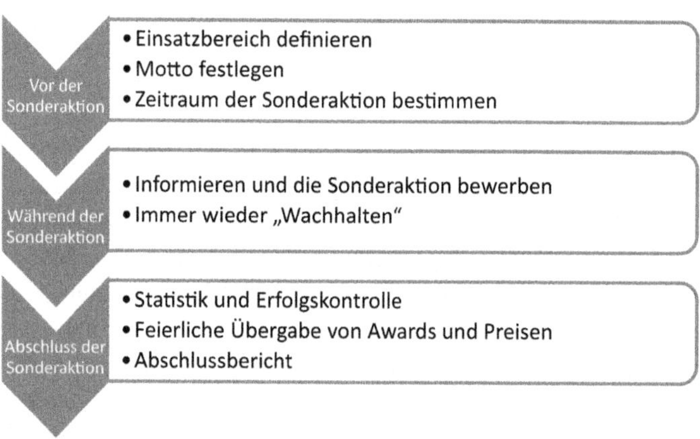

Abb. 4.35 Kampagnen – grundsätzlicher Aufbau

und einen Endtermin. Der Starttermin kann mit einer kleinen Veranstaltung begangen werden – über dies „Ereignis" kann dann die Werkszeitung berichten, oder diese Information geht ins Intranet des Unternehmens.

Eine Kampagne dient dazu, die Aufmerksamkeit (wieder, vermehrt) auf das Ideenmanagement zu richten – entsprechend sind Information und Werbung die wichtigsten Aufgaben zu Beginn einer Kampagne:

- Informationen: In manchen Kampagnen gibt es Sonderprämien für Ersteinreicher oder für Vorschläge für ein bestimmtes Gebiet. Oder es wird die ideenreichste Abteilung ausgezeichnet oder jeder Gruppenvorschlag mit einem erfahrenen und einem Ersteinreicher erhält noch ein Give-away (USB-Stick, Kugelschreiber mit Notizblock, Baseball-Kappe mit Firmenlogo) extra. Damit dies zum Einreichen motiviert, müssen dic Informationen gestreut werden. Das können Aushänge, E-Mails, Beilagen zur Gehaltsabrechnung oder Informationen im Intranet sein. Dabei daran denken: Nicht jeder Mensch liest gut und gerne, nicht jeder Beschäftigte liest fließend Deutsch. Informationen können also auch über die Teamleiter/Meister mündlich gegeben werden, und sie sollten bei Bedarf in die Sprache der Beschäftigten übersetzt werden.
- Werbung: Heutzutage hat jeder Beschäftigte genug zu tun. Warum dann auch noch zusätzlich Ideen entwickeln? Hierfür gibt es gute, rationale Gründe – das wurde schon mit der „Information" abgedeckt. Und es gibt emotionale Gründe, Spaß am Entwickeln (Abschn. 4.9.4), Freude, dass etwas funktioniert, Hoffen auf Anerkennung (Abschn. 4.1). Diese Gründe anzusprechen – dafür muss Werbung gemacht werden.

Nach dem Start sollen die Beschäftigten über Verbesserungen nachdenken. Das braucht Zeit. Damit die Kampagne nicht in Vergessenheit gerät, müssen „Wachhalte-Aktivitäten" immer wieder daran erinnern: Da läuft gerade eine Kampagne im Ideenmanagement! Dabei kommen wieder die für „Information" genannten Medien infrage.

Jede Kampagne hat auch ein Ende. Nun steht die Auswertung an: Wie viele Vorschläge? Welche Beteiligung? Wurden die angestrebten Zielgruppen und Bereiche tatsächlich erreicht? Wenn Preise oder Auszeichnungen versprochen wurden, dann müssen diese verliehen werden – was wieder Anlass für einen Bericht im Intranet oder in der Werkszeitung sein kann.

Auswertung, Preise, Berichte, Reaktionen: All dies wird dann zusammengefasst und in den Abschlussbericht zu der Kampagne gestellt. Wichtig im Sinne der Kontinuierlichen Verbesserung sind die „Lessons learned": Was hat nicht ganz optimal funktioniert, sollten wir also verbessern? Was hat bestens funktioniert, sollten wir also beibehalten (oder sogar noch verstärken)?

Und dann ist es Zeit für die nächste Kampagne – drei bis vier derartige Sonderaktionen pro Jahr sind typisch. Mehr verwirrt (welche Kampagne läuft gerade?), weniger lässt Potenziale ungenutzt.

4.18 Karriere von Ideenmanagern

Bis zum Ende des letzten Jahrhunderts fand man in vielen Unternehmen einen bestimmten „Typ“ von Ideenmanagern vor – diese Ideenmanager nannten sich damals „Leiter des Vorschlagswesens“ oder auch „Beauftragter für das Betriebliche Vorschlagswesen“. Diese „Ideenmanager“ waren freundliche ältere Herren, die schon lange im Unternehmen gearbeitet hatten und hier auch in die mittlere Führungsebene aufgestiegen waren. Sie hatten sich durchaus Verdienste um ihr Unternehmen erworben, für eine weiterführende Aufgabe fehlten aber der strategische Horizont, manchmal auch die geistige Beweglichkeit. So wurde diesen Herren das Vorschlagswesen übertragen, das sie pflichtgetreu und gemäß den Vorgaben verwalteten, bis sie irgendwann in den wohlverdienten Ruhestand wechselten. Das Vorschlagswesen war eine berufliche Endstation, von dem aus man sich nicht weg- oder gar weiterentwickeln konnte.

Eine solcher Berufsweg hatte seine Vorteile: Die Leiter der Vorschlagswesen kannten ihr Unternehmen gründlich, sie kannten die Menschen und wussten, wen man als Gutachter oder als potenziellen Einreicher ansprechen konnte. Sie kannten die Prozesse und die Technik im Unternehmen und konnten häufig bereits intuitiv einschätzen, welcher Vorschlag sinnvoll und wirtschaftlich umgesetzt werden konnte. Auch das Verhältnis zum Betriebsrat war langfristig stabil und vertrauensvoll – man kannte sich. Diesen „Typ“ von Vorschlagswesenbeauftragten habe ich in meinen Anfängen im Ideenmanagement noch kennengelernt, diese Männer haben mir, dem Anfänger, mit großer Geduld das Vorschlagswesen erklärt und immer gerne Fragen beantwortet. Sie wussten, dass sie keine Karriere mehr vor sich hatten, und konnten sich ganz auf ihre aktuelle Aufgabe konzentrieren. Diese Beschreibung des „Beauftragten“ vereinfacht, ist aber keinesfalls als Kritik gemeint: Zu ihrer Zeit war dies in vielen Unternehmen genau der richtige Ansatz.

Doch die Zeiten haben sich gewandelt. Zunächst stieg unter den Beschäftigten die „Diversity“, nun wurden vermehrt Frauen, jüngere Menschen und Menschen ohne gewerblich-technischen Hintergrund zum Ideenmanager ernannt. Vor allem aber entwickelten sich die „Beauftragten“ zu echten „Managern“: Heutige Ideenmanager überblicken auch die Strategie und die Gesamtzusammenhänge im Unternehmen und können das Ideenmanagement so positionieren, dass es optimal die Unternehmensziele unterstützt. Mit der zunehmenden Digitalisierung werden viele Verwaltungsaufgaben im Ideenmanagement automatisiert, so kann sich der Ideenmanager stärker um die wichtigen Aufgaben kümmern: Um die Optimierung von Prozessen und die Einbindung der Mitarbeiter, um die eigentlichen Ziele des Ideenmanagements (Abschn. 4.29) und um Zukunftsaufgaben wie den Aufbau eines integrierten Managementsystems (Abschn. 4.14) und die technisch-organisatorischen Entwicklungen, die unter dem Begriff „Industrie 4.0“ (Abschn. 4.12) zusammengefasst werden.

Als notwendige Kompetenzen eines Ideenmanagers werden genannt:

1. Fachkompetenz,
2. Soziale Kompetenz,
3. Veränderungskompetenz,
4. Führungskompetenz,
5. Unternehmerische Kompetenz,
6. Persönliche Kompetenz (Munzke 2013).

So ist das Ideenmanagement heute eine typische Managementfunktion, mit der Besonderheit, dass es sich um eine Querschnittsfunktion handelt. Hier ist also eher eine generalistische als eine funktionsbezogene Denkweise notwendig. Damit kann die Funktion des Ideenmanagers auch auf weiterführende Managementaufgaben vorbereiten. In einigen Unternehmen ist eine drei- oder fünfjährige Bewährung als Ideenmanager ein Baustein der Führungskräfteentwicklung.

Heute verlangt das Ideenmanagement weniger den Verwalter als den Manager. Damit ist das Ideenmanagement keine berufliche Endstation mehr, sondern für viele Manager eine Station auf ihrem Karriereweg – und auf jeden Fall eine Station, die den Blick auf das gesamte Unternehmen schärft.

4.19 Kennzahlen

Warum messen?

- macht bewusst,
- schafft Werte oder ordnet sie zu,
- verstärkt Motivation und Arbeitszufriedenheit,
- gibt Feed-back,
- gewährleistet Leistungsanerkennung,
- ermöglicht positive Bestätigung,
- schafft eine Grundlage, Ziele festzulegen und Leistung zu bewerten,
- lenkt bei Entscheidungsprozessen,
- identifiziert Möglichkeiten zur Leistungsverbesserung,
- hilft, die Leistung in Bezug zu wichtigen Erfolgsfaktoren und -Strategien zu setzen,
- bewirkt Exzellenz durch ein System der Bepunktung (Sander 2006, S. 80).

In diesem Unterkapitel werden zunächst grundsätzliche Überlegungen zu Kennzahlen angestellt. Abschn. 4.19.1 gliedert die Kennzahlen im Ideenmanagement und behandelt sie einzeln. Einen Überblick kann man heute mit der Ideenmanagement-Software erhalten, ein Beispiel für das „Cockpit" des Ideenmanagers findet sich in Abb. 4.36.

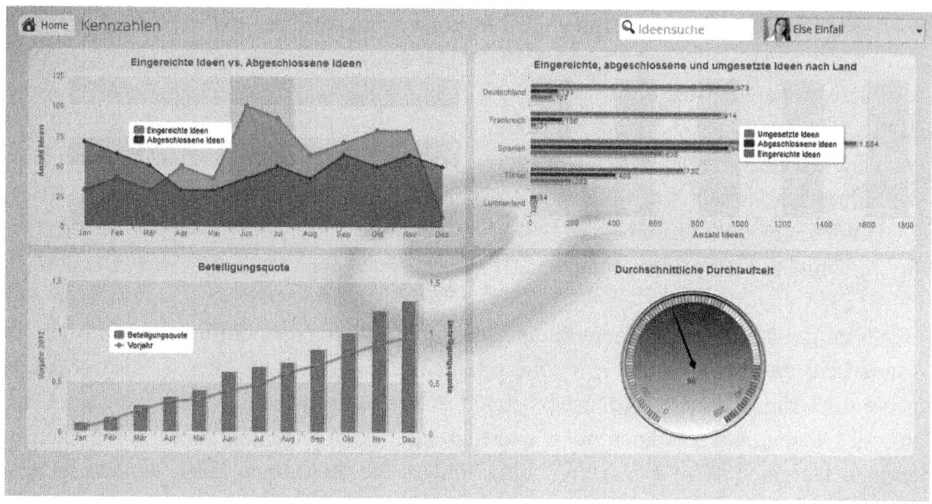

Abb. 4.36 Kennzahlen – Darstellung im Ideenmanagement. (Landmann und Schat 2016)

4.19.1 Grundsätzliche Überlegungen

Kurz lässt sich als Leitsatz zusammenfassen:

> Es sollten nur die Kennzahlen verwendet werden, die für die Unternehmenssituation individuell Sinn machen. Sobald Kennzahlen ausgewählt werden, müssen diese dann regelmäßig kontrolliert, gemessen und gesteuert werden (bayme und vbm 2012, S. 22).

Ideenmanagement-Software bietet heute vielfache Auswertemöglichkeiten. Doch Kennzahlen spielen im Ideenmanagement nicht nur eine große Rolle, weil sie einfach zu erhalten sind. Kennzahlen sind notwendig für

Ziele „Kannst Du's nicht messen, dann kannst Du's vergessen!" – so lautet ein etwas flapsiger, aber vollkommen korrekter Spruch aus dem Qualitätsmanagement. Ziele sind ein entscheidender Erfolgsfaktor im Ideenmanagement (Abschn. 4.29). Ziele sind nur dann wirksam, wenn festgestellt werden kann, wie weit die Ziele erreicht wurden. Also: Ziele machen Ideenmanagement erfolgreich, aber nur, wenn sie mit Kennzahlen gemessen werden können.

Benchmarking Je nach Reifegrad des Ideenmanagements kann Benchmarking als Vergleich mit dem Durchschnitt ähnlicher Unternehmen oder als Vergleich mit den Besten dienen. „Ähnliche Unternehmen" sind meist Unternehmen ähnlicher Größe. Es müssen nicht zwingend Unternehmen der gleichen Branche sein – Großserienhersteller der Chemie können einem Automobilhersteller ähnlicher sein als einem Hersteller von kundenspezifischen Spezial-Chemikalien. So kann „ähnlich" auch heißen: „Ähnliche Produktkomplexität“ oder „ähnliche Seriengröße“. Im Kapitel über Benchmarking (Abschn. 4.6) wurde bereits ausgeführt, dass es um „kapieren“ statt „kopieren“ geht. Aber Kennzahlen zeigen zumindest, wo vermutlich gute (oder eben weniger gute) Praxis zu finden ist. Ohne Kennzahlen wäre man auf die Aussage des Ideenmanagers angewiesen: „Wir machen das richtig gut hier.“

Anschlussfähigkeit Wenn in einem Unternehmen ein ganzheitliches Managementsystem (der European Foundation for Quality Management (EFQM), die Balanced Scorecard (BSC), das Common Assessment Framework (CAF) für öffentliche Verwaltungen) einsetzt oder sich an einer passenden Norm (Die ISO 9000-Familie dürfte die bekannteste sein) orientiert – dann sind Kennzahlen notwendig. Ideenmanagement ist auch in der einen oder anderen Form jeweils vorgesehen. Wenn das Ideenmanagement diese Chance nutzen möchte, dann sollte es anschlussfähig werden, und das setzt Kennzahlen voraus.

Eine ähnliche Argumentation gilt für Ideenmanagement in Unternehmen, in denen das Qualitätsmanagement eine große Rolle spielt: Wenn „alles“ gemessen wird, dann sollte sich auch das Ideenmanagement messen lassen, also Kennzahlen bereitstellen.

Schließlich sind leitende Führungskräfte häufig quantitativ orientiert. „Weichen“ Argumenten sind sie manchmal weniger zugänglich, „harten“ Argumenten schon eher. Argumente zu Wirtschaftlichkeit, Qualitätsverbesserung und Optimierung des Ressourceneinsatzes beruhen immer auf „ZDF – Zahlen, Daten, Fakten“, also auf Kennzahlen.

Dabei soll nicht verschwiegen werden, dass Kennzahlen eine grundsätzliche Problematik mit sich bringen. Einige Variablen soll das Ideenmanagement fördern: Das Mitdenken der Beschäftigten, die nachhaltige Optimierung von Prozessen nach Qualität und Kosten, die Reduktion von Arbeitsunfällen und die Verbesserung der Gesundheit. Alle diese Variablen sind nur unzureichend in Kennzahlen zu fassen.

Andere Variablen sind leicht zu messen: Die Anzahl der eingegangenen Vorschläge, die Bearbeitungszeit, der geschätzte Nutzen. Doch: Die Anzahl der Vorschläge kann kein Wert für sich selbst sein. Die Bearbeitungszeit kann sehr kurz gehalten werden, wenn beispielsweise (praktisch) jeder Vorschlag abgelehnt wird. Bei unklaren Vorschlägen mit dem Einreicher zu sprechen, ist sehr sinnvoll, verlängert aber die Bearbeitungszeit. Den Nutzen kann man nach Belieben hoch oder niedrig schätzen, mit dem tatsächlich nach einigen Jahren eingetretenen Nutzen muss die Schätzung nicht viel zu tun haben.

Vielleicht etwas überspitzt, aber mit mehr als nur einem Körnchen Wahrheit: Was sich in Kennzahlen fassen lässt, ist unwichtig. Was wichtig ist, lässt sich kaum in Kennzahlen fassen.

Vor diesem Hintergrund ist die Qualität von Kennzahlen wichtig. Hier werden vier Qualitätskriterien angelegt:

Reliabilität Dies ist die Zuverlässigkeit einer Messung. Wenn wir heute mit einem Online-Fragebogen die „Zufriedenheit mit dem Ideenmanagement“ messen und morgen Interviews mit den Beschäftigten zu diesem Thema führen, dann sollte der gleiche Grad an Zufriedenheit ermittelt werden.

Validität Messen wir das, was wir messen wollen? Wenn wir eine hohe Zufriedenheit mit dem Ideenmanagement messen, sich aber niemand daran beteiligt und die Beschäftigten dem Ideenmanager aus dem Weg gehen – dann hat die Messung offenkundig nicht das gemessen, was wir unter „Zufriedenheit mit dem Ideenmanagement" verstehen.

Objektivität Hängt die Kennzahl davon ab, welche Person sie ermittelt? Wenn eine Führungskraft, ein Ideenmanager und ein Betriebsrat die Zufriedenheit mit dem Ideenmanagement ermitteln und alle drei Befragungen zum gleichen Ergebnis kommen – dann haben wir eine objektive Messung.

Repräsentativität Wenn wir nur eine Teilmenge oder Stichprobe befragen, dann sollten diese Ergebnisse auf die Grundgesamtheit, also beispielsweise auf alle Beschäftigten, übertragbar sein.

Um die Reliabilität und Objektivität von Kennzahlen im Ideenmanagement zu erhöhen, hat das Zentrum Ideenmanagement eine Liste „Zertifizierter Kennzahlen" (ZI 2016) erarbeitet. Auf der Basis dieser zertifizierten Kennzahlen können Softwarehersteller so programmieren, dass unterschiedliche Ideenmanagement-Softwares bei gleichen Daten auch die gleichen Kennzahlen ausgeben.

4.19.2 Kennzahlen – systematisch gegliedert

4.19.2.1 Gliederung nach Zielbezug

Ein wichtiger Erfolgsfaktor des Ideenmanagements sind Ziele, besser noch: Das gemeinsame Erarbeiten und Festlegen von Zielen in einem Zielvereinbarungsprozess (Abschn. 4.29). Wenn dies geschieht, dann ergeben sich automatisch zwei Gruppen von Kennzahlen: Solche, die für vereinbarte Ziele relevant sind – und alle anderen, die entsprechend weniger wichtig zu nehmen sind.

4.19.2.2 „Big Five"

Fünf Kennzahlen ermöglichen eine erste grobe Einschätzung der Prozesse eines Ideenmanagements (vgl. ZI 2016):

- Beteiligungsquote,
- Ideenquote,
- Realisierungsquote,
- Nutzen pro Mitarbeiter,
- Durchschnittliche Bearbeitungszeit.

Derartige Zusammenstellungen von wenigen, prägnanten Kennzahlen können auch für die Diskussion des Ideenmanagements in Managementteams, bei der Besprechung des Ideenmanagements in einzelnen Abteilungen und dergleichen Anlässen sinnvoll sein.

4.19.2.3 Strukturkennzahlen

Die Strukturkennzahlen sagen selbst nichts über den Erfolg oder die Qualität des Ideenmanagements aus. Der Erfolg lässt sich aus einem Bruch ablesen (beispielsweise: Anzahl Vorschläge dividiert durch Anzahl Beschäftigte), die Strukturkennzahlen erscheinen in einem solchen Bruch im Zähler oder im Nenner und sollen daher zunächst vorgestellt werden.

Einreichungsberechtigte

Das Teilnehmerpotenzial besteht zunächst aus den Beschäftigten des Unternehmens. In einigen Unternehmen sind leitende Angestellte oder Beschäftigte der Forschungs- und Entwicklungsabteilung vom Ideenmanagement ausgeschlossen, dann ist deren Anzahl abzuziehen. Gezählt werden „Köpfe", d. h. auch Halbtagsbeschäftigte werden als ganze Beschäftigte gezählt. Grund hierfür ist die Erfahrung, dass sich einige Halbtagsbeschäftigte in gleichem Umfang am Ideenmanagement beteiligen wie Vollzeitbeschäftigte. So weit ist die Definition der Einreichungsberechtigten allgemein anerkannt und unproblematisch.

Einige Unternehmen haben den Kreis der Einreichungsberechtigten erweitert. Hier können auch Rentner, Zeit- bzw. Leiharbeitnehmer, Beschäftigte von Fremdfirmen (z. B. Monteure von Lieferanten, die bei uns eine Maschine aufbauen) und in einigen Fällen Lieferanten, Kunden und Interessierte einen Vorschlag einreichen. Mit einer so breiten Öffnung des Ideenmanagements haben einige Unternehmen gute Erfahrungen gemacht – doch wie lässt sich daraus eine sinnvolle Zahl der Einreichungsberechtigten ableiten? Wenn ein Unternehmen deutschlandweit an Endkunden verkauft, dann hätte es über 80 Mio. Einreichungsberechtigte, was zu offenkundig unsinnigen Kennzahlen führt. Zwei Wege bieten sich an:

- Zum einen kann statt der Anzahl der theoretisch möglichen Einreicher die Anzahl der Einreicher ermittelt werden, von denen realistischerweise ein Vorschlag erwartet werden kann. Wenn beispielsweise Fremdfirmenbeschäftigte einreichen dürfen, dann wird von einem Monteur, der etliche Monate in unserem Betrieb arbeitet, ein Vorschlag erwartet werden können. Von einem Paketboten, der nach fünf Minuten wieder das Betriebsgelände verlässt, kann realistischerweise kein Vorschlag erwartet werden. Wenn ein Prozent der Rentner immer wieder für Aushilfstätigkeiten in das Unternehmen zurückkommen, dann können von diesem einen Prozent Vorschläge erwartet werden, nicht aber von den 99 %, die keinen Kontakt mehr zum Unternehmen halten. Wenn ein Unternehmen in Social Media eine aktive Diskussionsgruppe mit 1000 Kunden unterhält, dann können von diesen 1000 Kunden Vorschläge kommen.
- Zum anderen werden hier offenkundig Äpfel mit Birnen verglichen: Beschäftigte sind intensiv mit dem Unternehmen verbunden. Rentner, Kunden und Lieferanten sind weniger intensiv mit dem Unternehmen verbunden. So kann es sinnvoll sein, zwei (oder auch drei) Kennzahlen für die Einreichungsberechtigten (enger Kreis) und die Einreichungsberechtigten im weiteren Sinne zu ermitteln.

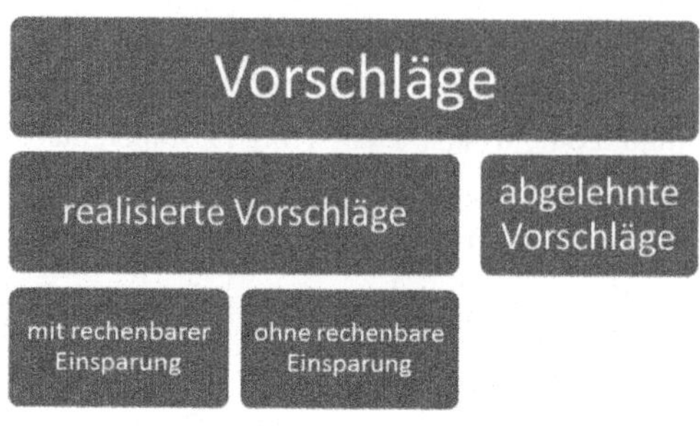

Abb. 4.37 Gliederung von Verbesserungsvorschlägen

Wenn die Anzahl der Einreichungsberechtigten im Jahresverlauf stark schwankt, ist ein sinnvoller Mittelwert zu bilden.

Anzahl Einreicher
Hier zählt jeder Einreichungsberechtigte, der mindestens einmal im Berichtsjahr einen eigenen Vorschlag eingereicht hat oder an einem Gruppenvorschlag beteiligt war.

Anzahl der Vorschläge
In Unternehmen, die eine Software für das Ideenmanagement einsetzen, ist das typischerweise die Anzahl der in diese Software im Berichtsjahr eingegebenen Vorschläge. Gruppenvorschläge zählen als ein einziger Vorschlag. Die Kennzahlen für die Vorschläge gliedern sich gemäß der Abb. 4.37.

Nun zu den einzelnen Gliederungspunkten:

Anzahl abgeschlossener Vorschläge
Die reine Lehre kennt nur zwei Arten des Abschlusses von Vorschlägen: Vorschläge werden abgelehnt oder sie werden realisiert. Dann ist die Anzahl der abgeschlossenen Vorschläge gleich der Anzahl der abgelehnten plus der Anzahl der realisierten Vorschläge. Im richtigen Leben werden Vorschläge abgelehnt, dann unter veränderten Bedingungen wieder aufgegriffen, die Realisierung beschlossen und unter erneut veränderten Bedingungen dann doch nicht durchgeführt. Vielleicht kommt dann noch ein Einspruch hinzu … In einigen Unternehmen sind die „normalen Vorschläge" in der weit überwiegenden Mehrheit, hier werden in aller Regel Vorschläge tatsächlich einmal bearbeitet und entschieden, und dann bleibt es bei der Entscheidung. In diesen Unternehmen ist die Anzahl der abgeschlossenen Vorschläge eine sinnvolle Kennzahl. In anderen Unternehmen müssen für die spezifische Situation sinnvolle Regeln gefunden werden, wie die Anzahl der abgeschlossenen Vorschläge zu bestimmen ist – und diese Kennzahl muss ggf. mit etwas Vorsicht verwendet werden.

In jedem Fall ist der Zeitpunkt des Abschlusses eines Vorschlags unabhängig vom Zeitpunkt der Zahlung bzw. der Übergabe einer Prämie. Wenn beispielsweise ein Beschäftigter die Prämien mehrerer Vorschläge zusammen für eine größere Sachprämie verwendet, dann erhält er möglicherweise die Prämie erst Jahre nach dem Abschluss des Vorschlags. Diese Fälle sind für die Anzahl der abgeschlossenen Vorschläge im Berichtsjahr irrelevant.

Anzahl realisierter Vorschläge

Gemäß der Definition von „abgeschlossene Vorschläge“ ist diese Zahl kleiner, maximal gleich der Anzahl der abgeschlossenen Vorschläge. Bei großen Verbesserungen mit längerer Realisierungsdauer ist für das Unternehmen festzulegen, ob „im Berichtsjahr realisiert“ bedeutet:

- die Realisierung wurde beschlossen, oder
- die Realisierung wurde begonnen, oder
- die Realisierung wurde abgeschlossen, oder
- die Realisierung wurde vor einem Jahr abgeschlossen, und der tatsächliche Erstjahresnutzen wurde ermittelt.

Auch hier wird es keine „richtige“, wohl aber eine je nach Unternehmen sinnvolle Definition geben. Auch diese Kennzahl wird in der Regel für ein Berichtsjahr ermittelt, wobei es gleichgültig ist, wann der Verbesserungsvorschlag eingereicht wurde.

Anzahl berechenbarer Vorschläge

Nach der Definition ist die Zahl kleiner oder gleich der Anzahl der realisierten Vorschläge. Die Anzahl berechenbarer Vorschläge ist die Anzahl der Vorschläge, für die der Nutzen, meist die Einsparung, errechnet wurde. Näheres hierzu im Kapitel zur Prämierung (Abschn. 4.24).

Bruttonutzen

Dies ist der berechnete Nutzen eines realisierten Vorschlags, ohne Abzug der Kosten für die Realisierung. Dabei kann es sich sowohl um ausgabewirksame Kosten handeln (Einsparung durch geringere Ausgaben) als auch um kalkulatorische Kosten (beispielsweise Einsparung durch Vermeidung von höheren Ausgaben, die anderweitig zu erwarten gewesen wären). Typischerweise wird der Bruttonutzen für das erste Jahr ermittelt – in der Fachliteratur ist die etwas sperrige Bezeichnung „Erstjahresbruttonutzen“ üblich. Unternehmen mit sehr stabilen Prozessen und Rahmenbedingungen setzen teilweise auch längere Zeiten an.

Nettonutzen

Dies ist der Bruttonutzen abzüglich der Kosten für die Realisierung des Vorschlags. Kosten für das Ideenmanagement selbst werden hier typischerweise nicht eingerechnet.

Prämiensumme

Hierbei handelt es sich um die Summe aus Geldprämien und dem Wert der Sachprämien – so weit ist die Definition klar. Es fragt sich, für welche Verbesserungsvorschläge dies gelten soll.

Prämiensumme als Summe der im Berichtsjahr ausgegebenen Prämien ist eine gute Kennzahl für die Kosten des Ideenmanagements im laufenden Jahr. Doch berechnet man damit einen Quotienten wie „Prämie pro realisiertem Vorschlag“, dann können Ungereimtheiten entstehen: Manchmal werden Abschläge auf die Prämie für einen Vorschlag gezahlt, die erst später realisiert werden können oder deren Realisierung lange dauert. Manchmal werden Prämien für Vorschläge nachgezahlt, wenn sich nach einem Jahr der Erstjahresnettonutzen als höher herausstellt, als er ursprünglich vermutet war. Wenn es sich hier um höhere Beträge handelt, dann kann die Kennzahl „Prämie pro realisiertem Vorschlag“ zu einem unsinnigen Ergebnis führen.

Prämiensumme als Summe der Prämien für im Berichtsjahr realisierte Vorschläge ist für Kennzahlen wie „Prämie pro realisiertem Vorschlag“ oder „Prämie pro 1000 € rechenbarem Nutzen“ der sinnvolle Ansatz. Doch kann er die Kosten des Ideenmanagements pro Jahr verfälschen.

In der Praxis wird man sich auf einen der beiden Ansätze festlegen und bei größeren Abweichungen diese im Jahresbericht des Ideenmanagements gesondert erwähnen.

In allen Fällen gilt jedoch: Wenn das Ideenmanagement die Prämie freigegeben hat, dann ist damit für das Ideenmanagement die Prämienzahlung abgeschlossen. Wenn ein Einreicher eine Sachprämie erst später abholt (weil er etwa mehrere Prämien zu einer großen Prämie bündeln will) oder eine Geldprämie erst im nächsten Jahr ausgezahlt wird, dann ist dies für die Kennzahlen des Ideenmanagements unerheblich.

Prämiensumme für berechenbare Vorschläge
Hier gelten die gleichen Überlegungen wie für die Prämiensumme.

Durchschnittliche Bearbeitungszeit
Dies ist die Zeit zwischen Einreichung und Abschluss (Realisierung oder Ablehnung) der Vorschläge. Diese Zeit kann in Arbeits- oder in Kalendertagen gerechnet werden. Kalendertage ist die Zeit, die der Einreicher auf eine Entscheidung wartet. Arbeitstage ist die Zeit, die das Ideenmanagement zur Bearbeitung hat. Wenn in einem Unternehmen ohnehin eine Rechnung in entweder Arbeits- oder Kalendertagen üblich ist, dann sollte sich das Ideenmanagement ebenfalls daran halten. Im Übrigen: Die durchschnittliche Bearbeitungszeit ist selten als absoluter Betrag für sich interessant, sondern meist im zeitlichen Vergleich (sind wir besser geworden?) oder im Vergleich zu anderen Betrieben (Benchmarking). Für den zeitlichen Vergleich ist es nur wichtig, dass in jedem Jahr durchgängig entweder in Kalender- oder in Arbeitstagen gerechnet wird. Und für das Benchmarking müssen die Zahlen ggf. umgerechnet werden.

Ein Problem stellen die noch nicht abgeschlossenen Vorschläge dar. Wenn diese gar nicht in die Statistik eingehen, dann kann ein Ideenmanager nur die leicht und schnell zu bearbeitenden Vorschläge entscheiden, und alle etwas komplexeren Fälle bleiben liegen. Dennoch hätte dieser Ideenmanager beste Kennzahlen. Das kann nicht gewollt sein. So kam man auf die Idee, offene Vorschläge mit den Tagen in die Rechnung einzubeziehen, die von der Einreichung bis zum Ende des Berichtszeitraums vergangen sind. Doch eine rechnerische Folge davon ist: Wenn kurz vor Ende des Berichtszeitraums noch viele Vorschläge eingehen, dann kann dies die durchschnittliche Bearbeitungsdauer senken.

Beispielsweise veranstalten einige Betriebe eine Jahresendverlosung (Abschn. 4.15). Teilnahmeberechtigt sind alle Beschäftigten, die mindestens einen Verbesserungsvorschlag eingereicht haben. Entsprechend gehen im Dezember viele Vorschläge ein, die bis zum Jahresende nicht abschlossen werden können. Diese Vorschläge gehen mit wenigen Tagen Bearbeitungsdauer in die Statistik ein – auch das kann so nicht gewollt sein.

Grundsätzlich interessieren also zwei Sachverhalte:

- die durchschnittliche Bearbeitungsdauer der abgeschlossenen Vorschläge und
- die durchschnittliche bereits aufgelaufene Bearbeitungsdauer noch nicht abgeschlossener Vorschläge.

Um hier wirklich Äpfel mit Äpfeln zu vergleichen, wird es am sinnvollsten sein, beide Sachverhalte durch jeweils eine eigene Kennzahl abzubilden. So wird auch ein weiterer Effekt relativiert: Wenn in die durchschnittliche Bearbeitungszeit nur die abgeschlossenen Vorschläge eingehen und ein Ideenmanager im Sinne der Verbesserung des Ideenmanagements darangeht, ältere Vorschläge aufzuarbeiten und abzuschließen, dann steigt zunächst die durchschnittliche Bearbeitungszeit der abgeschlossenen Vorschläge. Obwohl das Ideenmanagement besser wird, verschlechtert sich die Kennzahl! Wird hingegen auch die durchschnittliche bereits aufgelaufene Bearbeitungsdauer noch nicht abgeschlossener Vorschläge in einer eigenen Kennzahl ausgewiesen, dann verbessert sich zumindest diese Kennzahl – und mit einem zeitlichen Verzug dann auch die Bearbeitungsdauer der abgeschlossenen Vorschläge. Schließlich kann auch die Anzahl der noch nicht abgeschlossenen Vorschläge ausgewiesen werden, diese Kennzahl sollte sich bei einer Verbesserung der Prozesse im Ideenmanagement ebenfalls schnell verbessern.

Ein weiteres Problem stellen wieder aufgenommene Vorschläge dar: Wenn ein Vorschlag gestern eingereicht wurde und heute abgelehnt werden musste, weil die Voraussetzungen für die Realisierung nicht gegeben waren, in einem Jahr der Vorschlag wiederaufgenommen wird, weil nun die Voraussetzungen für die Realisierung gegeben sind und der Vorschlag am folgenden Tag tatsächlich realisiert ist – waren das vier Tage oder ein gutes Jahr an Bearbeitungszeit? Wirklich bearbeitet wurde der Vorschlag vier Tage, auf die Realisierung warten musste der Einreicher ein Jahr, doch dies hat nicht das Ideenmanagement zu verantworten. Und wie wirkt sich ein Einspruch auf die Bearbeitungszeit aus? Dies mögen Detailfragen sein, doch da in derartigen Fällen schnell ein Jahr vergeht, können wenige Fälle, die hier zu regeln sind, tatsächlich einen deutlichen Einfluss auf die Kennzahl ausüben.

4.19.2.4 Input-Kennzahlen

Input-Kennzahlen sind relativ leicht zu messen – und auch relativ leicht zu beeinflussen. Mit einer Marketingkampagne kann die Anzahl eingehender Vorschläge erhöht werden, doch kein Unternehmen setzt Ideenmanagement ein, um viele Vorschläge zu erhalten. Unternehmen wollen Resultate, diese finden sich in den Output-Kennzahlen.

Typische Input-Kennzahlen sind:

Beteiligungsquote Anzahl der Einreicher an allen Einreichungsberechtigten. Einreicher sind alle Menschen, die im Berichtsjahr einen eigenen Vorschlag eingereicht haben oder die an einem Gruppenvorschlag beteiligt waren. So weit ist die Definition klar. „Einreichungsberechtigte" ist nicht in jedem Fall sinnvoll definiert. Daher kann es sinnvoll sein, die Beteiligungsquote beispielsweise für Beschäftigte, Zeit- bzw. Leiharbeitnehmer, Beschäftigte von Lieferanten, Kunden etc. jeweils getrennt zu errechnen und auszuweisen.

Ideenquote Anzahl der eingereichten Vorschläge bzw. Ideen je Einreichungsberechtigtem. Die Anzahl der eingereichten Vorschläge bzw. Ideen entspricht in der Regel der Anzahl der in die Ideenmanagement-Software eingegebenen Vorschläge bzw. Ideen. Die Zahl der Einreichungsberechtigten kann Probleme bereiten (s. Abschn. 4.19.2.3).

Berechneter Nutzen dividiert durch den Nutzen insgesamt und Prämiensumme für berechenbare Vorschläge bezogen auf die Prämiensumme gesamt Diese Kennzahlen sollen den Anteil der berechenbaren, also mit belastbaren, kalkulierten Zahlen hinterlegten Verbesserungen aufzeigen. Nicht berechenbarer Nutzen kann nur abgeschätzt werden und weist Unsicherheiten auf, selbst wenn das Bemühen um eine realistische Einschätzung im Vordergrund steht. Manchmal steht aber auch das Bemühen im Vordergrund, den Gesamtnutzen des Ideenmanagements zu erhöhen oder Einreicher durch eine hohe Prämie zufriedenzustellen. Daher kann es ein Ziel im Ideenmanagement sein, die rechenbaren Anteile nicht unter einen gewissen Wert sinken zu lassen.

Realisierungsquote Sie ist der Anteil der realisierten Vorschläge an allen eingereichten Vorschlägen. Wenn in die realisierten Vorschläge auch Vorschläge eingehen, die vor dem aktuellen Berichtsjahr eingereicht wurden, dann kann die Realisierungsquote auch mehr als 100 % betragen. Während der Nutzen der realisierten Vorschläge in den Output-Kennzahlen zu finden ist, gehört die Realisierungsquote zu den Input-Faktoren: Sie ermöglicht gute Ergebnisse im Ideenmanagement, aber eine hohe Realisierungsquote ist kein Wert an sich. Wenn ein Unternehmen eine hohe Realisierungsquote anstrebt, dann kann dies auf verschiedenen Wegen geschehen:

- Der Ideenmanager kann als Prozess- und Methodencoach agieren und den Beschäftigten dabei helfen, reife Vorschläge einzureichen, die helfen, die aktuellen Probleme im Unternehmen zu lösen.
  - Der Ideenmanager kann Beschäftigten mit noch unreifen Ideen dazu raten, diese Ideen nicht einzureichen, da sie doch keine Realisierungschance hätten.
  - Das Ideenmanagement kann gut ausgearbeitete Vorschläge besonders hoch prämieren.
  - Die Gutachter können alle Vorschläge ablehnen, die nicht auf den ersten Blick als mit hohem Nutzen realisierbar zu erkennen sind.

- Offensichtlich helfen einige dieser Wege dem Unternehmen, während andere Wege den Nutzen des Ideenmanagements eher verringern. Daher ist eine Realisierungsquote als Ziel für das Ideenmanagement mit Augenmaß und Vorsicht festzulegen, für ein neu etabliertes oder ein gerade optimiertes Ideenmanagement wird sich die Realisierungsquote als Ziel eher weniger eignen.

4.19.2.5 Output-Kennzahlen

Output sind die Resultate. Unternehmen leisten sich ein Ideenmanagement, um diese Resultate zu erreichen. Es finden sich zwei Output-Kennzahlen für Ideenmanagement, das in erster Linie als Rationalisierungsinstrument gesehen wird. Aber auch Ideenmanagement, das eher mit dem Ziel der Verbesserung der Unternehmenskultur eingesetzt wird, sollte sich mit Kennzahlen messen lassen.

Nutzen pro Mitarbeiter Dies ist eine einfach zu errechnende Kennzahl, die das Resultat des Ideenmanagements als Rationalisierungsinstrument auf den Punkt bringt. Der Nutzen ist je nach Unternehmensgröße unterschiedlich, daher ist einfach nur die Angabe des Nutzens weder für einen Vergleich mit anderen Betreibern noch für die Darstellung der Entwicklung im eigenen Unternehmen über die Zeit hinweg geeignet. Man könnte auch den Nutzen pro 1000 € Umsatz errechnen, doch sind die Treiber des Ideenmanagements nun einmal die Beschäftigten: Daher hat sich die Kennzahl *Nutzen pro Mitarbeiter* eingebürgert.

Der *Nutzen pro Mitarbeiter* kann noch gegliedert werden in den berechenbaren *Nutzen pro Mitarbeiter* und den *nicht berechenbaren Nutzen pro Mitarbeiter*. Wenn Gruppen von Beschäftigten vom Ideenmanagement ausgeschlossen werden (z. B. Leitende Angestellte oder Mitarbeiter der Forschungs- und Entwicklungsabteilung dürfen nicht einreichen), dann wird sinnvollerweise nicht der *Nutzen pro Mitarbeiter,* sondern der *Nutzen pro einreichungsberechtigtem Mitarbeiter* ausgewiesen. Die Beteiligung von Zeitarbeitnehmern, Fremdfirmenmitarbeitern und Kunden ist typischerweise deutlich geringer als die Beteiligung der eigenen Beschäftigten. Daher wird, wenn diese Gruppen sich am Ideenmanagement beteiligen können, meist nicht eine Gesamtzahl *Nutzen pro Einreichungsberechtigtem* errechnet, sondern neben dem *Nutzen pro Mitarbeiter* noch ein *Nutzen pro Zeitarbeiter* etc.

ROI Der *Return on Investment* dividiert den Nutzen des Ideenmanagements durch seine Kosten. Der Nutzen ist eine Addition des berechenbaren und des nicht berechenbaren Nutzens. Letzterer kann aus der Prämienhöhe geschätzt werden: Dieser Verbesserungsvorschlag mit einer nicht rechenbaren Einsparung hat x Euro Prämie erhalten. Wie viel rechenbaren Nutzen hätte ein Verbesserungsvorschlag erhalten müssen, wenn er die gleiche Prämie erhalten sollte? Dieser Nutzen geht dann in die Addition ein.

Die Kosten des Ideenmanagements sind als Vollkosten zu verstehen: Hier gehen nicht nur die Prämien, die Gehälter der Ideenmanager und die Kosten für Anschaffung und Betrieb der Ideenmanagement-Software ein. Auch die Büroräume, die Zeit, die Gutachter und Führungskräfte mit dem Ideenmanagement verbringen, und ein Anteil der Gemeinkosten (Pförtner, Werksarzt und -feuerwehr, Grünanlagen auf dem Werksgelände und Kantinenzuschuss) gehören dazu. Die Berechnung des ROI auf Vollkostenbasis setzt ein gut ausgebautes Rechnungswesen voraus und ist, wenn überhaupt, eher in Großunternehmen zu finden. Doch: Ein belastbarer ROI von zwei oder drei ist eines der besten Argumente für das Ideenmanagement. Für jeden Euro, den das Unternehmen für das Ideenmanagement ausgibt, erhält es zwei oder drei Euro zurück. Bernie Sander (2006, S. 103) verlangt sogar:

> [U]m in der heutigen Ideenwirtschaft erfolgreich zu sein, muss ein Ideenmanagement als Profit Center strukturiert sein. Der messbare monetäre Nutzen ist robust genug, um dem härtesten Vergleich standzuhalten. Nach der Geltendmachung mit allen Verwaltungs-, Begutachtungs- und Prämierungskosten sollte das System immer noch ein Kosten-Nutzen-Verhältnis von 1:3 bis 1:6 liefern. Das dürfte nicht bei allen internen Projekten und Bereichen der Fall sein und ist für hart kalkulierende Führungskräfte ein überzeugendes Argument.

Wenn Ideenmanagement in erster Linie als Kulturarbeit begriffen wird, dann ist zu fragen, wie die Unternehmenskultur konkret verbessert werden soll. Soll die Arbeitgeberattraktivität für Bewerber oder die Zufriedenheit der Mitarbeiter gesteigert werden? Sollen die Mitarbeiter das Gefühl bekommen, gehört zu werden, oder wollen die Führungskräfte durch das Ideenmanagement zu einem intensiveren Dialog mit den Beschäftigten kommen? Alle diese konkreten Ziele lassen sich messen – und sollten auch, etwa in jährlichen oder zweijährlichen Befragungen, gemessen werden.

Zumindest sollte in Unternehmen, die Ideenmanagement als Kulturarbeit einsetzen, die Beteiligungsquote ausgewiesen werden: Nur, wenn sich die Beschäftigten auch am Ideenmanagement beteiligen, kann es zu einem Kulturwandel durch das Ideenmanagement kommen.

Abschließend sei auf die Problematik des zeitlichen Bezugs hingewiesen:

> Zu beachten ist, daß es sich beim Ideenmanagement um ein System handelt, in das eingereichte Vorschläge als Input hinein- und die abschließend bearbeiteten Vorschläge als Output herauskommen. Vorschläge, die in einer Periode eingereicht, aber noch nicht abschließend beurteilt werden, verweilen im System. Prämien und Nutzen lassen sich dem Output zuordnen, ebenso die Durchlaufzeit. Die Periodenkosten der Ideenmanagementabteilung fallen für alle Vorschläge an, die zumindest teilweise bearbeitet wurden, insofern handelt es sich i. d. R. um eine Näherung, wenn die Kosten pro abschließend bearbeiteten Vorschlag berechnet werden (Läge 2002, S. 97).

Diese Schätzung ist umso besser, je kürzer die Bearbeitungszeit der Vorschläge ist (Koblank 2015, S. 2). Ähnliches gilt für Kennzahlen wie Nutzen pro Mitarbeiter: In einem stark wachsenden Unternehmen gibt es weniger Mitarbeiter in den Vorjahren, daher auch weniger Verbesserungsvorschläge aus den Vorjahren und damit tendenziell weniger Nutzen pro Mitarbeiter als in einem gleich großen Unternehmen mit konstanter Beschäftigtenzahl: Auch dabei handelt es sich um eine Näherung. Doch hier gilt wie so oft im Ideenmanagement: Eine gute Näherung ist besser als die perfekte Lösung, die niemals umgesetzt wird.

4.20 Leistungsbezogene Vergütung im Kontinuierlichen Verbesserungsprozess

Wenn mehr Prämie nicht zu einem besseren BVW führt, warum ist das Vergütungssystem doch wichtig? Eine klassische Antwort ist über 50 Jahre alt:

> Die Leute werden nicht böse, wenn sie vielleicht eine niedrige Prämie bekommen; sie werden böse, wenn sie eine relativ niedrigere Prämie erhalten als der Lehmann, der Müller oder der Schmidt, die ähnliche VV eingereicht haben (Höckel 1964, S. 164).

Diese Auffassung ist nicht nur auf die 1960er-Jahre beschränkt, wie eine aktuelle Forderung zeigt:

> Achten Sie bei der Ausgestaltung des Prämien- bzw. Preissystems auf folgende Rahmenbedingungen:
>
> - Die Belohnung muss zur Firmenkultur passen. Ein mit einer hohen Geldsumme belohnter Mitarbeiter wird in einer sonst finanziell restriktiven Unternehmung schnell zum beneideten Außenseiter.
> - Das Belohnungssystem darf nicht zum Bestrafungssystem für die anderen Mitarbeiter werden. [...]
> - Vorab ausgeschriebene Preise sind transparenter und damit unangekündigt anlassbezogenen vergebenen vorzuziehen, da letztere keine breite Motivationswirkung besitzen und potentiell den Anschein von Willkür erwecken (Stern und Jaberg 2007, S. 57).

Einfachheit und Gerechtigkeit stehen manchmal im Gegensatz zueinander. Unterschiedliche Rahmenbedingungen sind zu berücksichtigen: Ein inhabergeführter Maschinenbauer mit 60 Beschäftigten benötigt ein anderes Vergütungssystem als eine Behörde. Im Folgenden wird eine Vielzahl von Möglichkeiten genannt, ohne dass damit eine Empfehlung verbunden ist.

Geht man über diese Antwort hinaus, so lassen sich die Funktionen eines Vergütungs- und Anreizsystems gemäß Abb. 4.38 zusammenfassen.

Demnach hat ein Prämiensystem eine

1. **Aktivierungsfunktion:** Beschäftigte habe oft eine gute Idee, reichen sie aber nicht als Verbesserungsvorschlag (VV) ein. Eine Vergütung oder ein nicht monetärer Anreiz kann den letzten Impuls geben, eine Idee doch einzureichen.
2. **Steuerungsfunktion:** Häufig werden bestimmte VV von einem Betrieb besonders benötigt (z. B. VV zur Qualitätsverbesserung, zur Termintreue, zum Verbrauch hochpreisiger Materialien). Durch ein gut konzipiertes Anreiz- und Vergütungssystem können die Ideen der Beschäftigten genau in diese Richtung gelenkt werden. Das BVW ist nicht nur ein Rationalisierungs-, sondern auch ein Führungsinstrument, dies bringt die Steuerungsfunktion deutlich zum Ausdruck.

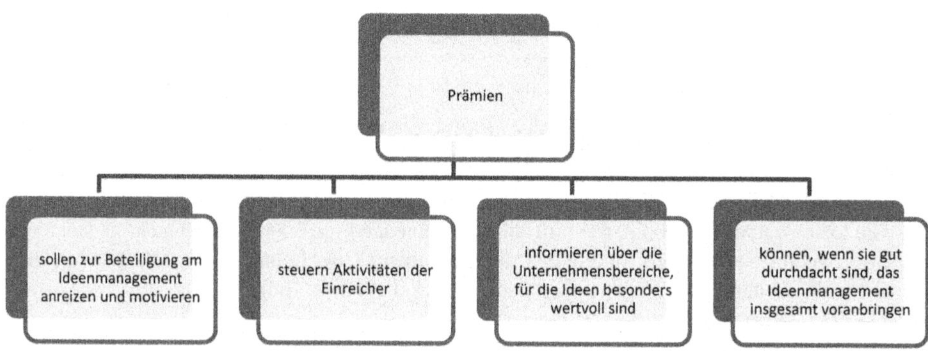

Abb. 4.38 Funktionen der Prämie

3. **Informationsfunktion:** Wie das Vergütungs- und Anreizsystem die Beschäftigten informiert, ist als „Steuerungsfunktion" beschrieben. Umgekehrt informiert die Höhe und Verteilung der ausgeschütteten Prämien und nicht monetären Anreize auch die Geschäftsführung über die Entwicklung des BVW.
4. **Veränderungsfunktion:** Gerade das BVW muss sich kontinuierlich verbessern. Wenn VV eine neue Richtung nehmen sollen, wenn neue Zielgruppen angesprochen werden, wenn bestimmte Parameter (z. B. Realisierungsquote, Beteiligungsquote) optimiert werden sollen, dann überzeugt eine Änderung des Anreiz- und Vergütungssystems mehr als alle „motivierenden" Ansprachen oder Hochglanzdrucke.

Zusammengefasst: „Die Anerkennungspraxis eines Unternehmens zeigt, ob sein Herz dort ist, wo seine Ziele sind." (Sander 2006, S. 110) Prämien- und Anerkennungssystem eines Unternehmens müssen also mit den Zielen für das Ideenmanagement übereinstimmen. Damit das Vergütungs- und Anreizsystem diese vier Funktionen optimal erfüllen kann, steht eine Vielzahl an Varianten zur Auswahl.

4.20.1 Gliederung der Vergütungssysteme

Wenn ein Verbesserungsvorschlag zur Arbeitsaufgabe gehört, dann gehört er eigentlich nicht mehr ins Betriebliche Vorschlagswesen. Da es eine Reihe von Grenzfällen gibt, soll doch die Vergütung von Verbesserungsvorschlägen, die zur Arbeitsaufgabe gehört, beschrieben werden – einen Überblick gibt Abb. 4.39.

Unter den Verbesserungsvorschlägen, die nicht Bestandteil der Arbeitsaufgabe sind, lassen sich Vorschläge unterscheiden, die den räumlich-funktionalen Arbeitsbereich des Einreichers betreffen, und solche, die den räumlich-funktionalen Arbeitsbereich des Einreichers nicht betreffen – zumindest in der Theorie. In der Praxis ist es äußerst selten, dass ein Gabelstaplerfahrer einen Vorschlag zur Optimierung der Buchhaltung einreicht. Daher werden hier alle VV, die nicht als Bestandteil der Arbeitsaufgabe entstanden sind, gemein-

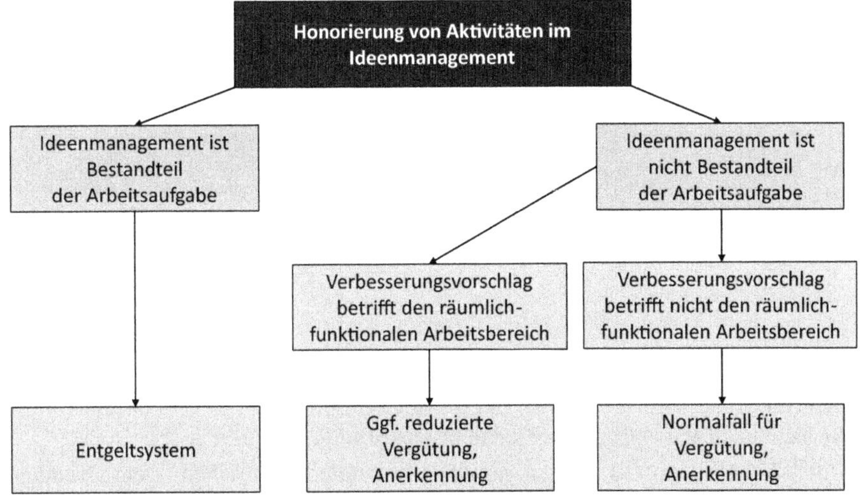

Abb. 4.39 Gliederung der Vergütung von VV. (Modifiziert nach Reichel und Cmiel 1994, S. 35)

sam behandelt. Die mögliche Reduktion der Vergütung für Vorschläge, die den räumlich-funktionalen Arbeitsbereich betreffen, wird unter den Korrekturfaktoren behandelt.

4.20.2 Exkurs: Vergütung von Verbesserungsvorschlägen als Teil der Arbeitsaufgabe

Das Betriebliche Vorschlagswesen zielt ab auf Verbesserungsvorschläge, die als Extraleistung außerhalb der Arbeitszeit und über die arbeitsvertraglich geschuldete Leistung hinaus entwickelt werden. Anders sieht es bei vielen anderen Systemen der Prozessoptimierung aus: Beim Kontinuierlichen Verbesserungsprozess (KVP), bei Kaizen-Aktivitäten, in Qualitätszirkeln (QC) und ähnlichen Aktivitäten verbessern Beschäftigte während der Arbeitszeit und häufig angeleitet oder geschult durch den Arbeitgeber die Prozesse. Wenn in einem Betrieb Leistungsentgelt gezahlt wird, dann können auch Aktivitäten der Prozessoptimierung zum Gegenstand des Leistungsentgelts werden. In diesen Fällen sollten die Leistungsbeurteilung in Bezug auf Ideen des Kontinuierlichen Verbesserungsprozesses und das Vergütungssystem des Betrieblichen Vorschlagswesens aufeinander abgestimmt sein. Wenn ein Beschäftigter für eine gute Idee, die er als Vorschlag im Betrieblichen Vorschlagswesen einreicht, eine höhere Vergütung und Anerkennung erhält, als wenn er die gleiche Idee in eine Sitzung des Kontinuierlichen Verbesserungsprozesses eingebracht hätte, dann wird es bald still in den KVP-Sitzungen. Gerade die geistig regen Beschäftigten werden dann ihre guten Ideen beim Vorschlagswesen abgeben und sich die Chance auf eine höhere Prämie nicht dadurch verbauen, dass sie eine Idee in der Sitzung des Kontinuierlichen Verbesserungsprozesses äußern, selbst wenn hier der Impuls für die Idee

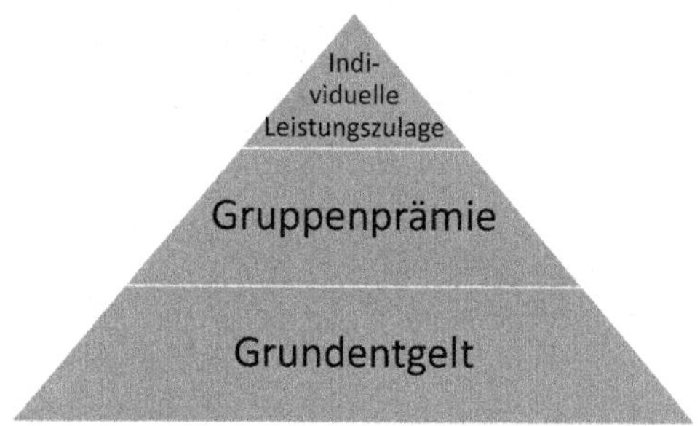

Abb. 4.40 Mögliche Entgelt-komponenten

entstand. Es ist also notwendig, sich mit der Vergütung von Ideen außerhalb des Vorschlagswesens zu befassen, um die Vergütung von Verbesserungsvorschlägen innerhalb des Betrieblichen Vorschlagswesens darauf abzustimmen.

Grundsätzlich kann das Entgelt aus drei Bestandteilen bestehen: Dem Grundentgelt, einer individuellen Leistungszulage und einer Gruppenprämie (Abb. 4.40). Weitere Zulagen, die beispielsweise als Gewinnbeteiligung gezahlt werden, werden kaum von eingereichten Ideen oder Vorschlägen beeinflusst und daher hier nicht weiter behandelt.

Das Grundentgelt ist an der Anforderung des Arbeitsplatzes orientiert: Eine Stelle ist für einen Facharbeiter, einen Betriebswirt ohne Berufserfahrung oder einen Ingenieur mit Führungserfahrung bestimmt, und diesen Anforderungen nach wird das Grundentgelt festgelegt. Häufig bestimmen Tarifverträge die Höhe des Grundentgeltes für bestimmte Anforderungen, ansonsten handelt es sich um individualvertragliche Regelungen, die sich aber in der Regel wieder an Tarifverträgen orientieren. Von Beschäftigten, deren Stelle eine abgeschlossene Berufserfahrung erfordert, kann man in der Regel in gewissem Umfang die Beteiligung an Optimierungsaktivitäten wie Gruppen des Kontinuierlichen Verbesserungsprozesses erwarten, insbesondere, wenn diese durch den Arbeitgeber angeleitet werden. Von Beschäftigten, deren Stellen höhere Anforderungen, beispielsweise ein abgeschlossenes Studium, stellen, gilt dies umso mehr. In welcher Güte Beschäftigte sich an Prozessverbesserungen beteiligen, ist für das Grundentgelt gleichgültig, denn das Grundentgelt orientiert sich an den Anforderungen einer Stelle, nicht aber daran, wie ein Beschäftigter den Anforderungen seiner Stelle genügt.

Das Grundentgelt ist der Pflichtbestandteil eines normalen Arbeitsentgelts. Hinzu kann ein individuelles und/oder ein gruppenbezogenes Leistungsentgelt kommen. Es gibt Betriebe, die keine leistungsbezogenen Entgeltkomponenten zahlen. Die Diskussion um das Für und Wider von Leistungsentgelt füllt Bibliotheken, so soll sie hier nicht aufgegriffen werden.

4.20.3 Individuelles Leistungsentgelt

Die Regelungen zum individuellen Leistungsentgelt sind durch Tarifverträge wie den Entgelt-Rahmentarifvertrag (ERA) der deutschen Metall- und Elektroindustrie zu einer komplexen und von Branche zu Branche und innerhalb der Branchen von Tarifgebiet zu Tarifgebiet unterschiedlich geregelten Rechtsmaterie geworden. Im konkreten Einzelfall lohnt es sich hier, die zuständigen Tarifvertragsparteien (Gewerkschaft, Arbeitgeberverband) zu befragen, eine detaillierte Behandlung kann im vorliegenden Rahmen nicht erfolgen. Holzschnittartig seien drei Möglichkeiten grundsätzlich skizziert: Die Beurteilung, die Zielvereinbarung und die Bewertung mit Kennzahlen.

Hier wird die Leistung eines Beschäftigten nach Ablauf einer Periode (meist eines Jahres) von seinem Vorgesetzten hinsichtlich gewisser Kriterien beurteilt. Diese sind eher grob beschrieben und in der Zielausprägung nicht exakt festgelegt. Die Beurteilung hat eine subjektive Komponente und kann leicht Entwicklungen, die sich unerwarteterweise während des Beurteilungszeitraums ergeben, Rechnung tragen. Grundsätzlich können hier auch Kriterien wie Engagement oder Erfolg in der Prozessoptimierung angewendet werden, häufig überwiegen die stellentypischen Kriterien, also beispielsweise die Qualität der Konstruktionen für Konstruktionsingenieure oder die Genauigkeit bei Controllern.

Hier wird zu Beginn einer Periode (typischerweise ein Jahr) ein Satz an Zielen vereinbart. Hierzu gehören zunächst stellentypische Ziele, also beispielsweise für einen Konstruktionsingenieur, dass er mindestens 95 % seiner Projekte zum vereinbarten Termin fertig konstruiert hat. Es können auch zusätzliche Ziele vereinbart werden, beispielsweise für einen Meister, dass jeder Beschäftigte seiner Meisterei mindestens einen VV in diesem Jahr einreicht. Doch wird nur in wenigen Betrieben so verfahren, aus zwei Gründen:

Damit Ziele wirksam werden, dürfen nicht zu viele Ziele vereinbart werden. An zwei oder drei Zielen kann sich ein Beschäftigter orientieren, an 20 oder 30 Zielen nicht. Zwei oder drei Ziele sind aber in der Regel schon notwendig, um die stellentypischen Ziele festzulegen. Zusätzliche Ziele für Prozessinnovation stehen in Konkurrenz mit zusätzlichen Zielen für Arbeitsschutz, Betreuung von Auszubildenden, eigener Fortbildung, Ordnung und Sauberkeit am Arbeitsplatz etc. Werden alle solche Ziele in eine Zielvereinbarung aufgenommen, dann kann sich der Beschäftigte nicht mehr an allen diesen Zielen orientieren, es sind ihrer zu viele. Damit verfehlt die Zielvereinbarung ihren Zweck.

Mit einer Zielvereinbarung kann man erreichen, dass die Mittarbeiter die vereinbarten Ziele anstreben, aber nicht mehr. Wenn ein Meister in diesem Jahr für jeden seiner Mitarbeiter einen VV erreicht und dies sein Ziel war, dann wird er sich für den Rest des Jahres anderen Zielen zuwenden.

Die Diskussion um Zielvereinbarungen im Kontinuierlichen Verbesserungsprozess und Betrieblichen Vorschlagswesen ist noch im Gange. Es liegen sowohl Berichte über Erfolge als auch Berichte über Misserfolge vor. Vermutlich spielen hier sehr betriebsindividuelle Faktoren eine entscheidende Rolle.

Das Vorgehen bei der Verwendung von Kennzahlen ist ähnlich dem bei Zielvereinbarungen, jedoch ist es hier einfacher, die Erreichung der Hälfte des Ziels (z. B. ein Verbesserungsvorschlag je zwei Mitarbeiter) auch mit der Hälfte des Leistungsentgelts zu honorieren. Auch ist es möglich, dass Ziele übererfüllt werden und dann mit einem höheren als dem eigentlich vorgesehenen Leistungsentgelt honoriert werden. Ähnlich den

Regeln im Akkord sind hier häufig Obergrenzen vorgesehen. Im Übrigen gilt die Einschätzung zur Zielvereinbarung.

4.20.4 Gruppenbezogenes Leistungsentgelt

Mit der Verbreitung von Gruppenarbeit wurden auch vermehrt gruppenarbeitsbezogene Leistungsentgelte eingeführt. Gruppenakkord zeigt hierbei besondere Schwierigkeiten, daher werden zunächst Leistungsentgelt ohne Akkord und dann der Gruppenakkord im Hinblick auf das Vergütungssystem im Kontinuierlichen Verbesserungsprozess vorgestellt.

Hans Fremmer hat bereits 1999 ein sechsstufiges System für die Verbesserungsgruppen und ihre Vergütung vorgestellt:

1. Vorgesetzter wählt Ziele aus.
2. Vorgesetzter und Gruppensprecher diskutieren Ziele.
3. Gruppe diskutierte Ziele im Gruppengespräch.
4. Ziele zwischen Vorgesetztem und Gruppe vereinbart.
5. Zielerreichung gemessen und entlohnt.
6. Start des nächsten Zyklus: Vorgesetzter wählt Ziele aus.

Im ersten Schritt leitet der Vorgesetzte der Gruppe (Abteilungsleiter, Meister)

- aus einem von der Geschäftsleitung definierten Katalog von Unternehmenszielen,
- situative,
- von der Gruppe beeinflussbare

Ziele ab. Gruppen-KVP ist sinnvoll als geführter KVP zu konzipieren: Verbessert werden soll nicht irgendetwas, sondern ganz gezielt jene Engpässe, durch deren Bearbeitung die Gruppe zum künftigen Firmenerfolg beitragen kann. So sind hier die Unternehmensziele ebenso wie die Situation der Gruppe zu berücksichtigen. Dass die Ziele hauptsächlich von der Gruppe beeinflussbar sein müssen, ist konzeptionell eine Selbstverständlichkeit, in der Praxis mit ihren immer stärkeren Abhängigkeiten innerhalb und außerhalb des Unternehmens aber nicht immer ganz einfach zu realisieren. Zur Anregung hier eine Liste möglicher Themen:

- Verkürzung der Durchlaufzeit,
- Erhöhung der Termintreue,
- Senkung der Kapitalbindung,
- Erhöhung der Qualität,
- Reduzierung der Fertigungskosten,
- Reduzierung der Stückkosten,

- Reduzierung der Gemeinkostenstunden,
- Verkürzung der Inbetriebnahmezeiten neuer Maschinen und Anlagen,
- Erarbeitung von mehr/mehr realisierten Verbesserungsvorschlägen,
- Übernahme Qualitätskontrolle,
- Übernahme der Endprüfung,
- Steigerung des Produktionsgrads der Maschinen um x %,
- Teilnahme an einer Produktoptimierung,
- Erhöhung der Materialverfügbarkeit,
- Reduktion des Personalkostenanteils,
- Erhöhung des Anteils produktiver Stunden,
- Übernahme der Maschinenreinigung,
- Senkung des Energieverbrauchs,
- Erhöhung der Termintreue (vgl. Fremmer 1999, S. 58 ff.).

Im zweiten Schritt kommen Vorgesetzter und Gruppensprecher zusammen. Sie

- beraten über die Ziele,
- verständigen sich hierzu auf eine Beschreibung des Ist-Zustands,
- bestimmen, wo möglich, die relevanten Kennzahlen und
- bereiten damit das Gespräch mit der Gruppe vor.

Dieses Gruppengespräch bildet den dritten Schritt: Die Gruppe berät mit ihrem Sprecher über Ziele nach

- Gegenstand,
- Umfang,
- Zeitraum

der Verbesserungen. Auf dieser Basis erscheint der vierte Schritt. Die Gruppe, vertreten durch den Gruppensprecher, und der Betrieb, vertreten durch den Vorgesetzten, schließen eine Zielvereinbarung. Diese soll auf die betriebliche und die Gruppensituation abgestimmt und von der Gruppe beeinflussbare Ziele enthalten. Darüber hinaus sind die Ziele zu quantifizieren und mit Zielerreichungsgraden zu hinterlegen. Ein Beispiel zeigt Tab. 4.10.

Mit dieser Zielvereinbarung beginnt die praktische Arbeit im Gruppen-KVP. Nach der vereinbarten Periode, häufig nach einem Jahr, erfolgt der fünfte Schritt. Je nach Art der Ziele wird der Zielerreichungsgrad gemessen oder durch den Vorgesetzten beurteilt. Die Beurteilung des Zielerreichungsgrades erfolgt nach Abschluss des Bewertungszeitraums anhand des Beurteilungsbogens. Passend zur Zielvereinbarung aus Tab. 4.10 steht in Tab. 4.11 ein Beispiel-Beurteilungsbogen.

Besonders bei erfolgreichen Gruppen wird das Ende der Periode gerne mit einem gemeinsamen Sommerfest, Bummel über den Weihnachtsmarkt oder etwas Ähnlichem begangen, wobei der Betrieb Zuschüsse zur Gruppenkasse leisten kann.

Tab. 4.10 Beispiel einer Zielvereinbarung im Gruppen-KVP. (Nach Fremmer 1999, S. 58 ff.)

Für den Zeitraum vom ... bis zum ... werden zwischen der Gruppe Werkzeugbau und der Betriebsleitung – Abteilungsleitung Mechanische Vorfertigung folgende Ziele vereinbart	
1. Ziel	Die Gruppe senkt den Stundensatzanteil für Lohn und Gehalt durch Reduzierung der Gemeinkostenstunden und Umsetzung in Produktivstunden um mehr als 5 %. Der derzeitige Stundensatzanteil für L + G beträgt ... €/h.
	Sehr gut: >10 %, gut: ca. 7 %, genügend: >5 %
2. Ziel	Die Aufwendung für Werkzeug- und Vorrichtungskosten betrugen im GJ 201x ca. ... T€ pro Monat. Diese Kosten stehen weitestgehend proportional zu den geleisteten Fertigungsstunden der Mechanischen Vorfertigung mit ca. 12.000 h/Monat. Durch eine verbesserte Organisation der Gruppe und Abstimmung mit den Fertigungsbereichen sollen die Aufwendungen für Werkzeug- und Vorrichtungskosten, unter Einbeziehung der tatsächlich geleisteten Fertigungsstunden, um mehr als 10 % reduziert werden.
	Sehr gut: >20 %, gut: ca. 15 %, genügend: >10 %
3. Ziel	Die Gruppe verbessert ihre Zusammenarbeit derart, dass Terminverzüge verhindert werden und die Fertigungsdurchlaufzeiten reduziert werden.
	Bewertung nach summarischen Gesichtspunkten.
Sonstiges	Die Gruppe erhält monatlich alle erforderlichen betrieblichen Kennzahlen. Die Bewertung der Zielerfüllung erfolgt im 5. Monat, auf Basis der kumulierten Kennzahlen bis einschließlich 4. Monat
..., den ...	Betriebsleitung: ... Gruppensprecher ...

Tab. 4.11 Beispiel eines Beurteilungsbogens im Gruppen-KVP. (Nach Fremmer 1999, S. 58 ff.)

Bereich: Mechanische Vorfertigung					Kostenstelle:	
	Ziel 1				Definition	Kriterien
Bewertungsstufe	Ungenüg.	Genüg.	Gut	Sehr gut	Verbesserung des Produktionsgrades	Sehr gut: 100 %, gut: 97 % bis unter 100 %, genügend: 82 % bis unter 97 %
Punktwert	0	3	6	9		
	Ziel 2				Gruppe übernimmt Termineinhaltung	Sehr gut: bis 1.12., gut: bis 1.1., genügend: bis 1.2.
Punktwert	0	2	4	6		
	Ziel 3				Gruppe übernimmt Qualitätssicherung	Sehr gut: 280 ppm, gut: 320 ppm, genügend: 400 ppm
Punktwert	0	2	4	6		
Gesamtpunkte	0–3	4–6	7–9	10–12	13–17	18–21
Gruppenbonus		75	150	225	325 € pro Monat	400 € pro Monat

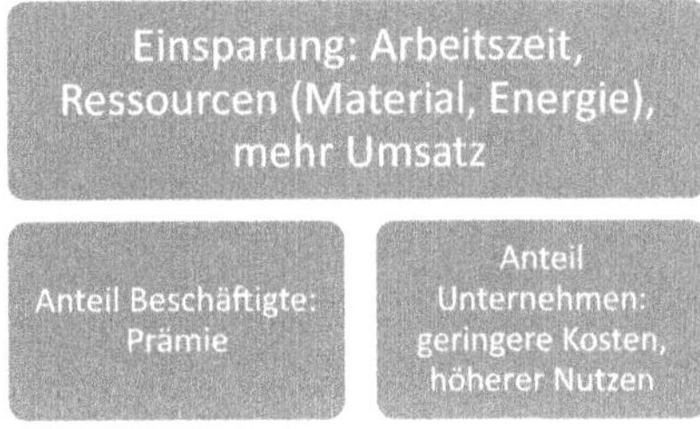

Abb. 4.41 Ansatz für Gainsharing

Nun erfolgt der sechste Schritt. Nach Abschluss des Bewertungszeitraumes werden die Gruppenleistungsziele für den folgenden Zeitraum besprochen und so der erste Schritt des folgenden Durchlaufs vorbereitet. Dabei können sowohl die Leistungsziele als auch das Leistungsniveau variieren. Auf diese Weise entsteht ein kontinuierlicher Prozess der Verbesserung.

Grundansatz ist hier das Gainsharing (siehe Abb. 4.41), in den 1920er-Jahren vom US-amerikanischen Gewerkschafter Scanlon entwickelt, daher auch Scanlon-Pay-Plan genannt. Die Idee besteht darin, die durch eine Verbesserung erzielte Einsparung zu teilen, wobei die Entwicklung des Verbesserungsvorschlags als eine einmalige Aktivität verstanden wird, die einmalig entgolten wird.

Die Vergütung von Ideen im Verbesserungsprozess ist problematisch, wenn die Verbesserung des Arbeitsprozesses mit einer Verschlechterung für den Arbeiter, beispielsweise der Erhöhung der Akkordrate, verbunden ist. Ein Ansatz hierfür ist das im Folgenden beschriebene Gainsharing.

Die Anfänge des Gainsharings liegen im 1935 entwickelten Scanlon-Pay-Plan. Dieser wurde zur Rettung des Stahlwerks entwickelt, in dem Joseph W. Scanlon arbeitete und gewerkschaftlich aktiv war. Im Zweiten Weltkrieg wurde der Grundgedanke der Teilung des Produktivitätsfortschritts in den USA weithin angewendet, verlor dann an Bedeutung und wurde Anfang der 1980er-Jahre während der Krise der US-amerikanischen Wirtschaft wiederentdeckt und zum Gainsharing-Konzept weiterentwickelt.

Arbeitnehmer, die im Akkordsystem arbeiten, geben Verbesserungsmöglichkeiten nur ungern preis, weil sie so mit einer Erhöhung der Akkordvorgaben zu rechnen haben. Der Ansatz von Gainsharing liegt in einer Vorgehensweise, die durch Verbesserungsvorschläge der Mitarbeiter mögliche Einsparung so zwischen Unternehmen und Mitarbeitern zu teilen, dass diese trotz der folgenden Erhöhung der Akkordsätze einen Vorteil und somit einen Anreiz zum Einreichen von Ideen und Verbesserungsvorschlägen haben.

Gainsharing verbindet den Kontinuierlichen Verbesserungsprozess mit dem Entgeltsystem der Akkordarbeit. Unternehmen haben insbesondere zu Beginn von Verbesserungsprozessaktivitäten erfolgreich gearbeitet. Doch lehrt die Erfahrung, dass nach einigen Jahren eine Revision dieses Systems, bis hin zur Umstellung auf andere Grundsätze der Entlohnung, notwendig sein kann.

4.21 Marketing

Marketing gehört zum Ideenmanagement. Doch sollte sein Einfluss nicht überschätzt werden: Bei der Ideenmanagement-Erfolgsfaktoren-Studie 2016 zeigte alleine die Beteiligungsquote einen statistisch signifikanten Zusammenhang zur Intensität des Ideenmanagement-Marketings. Für die anderen Erfolgskennzahlen (Nutzen pro Mitarbeiter, ROI) lässt sich kein statistisch signifikanter Zusammenhang mit der Intensität der Marketingaktivitäten finden (Landmann und Schat 2016).

Marketing für das Ideenmanagement kann in drei Schwerpunkte gegliedert werden:

- Werbung für das Ideenmanagement,
- Marktforschung,
- Strategisches Marketing.

Diese Gebiete sollen nun genauer behandelt werden.

Werbung kann zunächst für das Ideenmanagement insgesamt erfolgen. Dies sind zum einen Plakate, allgemeine Seiten im Intranet und generelle Hinweise auf das Ideenmanagement als Beilage zur Gehaltsabrechnung.

Werbung für das Ideenmanagement insgesamt geht gerne mit Informationen über das Ideenmanagement einher. In vielen Unternehmen gibt es beispielsweise Veranstaltungen zur „Einführung neuer Mitarbeiter", in denen allgemeine Informationen zum Unternehmen gegeben werden und sich „die Neuen" auch untereinander kennenlernen können. Hier kann auch der Ideenmanager auftreten und darüber informieren, wie Ideen und Verbesserungsvorschläge eingereicht werden. Neue Beschäftigte sind eine gute Quelle für Verbesserungen – wenn die neuen Kollegen zuvor in anderen Betrieben gearbeitet haben, dann können sie Anregungen mitbringen (und die allermeisten Anregungen sind keine Betriebsgeheimnisse des vorherigen Arbeitgebers). Wenn die neuen Kollegen zuvor eine Ausbildung oder ein Studium durchlaufen haben, dann haben sie noch den Idealzustand eines Arbeitsplatzes vor Augen. So können sie vielleicht besser Vorschläge entwickeln, wie der Betrieb näher an dieses Ideal kommt, als die „alten Hasen", die sich damit abgefunden haben, dass der Betrieb so arbeitet, wie er dies aktuell eben tut. So kann ein Ideenmanager Vorschläge einwerben, bevor den neuen Kollegen die betrieblichen Scheuklappen wachsen.

Ähnlich kann ein Ideenmanager auf einer Betriebsversammlung noch einmal auf die Wege und Möglichkeiten des Ideenmanagements hinweisen. Auch dies ist oberflächlich gesehen reine Information, dient aber selbstverständlich der Werbung für das Ideenmanagement. Und in einigen Betrieben ist tatsächlich das Nichtwissen über die Beteiligungsmöglichkeiten ein bedeutendes Hindernis.

Auch das Intranet kann in diesem Sinne genutzt werden. Je nach technischen Möglichkeiten können hier nicht nur Text und vielleicht eine Grafik eingebaut werden, sondern vielleicht auch ein Informationsfilm, ähnlich jenen, die in YouTube zu sehen sind. Text und Film müssen ggf. in die im Betrieb vertretenen Sprachen übersetzt werden.

Die Kantine ist ein Ort, an dem die Kollegen zusammenkommen und miteinander sprechen. Warum nicht auch über das Ideenmanagement – zum Beispiel, weil die Servietten oder die Papierunterlagen für das Tablett mit Information und Werbung zum Ideenmanagement bedruckt sind? Oder weil Monitore aufgestellt wurden, auf denen man beim Warten in der Schlange nette Informationen zum Unternehmen sehen kann – und eben auch Informationen zum Ideenmanagement? Und vielleicht findet sich in der Nähe der Kantine auch ein Terminal oder ein Tisch mit Ideenformularen und einem Briefkasten, sodass eine beim Mittagessen entstandene Idee gleich eingereicht werden kann?

Zusätzlich zu den allgemeinen Werbemaßnahmen hat es sich bewährt, für bestimmte Zielgruppen und Bereiche zu werben. Dies hat eine so große Bedeutung, dass es in diesem Buch unter dem Kapitel „Kampagne“ (Abschn. 4.17) behandelt wird.

Schließlich kann die Werbung auf einzelne Ideen und Vorschläge gerichtet sein. Hier kann die Idee des Monats, ein Verbesserungsvorschlag mit besonders hoher Einsparung oder eine im Ideenmanagement besonders engagierte Arbeitsgruppe herausgestellt werden. Ziel ist es, Nachahmer zu finden.

Es versteht sich von selbst, dass Werbung im Ideenmanagement kontinuierlich verbessert werden muss. Hierzu ist es sinnvoll, passende Kennzahlen zu erheben.

Marktforschung stellt sich folgende Fragen: „Wie sehen die Kunden das Ideenmanagement?“ „Wo sind wir schon gut? Was geht noch besser?“

Marktforschung muss keine große, aufwendige Aktion werden. Ein Student, der seine Masterarbeit schreibt und dabei eine kleine Befragung durchführt, kann schon einige Informationen sammeln. In einem Fall trat beispielsweise zutage, dass kaum ein Beschäftigter wusste, wie man einen Verbesserungsvorschlag einreichen kann. Und deshalb nützten in diesem Betrieb auch keine Motivationsmaßnahmen, hier fehlte einfach die Information.

Ein besonderes Feld für Markforschung ist die Software: Lassen sich Ideen mühelos einreichen? Finden Führungskräfte, Gutachter und Einreicher schnell die gesuchten Funktionen? Sind alle nützlichen Funktionen in der Software enthalten und funktionieren auch so, wie sich der Anwender dies wünscht? Die Software wird in diesem Buch in einem eigenen Kapitel behandelt (Abschn. 4.26). Auf jeden Fall sollten auch die Funktionalität und die Ergonomie der Software aus Sicht der Anwender erfragt werden, wenn die Sicht der Beteiligten auf das Ideenmanagement erhoben wird.

Geht man die neuere und auch die ältere Literatur zum Vorschlagswesen, dem Kontinuierlichen Verbesserungsprozess, zu Kaizen und all den verwandten Konzepten durch, dann stellt sich die Frage: Wem soll das Ideenmanagement eigentlich nützen? Wer ist der Kunde des Ideenmanagements?

Gehen wir auf die betriebswirtschaftlichen Grundlagen zurück: Kunde ist, wer zahlt. Wenn ich eine Waschmaschine kaufe, dann bin ich Kunde, denn ich bezahle. Vielleicht freuen sich meine Nachbarn über eine leisere Waschmaschine, vielleicht verbraucht die Waschmaschine wenig Strom und wenig Wasser und hilft so dem Umweltschutz, vielleicht sichert der Kauf dieser Waschmaschine auch Arbeitsplätze bei den Zulieferern des

Waschmaschinenherstellers. Aber weder die Nachbarn noch die Umwelt noch die Beschäftigten der Zulieferer sind Kunden: Ich bezahle, ich bin Kunde.

Das Unternehmen bezahlt das Ideenmanagement. Die Beschäftigten als Einreicher, die Gutachter und die direkten Führungskräfte sind zwar wichtig, aber sie sind nicht die Kunden des Ideenmanagements. Kunde ist das Unternehmen, und dieses wird durch den Vorstand oder die Geschäftsführung vertreten. Das Ideenmanagement muss die obersten Führungskräfte unterstützen – nicht umgekehrt!

So muss sich das Ideenmanagement an der strategischen Ausrichtung des Unternehmens orientieren. Strebt das Unternehmen Qualitätsführerschaft an, dann muss das Ideenmanagement eng mit dem Qualitätsmanagement zusammenarbeiten und besonders Vorschläge und Ideen für die Qualitätsverbesserung einwerben. Liegt der Engpass in der Logistik, der EDV, im Anwerben (und Halten) von Beschäftigten mit bestimmten Qualifikationen, dann sind Ideen und Vorschläge nötig, die die Arbeit von Logistik, EDV- bzw. Personalverwaltung erleichtern.

Die Stimmen der Kunden sind also die Stimmen der oberen Führungskräfte: Hier reichen oft schon ein paar informelle Gespräche: Sind wir noch auf dem richtigen Weg? Adressiert das Ideenmanagement die Themen, die für den Betrieb wirklich entscheidend sind? Oder stört das Ideenmanagement überall und findet vielleicht deshalb wenig Unterstützung?

4.22 Motivation

Manche Ideenmanager beklagen sich, dass die Beschäftigten zu wenige Ideen entwickeln und zu wenige Vorschläge einreichen. Gutachter erstellen die Gutachten zu langsam, und Führungskräfte unterstützen das Ideenmanagement nicht genug. Was ist zu tun? Die Antwort heißt häufig: Motivieren!

Also wird versucht, ein System aus Prämien (Abschn. 4.24) und nichtmateriellen Anerkennungen (Abschn. 4.1) zu entwickeln. Die Grundannahme dabei ist: „Eigentlich" wollen die Beschäftigten sich gar nicht am Ideenmanagement beteiligen, wollen Gutachter keine Gutachten erstellen und wollen auch die Führungskräfte nichts mit dem Ideenmanagement zu tun haben. Damit diese Menschen nun doch tun, was sie eigentlich nicht tun wollen, muss motiviert werden.

Die bekanntesten Motivationstheorien sind sogenannte Inhaltstheorien, vor allem jene von Maslow und Herzberg.

Maslow stellte eine Hierarchie der Bedürfnisse auf, seine Nachfolger bauten daraus eine Bedürfnispyramide. In heutigen praxisorientierten Büchern wird teilweise der Eindruck vermittelt: Erst müssen die grundlegenden Bedürfnisse nach Nahrung, Schlaf etc. befriedigt werden, dann bemühen sich die Menschen um Sicherheit – und erst wenn alle anderen Bedürfnisse befriedigt sind, streben Menschen nach Selbstverwirklichung. Dann sollen beispielsweise Ideenmanager herausfinden, auf welcher Stufe in dieser Pyramide die Beschäftigten stehen, und als Gegenleistung für die Beteiligung am Ideenmanagement etwa (Arbeitsplatz-)Sicherheit, soziale Anerkennung oder die Möglichkeit zur Selbstverwirklichung hervorheben.

Doch typischerweise funktioniert dieser Ansatz nicht. Ein Blick in das eigene Umfeld oder auch in die Geschichte zeigt: Es finden sich Menschen, die nach sozialer Anerkennung streben, auch wenn ihre Lebenssituation alles andere als abgesichert ist. Menschen vergessen Hunger und Schlafbedürfnis, wenn sie im Flow, ganz in der Selbstverwirklichung sind. So einfach, wie es die Bedürfnispyramide annimmt, sind Menschen offenkundig nicht gestrickt.

Ein Blick in die Originaltexte Maslows und besonders seines Lehrers William James legt nahe: Die Hierarchie der Bedürfnisse ist als normative, nicht als deskriptive Theorie gemeint. Maslow war der Ansicht, dass sich Menschen mehr um Selbstverwirklichung und um ihre Einbindung in die Gesellschaft kümmern sollten als um Nahrung, Schlaf und Sicherheit. Dieser Ansicht mag man zustimmen oder nicht: Als Rezept für das Motivieren potenzieller Einreicher oder unwilliger Gutachter ist eine solche normative Theorie nicht geeignet.

Die zweite populäre Inhaltstheorie kommt von Frederick Herzberg. Er unterscheidet zwei Gruppen von Motivationsfaktoren: Hygienefaktoren und Motivatoren. Hygienefaktoren motivieren nicht, aber wenn sie fehlen, dann demotiviert dies. Als allgemeines Beispiel: Niemand arbeitet langfristig motiviert, weil er auf einem bequemen Bürostuhl sitzt. Aber unbequemes und schäbiges Büromobiliar kann demotivieren. Anders beispielsweise eine interessante und sinnvolle Arbeitsaufgabe: Diese kann wirklich motivieren.

Diese Unterscheidung kann auch im Ideenmanagement wichtig sein: Software (Abschn. 4.26), Gerechtigkeit (Abschn. 4.11) sowie die Unterstützung der oberen Führungskräfte sind in vielen Unternehmen Hygienefaktoren: Niemand entwickelt Ideen oder reicht Verbesserungsvorschläge ein, nur weil die Ideenmanagement-Software so gut funktioniert. Aber eine Software, die ständig abstürzt, kann das Einreichen von Verbesserungsvorschlägen verhindern. Ähnliche Erfahrungen mussten schon manche oberen Führungskräfte machen: Ein Ideenmanagement funktioniert nicht alleine dadurch gut, dass ein Geschäftsführer oder Vorstand bei einer Betriebsversammlung oder in der Werkszeitung darauf hinweist, dass alle im gleichen Boot sitzen und die Beschäftigten bitte viele Vorschläge entwickeln und Ideen einreichen sollen. Das Umgekehrte allerdings gilt: Wenn sich ein Bereichsleiter öffentlich abfällig über das Ideenmanagement äußert, dann wird das Ideenmanagement in seinem Bereich nicht funktionieren.

Die Unterscheidung von Hygiene- und Motivationsfaktoren findet sich in allen Unternehmen wieder. Welche Faktoren aber ganz konkret als Hygiene- und welche Faktoren als Motivatoren wirken – das ist für jedes Unternehmen neu zu beantworten. Je nach Unternehmenskultur können sich hier in unterschiedlichen Unternehmen auch unterschiedliche Faktoren finden. Wie bei Maslow gilt auch hier: Inhaltstheorien können eine plausible Gliederung von Motivationsfaktoren bieten, die konkrete Zuordnung einzelner Motive kann aber nur für einzelne Menschen in einer bestimmten Unternehmenskultur erfolgen.

Einen eigenen Motivationsansatz bietet die Gamification (Abschn. 4.9.4). Der Grundgedanke lautet hier: Menschen spielen gerne. Wenn man eine eigentlich wenig geliebte

Aufgabe als Spiel verpackt, dann wird diese Aufgabe besser und schneller und vielleicht auch lieber erledigt. Vermutlich gilt auch hier: Dieser Ansatz wird nicht in jedem Unternehmen und für alle Beschäftigten funktionieren. Für welche betriebliche Situation und bei welchen Mitarbeitergruppen Gamification ein sinnvoller Ansatz ist, wird die Zukunft zeigen.

Heutige Psychologie verwendet kaum noch Inhaltstheorien und konzentriert sich auf Prozesstheorien. Der grundlegende Ansatz sind Erwartungswerttheorien. Diese gehen von zwei Fragen aus:

- Wie stark strebt ein Mensch einen Zielzustand oder eine Belohnung an? Wie erwünscht ist ein Ziel?
- Wie wahrscheinlich ist es, dass eine bestimmte Handlung zu diesem Ziel führt? Wie hoch sieht ein Mensch die Erfolgswahrscheinlichkeit einer bestimmten Handlung an?

Beide Einschätzungen werden miteinander multipliziert. Die Aussage der Erwartungswerttheorien ist: Je größer das Produkt aus „Attraktivität" und „Erfolgswahrscheinlichkeit" ist, desto größer ist die Neigung eines Menschen, diese Handlung auszuführen. Wichtig ist dabei: „Attraktivität" und „Erfolgswahrscheinlichkeit" sind aus Sicht der Betroffenen zu bewerten. Wie groß Attraktivität und Erfolgswahrscheinlichkeit „objektiv" oder „richtigerweise" sind oder sein sollten, ist vollkommen gleichgültig. Hier zählt nur die subjektive Sicht der Handelnden.

Für das Ideenmanagement lassen sich diese Fragen konkretisieren. Für Einreicher lauten sie:

- Beschäftigte wünschen sich reibungslose Arbeitsabläufe, Anerkennung durch Vorgesetzte und Kollegen, eine Prämie, bessere Chancen für eine Beförderung und manches mehr. Wie stark streben sie dies an?
- Wie wahrscheinlich ist es aus Sicht der Beschäftigten, durch die Beteiligung am Ideenmanagement ihre Ziele zu erreichen?

Hier entscheidet alleine die Sicht der potenziellen Einreicher. Ob ein Ideenmanager der Ansicht ist, dass die Anreize für eine Beteiligung sinnvoll und die Chancen einer Realisierung und Prämierung von Vorschlägen fair sind, ist gleichgültig. Wenn die Beschäftigten glauben „Da bewegt sich nichts!" – dann werden sie auch nichts einreichen.

Ähnlich fragt sich ein Gutachter:

- Warum soll ich ein Gutachten erstellen? Bekomme ich dadurch Anerkennung, bessere Aufstiegschancen oder zumindest das Gefühl, etwas Sinnvolles für das Unternehmen zu tun?
- Wie wahrscheinlich ist es, durch ein Gutachten Anerkennung oder Sinn zu erhalten? Wie wahrscheinlich ist es beispielsweise, dass ein positiv begutachteter Vorschlag auch umgesetzt wird?

Wieder zählt hier nur die subjektive Sicht des Gutachters – wenn der Gutachter beispielsweise nicht über die Realisierung eines Vorschlags informiert wird, der vielleicht durch das Gutachten noch verbessert wurde, dann kann diese Realisierung auch nichts zur Motivation des Gutachters beitragen.

In den meisten Unternehmen setzt die Beförderung zur Führungskraft eine besondere Motivation voraus. Führungskräfte fragen daher besonders intensiv:

- Hilft mir das Ideenmanagement, meine Ziele zu erreichen?
- Einerlei, ob Effizienz-, Produktivitäts-, Zufriedenheits- oder andere Ziele in der Zielvereinbarung der Führungskraft stehen: Wie wahrscheinlich ist es, dass diese Ziele durch das Ideenmanagement besser erreicht werden?

Wenn Führungskräfte das Ideenmanagement nur unzureichend nutzen, dann kann es sinnvoll sein, die Sicht der Führungskräfte zu erfragen. Dies kann durch eine ausgearbeitete Befragung geschehen – manchmal genügt es aber schon, mit der einen oder anderen aufgeschlossenen Führungskraft ein informelles Gespräch zu führen.

Zusammengefasst: Eine Methode, mit der man alle Beschäftigten zu intensivster Mitarbeit im Ideenmanagement motivieren kann, gibt es nicht. Aber es kann sehr sinnvoll sein, sich das Ideenmanagement aus der Perspektive der unterschiedlichen Beteiligten anzuschauen und zu fragen:

- Was könnte von der Teilnahme am Ideenmanagement abhalten (Hygienefaktoren)?
- Wie könnten Beschäftigte das Ideenmanagement für die eigenen Ziele und Bedürfnisse nutzen?
- Wie wahrscheinlich ist es aus Sicht der Beschäftigten, dass sie diesen Nutzen tatsächlich erhalten?

Wenn diese Fragen für Einreicher, Führungskräfte und Gutachter zufriedenstellend beantwortet werden, dann wird auch das Ideenmanagement eine gute Entwicklung nehmen.

4.23 Not-invented-here-Syndrom

Einige Abteilungen oder auch ganze Unternehmen sind durchaus offen für Innovationen – wenn die Innovationen dort selbst entwickelt wurden. Vorschläge von außen werden grundsätzlich abgewertet und nicht umgesetzt: „Das haben wir ja nicht entwickelt!" Manchmal wird dann etwas später ein solcher Vorschlag von außen „nachentwickelt" und dann als eigene Entwicklung umgesetzt. Diese Grundhaltung von Abteilungen oder Unternehmen wird als „Not-invented-here-Syndrom" bezeichnet.

Zunächst verhindert eine solche Grundhaltung das Lernen von anderen und die Übernahme guter Praxis. Damit kann ein Unternehmen eine Menge wirtschaftliches Potenzial verschenken. Oft ist ein Not-invented-here-Syndrom mit einer Kultur des

Perfektionsanspruchs verbunden: Wir dürfen uns keine Fehler erlauben, wir sind die (z. B. Technologie-)Führer, wir erlauben uns nicht anzuerkennen, dass auch andere Unternehmen oder andere Abteilungen gute Ideen entwickeln. In einer solchen Kultur des Perfektionsanspruchs wird viel Energie eingesetzt, um die Fassade der Perfektion aufrechtzuerhalten – Energie, die fehlt, wenn es tatsächlich um die Entwicklung und Umsetzung von Innovationen geht. In fehlertoleranten Kulturen entstehen weniger Fehler als in Perfektionskulturen.

Aber diese negative Seite des Not-invented-here-Syndroms ist nur eine Seite der Medaille. Die andere Seite lautet etwa:

- Tatsächlich sind in vielen Fällen die Rahmenbedingungen in der eigenen Branche oder im eigenen Prozess vollkommen andere, als dies von außen erscheint. Und es kann sehr mühsam sein, einem Fremden zu erklären, warum ein oberflächlich gesehen guter Vorschlag in dieser Situation einfach nicht funktioniert. Wenn diese Erklärung aber nicht erfolgt, dann entsteht „außen" schnell der Eindruck: Die wollen ja gar nicht lernen und besser werden, die haben wohl ein Not-invented-here-Syndrom. Tatsächlich haben „die" aber einfach nur die bessere Einsicht in die Branche oder die Prozesse.
- Insbesondere das mittlere Management ist auch für die Erstellung von Produkten und Dienstleistungen und nicht (nur) für Innovation verantwortlich. Wenn ein mittlerer Manager nicht jede mögliche Verbesserung ausprobiert, dann kann es sein, dass er einfach seine Aufgabe erfüllt: Produzieren und Dienstleistungen erstellen, und erst in zweiter Linie verbessern.
- Auch bei Innovationen entstehen Opportunitätskosten: Wer sich um eine Verbesserung kümmert, kann in dieser Zeit nichts anderes tun. Möglicherweise gibt es aber eine bessere Verwendung für die Arbeitskraft – beispielsweise die Umsetzung einer noch wirksameren Verbesserung. Dies ist für einen von außen kommenden Einreicher oder Ideengeber aber nicht ersichtlich, und schon steht der Vorwurf im Raum: „Die haben ja ein Not-invented-here-Syndrom."
- Schließlich scheint es eine grundsätzliche Neigung von Menschen zu geben, sich insbesondere mit dem zu identifizieren, an dem sie selbst mitgearbeitet und sich beteiligt haben. Nicht umsonst ist „Betroffene zu Beteiligten machen" ein Kerngedanke des Change-Managements.

Zusammenfassend: Ja, es gibt Bequemlichkeit und Böswilligkeit, die dazu führen, dass Vorschläge und Ideen nicht umgesetzt werden. Nach der Erfahrung des Autors scheint dies aber eher selten der Fall zu sein. Ja, es finden sich Perfektionskulturen, die jeden Vorschlag von außen als Vorwurf interpretieren und zurückweisen. Hier kann Ideenmanagement einen Kulturwandel vielleicht unterstützen, sicherlich aber nicht alleine durchführen.

„Die anderen haben ein Not-invented-here-Syndrom" kann als Kampfbegriff oder Totschlagargument verwendet werden – und wird dann nicht funktionieren. Mit Gewalt funktioniert im Ideenmanagement gar nichts. Erfolgversprechender – wenn auch mühsamer –

ist es, die Gründe zu verstehen, aus denen heraus mancher Impuls von außen vielleicht nicht umgesetzt wird.

4.24 Prämierung

Einerseits funktioniert Ideenmanagement nur gut, wenn die Einreicher den Eindruck haben, dass sie fair behandelt werden. Dazu gehört: Wenn das Unternehmen durch eine Idee oder einen Vorschlag einen großen wirtschaftlichen Nutzen erreicht, dann soll der Einreicher auch seinen Anteil bekommen.

Andererseits lässt sich Kreativität nicht kaufen. Höhere Prämien führen zu mehr Begehrlichkeit, aber nicht zu mehr Vorschlägen und Ideen.

Daher müssen Prämien geregelt werden, und zwar so, dass alle Beteiligten die Regelung als fair beurteilen. Aber Prämien sind nur einer von vielen Punkten, die für ein gutes Ideenmanagement wichtig sind.

Prämien fallen nur im Vorschlagswesen an, das Ideenmanagement ist Teil der Arbeitsaufgabe. Besondere Leistungen hier können über die leistungsbezogene Vergütung (Abschn. 4.20) entlohnt werden.

Mit dieser Vorbemerkung kommen wir zur Gliederung der Prämien in Abb. 4.42.

Mischformen sind in der Praxis eher selten – ein Vorschlag kann Nutzen bringen und realisiert werden – oder eben nicht. Im Folgenden werden zunächst systematisch diese Prämienformen vorgestellt, sodann einige Sonderfragen der Prämierung in je eigenen Unterkapiteln dargestellt.

4.24.1 Rechenbarer Nutzen

Die Gliederung dieses Unterkapitels zeigt Abb. 4.43.

Die Verbesserungsvorschläge der Abb. 4.43 zeigen einen wirtschaftlichen Nutzen, der in Euro errechnet werden kann. Für die Errechnung der Prämie sind die Art der Errech-

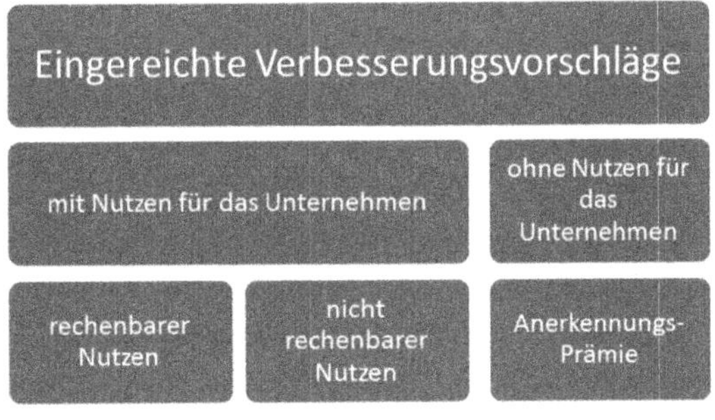

Abb. 4.42 Gliederung der Prämien: Übersicht

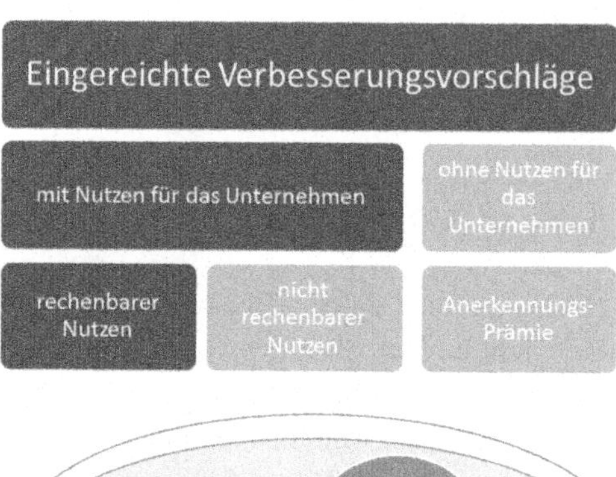

Abb. 4.43 Gliederung der Prämien: Rechenbarer Nutzen

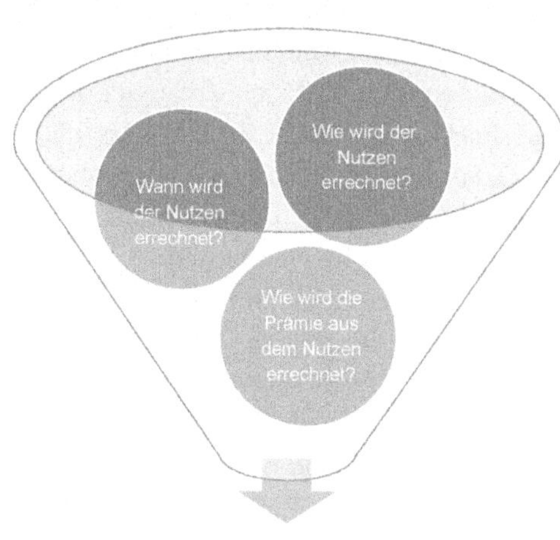

Abb. 4.44 Drei Schritte zur Prämie

nung des Nutzens, der Zeitpunkt der Errechnung des Nutzens und die Errechnung der Prämie aus dem Nutzen von Bedeutung, wie als Übersicht die Abb. 4.44 zeigt.

Nun also zu diesen drei Schritten im Einzelnen:

Wenn ein geringer Nutzen erwartet wird, dann bleibt es in der Regel bei einer Schätzung: Auch, wenn man den Nutzen exakt ermitteln könnte, wäre es offenkundig unsinnig, mehr Kosten für die Errechnung des Nutzens einzusetzen, als der Nutzen selbst beträgt.

Bei dieser Schätzung, wie bei allen folgenden Ansätzen, wird jeweils der Nettonutzen ermittelt – also der Nutzen abzüglich der Kosten, die bei der Realisierung des Vorschlags anfallen. Kosten für das Ideenmanagement selbst werden typischerweise nicht eingerechnet, ebenso wenig Kosten für Gutachter etc.

Der Nutzen wird häufig für das erste Jahr der Realisierung ermittelt. In vielen Unternehmen ist ein Jahr eine realistische Planungszeit. Welchen Nutzen ein Vorschlag nach Ablauf des ersten Jahres bringt, ist in dynamischen Umwelten oft nicht zu sagen – wie sicher ist, dass die verbesserte Produktion oder Dienstleistung überhaupt noch so angeboten wird? Je nach Planungshorizont wird in einigen Unternehmen auch eine größere oder eine kleinere Zeitspanne für die Berechnung des Nutzens angenommen.

Je nach Art der Einsparung ist die Nutzenermittlung mehr oder weniger leicht. Am einfachsten ist es, wenn durch einen realisierten Verbesserungsvorschlag variable Kosten eingespart werden können. Beispiel: Durch einen Verbesserungsvorschlag müssen an einer bestimmten Stelle nicht mehr vier, sondern nur noch drei Schrauben verwendet werden. Entsprechend werden weniger Schrauben bestellt, die Einsparung ist errechenbar und direkt ausgabenwirksam.

Nicht ganz so klar liegt der Fall, wenn durch einen Vorschlag eine Investition unterbleiben kann. In der Praxis kommen immer wieder Vorschläge vor, wonach eine neue Anwendung mit der vorhandenen Ausrüstung realisiert werden kann und damit eine geplante, aber noch nicht umgesetzte Investition in neue Ausrüstung unterbleiben kann. In den meisten größeren Unternehmen finden sich Richtlinien, wie für die interne Kalkulation derartige Investitionen auf die Anwendungsjahre verteilt werden. Die Abschreibung für das erste Jahr kann dann als Erstjahresnettonutzen für den Verbesserungsvorschlag verwendet werden. Grundsätzlich sollte das Ideenmanagement bei der internen Kalkulation genauso behandelt werden wie alle anderen Unternehmensbereiche auch – eine Schlechterstellung wäre unfair, eine Besserstellung würde die Akzeptanz des Ideenmanagements untergraben.

Problematisch wird die Nutzenberechnung, wenn durch einen Verbesserungsvorschlag zwar Kosten vermieden, diese jedoch nicht ausgabewirksam abgebaut werden können. Ein Beispiel: Durch einen Verbesserungsvorschlag wird eine bestimmte Maschine nicht mehr benötigt. Die Maschine wurde vor etlichen Jahren angeschafft, steht noch mit einem kleinen Restwert in den Büchern, ist aber unverkäuflich. Die Stilllegung der Maschine würde dem Unternehmen also keinen wirtschaftlichen Nutzen bringen. Ist dieser Umstand dem Einreicher zuzuschreiben, der keine Prämie erhält, weil sein Vorschlag keinen Nutzen bringt? Oder ist der Markt für gebrauchte Maschinen außerhalb der Kenntnisse, die man von einem Einreicher erwartet, und die wirtschaftliche Verwertung der gebrauchten Maschine eine Aufgabe der dafür zuständigen Abteilung – und wenn diese ihre Aufgabe nicht erledigen kann, dann wird dies nicht dem Einreicher zugeschrieben, der also doch eine Prämie erhält? Was sicher den Einreicher freut und tendenziell dazu beiträgt, dass weitere Beschäftigte Vorschläge einreichen. Was aber auch das Vorschlagswesen in Misskredit bringen kann: Prämien sollten doch sinnvollerweise nur für Vorschläge vergeben werden, die dem Unternehmen tatsächlich einen wirtschaftlichen Nutzen bringen.

Ähnlich problematisch ist die Nutzenberechnung für einen Vorschlag, der eine gute und sinnvolle Verbesserung einer EDV-Anwendung beinhaltet, wenn in diesem Unternehmen die EDV der Engpassfaktor ist und dem an sich gut ausgearbeiteten Vorschlag weniger Priorität zugeschrieben wird als anderen DV-Änderungen, und er daher nicht (in absehbarer Zeit) realisiert wird. Selbstverständlich steht es dem Unternehmen frei, Vorschläge nicht umzusetzen und damit auch nicht zu prämieren. Doch könnte durch derartige Entscheidungen die Beteiligung am Ideenmanagement sinken. Andererseits soll das Ideenmanagement auch nicht als „Schleichweg" eingesetzt werden, über den DV-Änderungen, die auf dem offiziellen Weg nicht die gewünschte Priorität erhalten, dann als Verbesserungsvorschlag doch noch umgesetzt werden.

Ganz problematisch wird die Nutzenberechnung, wenn nicht bereits im Betrieb vorhandene Maschinen, sondern bereits fest angestellte Beschäftigte nicht mehr benötigt werden. Eine Kündigung des Einreichers aufgrund seines Verbesserungsvorschlags ist in vielen Betriebsvereinbarungen ausgeschlossen. Eine Kündigung von Kollegen des Einreichers ist nur schwer denkbar. Eine Versetzung der nicht mehr benötigten Beschäftigten in andere Abteilungen ist nicht immer realisierbar. Dieser Fall gehört zu jenen Problemstellungen im Ideenmanagement, für die keine allgemeingültige Lösung gegeben werden kann, hier sind im konkreten Fall jeweils der Ideenmanager und die weiteren Führungskräfte im Unternehmen gefordert, eine individuelle Lösung zu entwickeln.

In anderer Weise problematisch ist die Nutzenberechnung für Vorschläge, durch die der Umsatz ausgeweitet wird. So könnte ein bereits auf einem Markt angebotenes Produkt durch den Vorschlag auch für andere Verwendungen und damit für weitere Absatzmärkte angeboten werden. Hier besteht der Nutzen sicherlich nicht im zusätzlichen Umsatz, sondern maximal im zusätzlichen Deckungsbeitrag. Dessen Errechnung ist nicht trivial, hier gehen weitere Annahmen ein, die im Unternehmen diskutiert werden müssen. Ist beispielsweise der Deckungsbeitrag die Differenz aus zusätzlichem Umsatz und den Kosten der zusätzlich abgesetzten Produkte? Oder werden durch die zusätzliche Absatzmenge Skaleneffekte erzielt (z. B. günstigere Mengenpreise bei unseren Lieferanten)? Sind diese als Nutzen einzurechnen?

Der Nutzen kann zu zwei verschiedenen Zeitpunkten ermittelt werden:

- vor der Realisierung (Vorkalkulation),
- nach der Realisierung (Nachkalkulation).

Beide Zeitpunkte haben ihre Vor- und Nachteile.

Vorkalkulation heißt: Der Nutzen und damit die Prämie wird ermittelt, bevor der Vorschlag realisiert wird. So kann die Prämie ausgezahlt werden, auch wenn die Realisierung aus guten Gründen noch nicht abgeschlossen ist. Dies fördert weitere Einreichungen: Aus der Lernpsychologie ist bekannt, dass *schnelle* Belohnungen ein Verhalten nachhaltig festigen. Erwünschtes Verhalten erst nach längerer Zeit zu belohnen, hat eine viel geringere Wirkung.

Aber: Es könnte sein, dass der Nutzen, nach der Realisierung gemessen, viel größer oder auch viel kleiner ist, als dies vor der Realisierung kalkuliert wurde. Beispielsweise könnte von einer Dienstleistung, die durch den Vorschlag verbessert wurde, vielmehr oder viel weniger abgesetzt worden sein. Ein nachträgliches Aufstocken der Prämie mag noch gehen, verursacht aber wieder Verwaltungsaufwand. Ein nachträgliches Reduzieren und Zurückbezahlen der Prämie ist in der betrieblichen Realität kaum denkbar. Außerdem: Nicht wenige Verbesserungsvorschläge sind unbequem umzusetzen. Wenn nun der Einreicher bereits seine Prämie erhalten hat und der Vorschlag für das Ideenmanagement abgeschlossen ist: Wer verfolgt dann noch die Realisierung des Verbesserungsvorschlags?

Nachkalkulation heißt: Der Vorschlag wird realisiert. Wenn die Verbesserung ein Jahr lang arbeitet, wird errechnet, welchen Nutzen die Verbesserung in diesem Jahr erbracht hat. Dies ist betriebswirtschaftlich die bessere Variante: Man muss keine Vermutungen und Annahmen über die weitere Entwicklung treffen, sondern kann ermitteln, was tatsächlich geschehen ist. Der Einreicher muss ein Jahr auf seine Prämie warten, was lernpsychologisch ungünstig ist – aber im Betrieb gibt es dann zumindest ein Jahr lang einen Beschäftigten, der ein Interesse an der Umsetzung der Verbesserung hat und bei Verzögerungen nachhaken kann.

Bei größeren Verbesserungsvorschlägen wird in manchen Unternehmen ein Kompromiss geschlossen: Nach der Vorkalkulation wird ein Drittel oder die Hälfte der Prämie ausbezahlt. Der Rest wird nach dem ersten Realisierungsjahr ermittelt und danach überwiesen. Dies ist betriebswirtschaftlich wie auch lernpsychologisch ein guter Ansatz, aufgrund des damit verbundenen doppelten Kalkulationsaufwandes aber nur für Verbesserungsvorschläge mit größerem Nutzen sinnvoll.

Der einfachste Weg vom Nutzen zur Prämie ist der lineare: Der Einreicher bekommt einen gewissen Prozentsatz des Erstjahresnettonutzens als Prämie überwiesen. Hier werden häufig Werte zwischen 10 und 30 % angesetzt, aber auch höhere oder geringere Werte kommen vor. Im Unternehmensvergleich ist nicht alleine die Prozentzahl entscheidend: Einige Unternehmen zahlen beispielsweise einen geringeren Prozentsatz, rechnen dafür bei der Nutzenermittlung großzügig. Andere Unternehmen zahlen einen hohen Prozentsatz, nehmen dafür nur vollständig ausgearbeitete Lösungen als Verbesserungsvorschläge an. Ein Prämiensatz ist also immer im Gesamtzusammenhang des Ideenmanagements zu sehen.

Einige Unternehmen sehen degressive Prämiensätze vor: Für die ersten 1000 € Erstjahresnettonutzen erhält der Einreicher 500 €. Für die nächsten 1000 € noch 400 €. Und bei einem Erstjahresnettonutzen von über einer Million werden vielleicht noch fünf Prozent Prämie ausgeschüttet – grafisch ist dies in Abb. 4.45 dargestellt.

Die Überlegung hinter dieser Regelung lautet: Der Nutzen kommt aus zwei Quellen: Zum einen der Idee und der Ausarbeitung, die der Einreicher geleistet hat. Zum anderen aus der Häufigkeit der Anwendung. Diese liegt eher im Bereich des Unternehmens. Wenn also für eine Gebäudereinigung vorgeschlagen wird, ein Reinigungsmittel mit gleicher Qualität und günstigerem Preis zu verwenden, dann hat der Einreicher die Arbeit geleistet, dieses Reinigungsmittel zu testen und einen günstigen Lieferanten ausfindig zu machen. Dafür soll der Einreicher auch gut prämiert werden. Wie häufig dieses günstigere Reinigungsmittel eingesetzt wird, hängt vor allem davon ab, wie viele Aufträge das Unternehmen akquiriert. Der Einreicher soll auch dafür prämiert werden, dass er sich ein häufig verwendetes Reinigungsmittel zur Optimierung vorgenommen hat. Aber tendenziell ist die Anwendungshäufigkeit eher Sache des Betriebes, daher soll der Prämiensatz mit höherem Erstjahresnettonutzen eher sinken.

Doch auch die umgekehrte Argumentation findet sich, eine progressive Prämienregelung ist in Abb. 4.46 dargestellt.

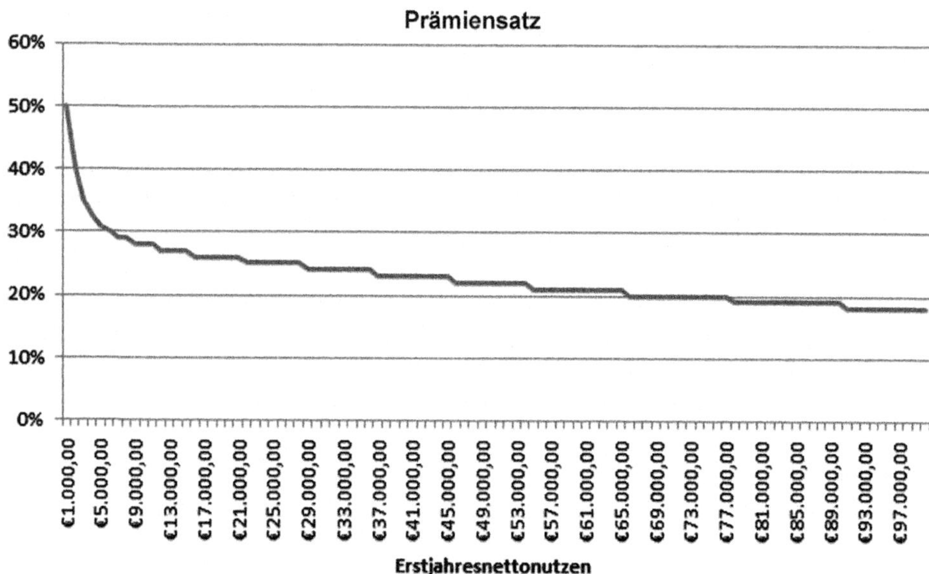

Abb. 4.45 Degressive Prämie

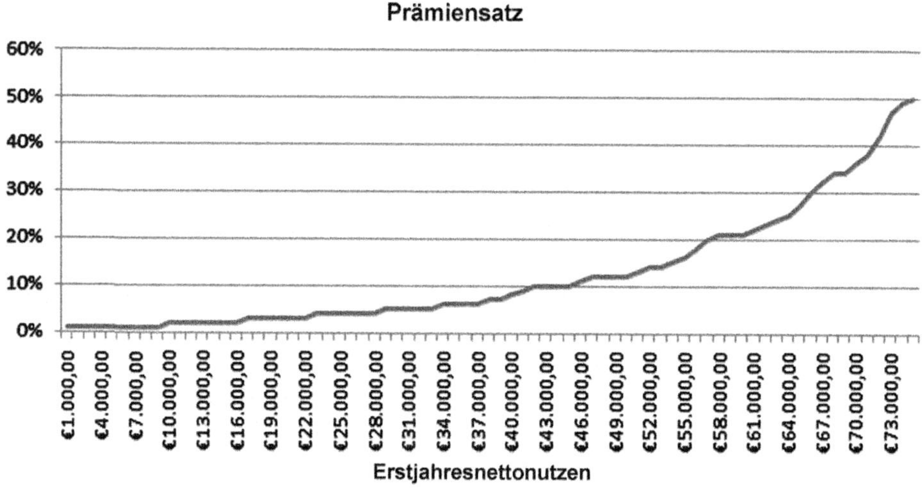

Abb. 4.46 Progressive Prämie

Die Überlegung der progressiven Prämie lautet: Viele kleine Verbesserungsvorschläge sind ja schön, helfen auch ein wenig, sollen auch ein wenig prämiert werden. Doch wirklich voran kommt ein Unternehmen nur mit großen Verbesserungsvorschlägen. Kleine Vorschläge verursachen genauso viel Aufwand im Ideenmanagement, bei der Begutachtung und vielleicht auch bei der Realisierung wie Verbesserungsvorschläge mit großem

Nutzen: Eine solche Prämierungsformel sendet das deutliche Signal an mögliche Einreicher: Ja, alle Verbesserungsvorschläge sind willkommen, aber wirklich gewünscht sind Verbesserungsvorschläge mit hohem rechenbaren Nutzen. Ein solches Unternehmen wird dann auch kaum kleine, aber relativ viele Vorschläge mit hohem Nutzen erhalten.

4.24.2 Nicht rechenbarer Nutzen

Eine Reihe von Verbesserungsvorschlägen zeigt zwar einen deutlichen Nutzen für das Unternehmen, dieser kann aber nicht in einer Zahl errechnet werden – siehe Übersicht in Abb. 4.47.

Beispiele für solchen nicht rechenbaren Nutzen sind:

- Vorschläge zur Verbesserung von Arbeitsschutz und Arbeitssicherheit – wie wäre ein vermiedener Arbeitsunfall zu kalkulieren?
- Vorschläge zur Imageverbesserung, zur Verbesserung der Kunden- und Arbeitgeberattraktivität – Veränderungen sind zwar messbar, aber nur schwer einer bestimmten Maßnahme zuzuordnen.
- Vorschläge, die die Arbeitsabläufe erleichtern, die Prozesse vereinfachen, die aber nicht direkt zu einer Erhöhung von Produktivität oder Qualität führen. So kann im Verwaltungsbereich vorgeschlagen werden, ein Informationsfeld auf einer Bildschirmseite einzufügen, das bisher nur auf einer anderen Bildschirmseite zu sehen ist. Dies erspart dem Bearbeiter den Wechsel der Bildschirmseiten, aber er wird deshalb nicht mehr Vorgänge pro Tag abarbeiten können.

In diesen Fällen wird in der Praxis gerne mit Punktetabellen gearbeitet. Diese können ganz einfach oder auch beliebig komplex sein, häufig sind ein- bis dreidimensionale Tabellen zu finden. Als Beispiel für eine einfache eindimensionale Punktetabelle kann Tab. 4.12 dienen.

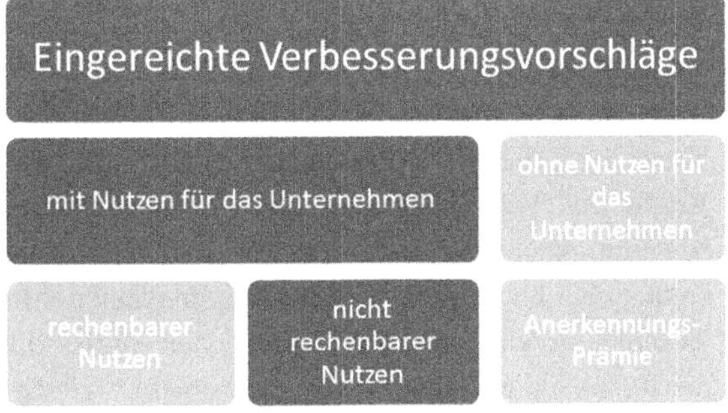

Abb. 4.47 Gliederung der Prämien: Nicht rechenbarer Nutzen

Tab. 4.12 Eindimensionale Punktetabelle

Der Vorschlag ist …	Erläuterung	Punkte
Exzellent	Hoher Nutzen an vielen Einsatzstellen	7
Sehr gut	Hoher Nutzen an einigen Einsatzstellen oder mittlerer Nutzen an vielen Einsatzstellen	5
Gut	In Summe mittlerer Nutzen	3
Anerkennenswert	In Summe durchaus erkennbarer Nutzen	1

Tab. 4.13 Zweidimensionale Punktetabelle

	Anwendung häufig	Anwendung eher häufig	Anwendung eher selten	Anwendung selten
Vorschlag vollständig umsetzungsreif ausgearbeitet	25	23	19	15
Vorschlag weitgehend umsetzungsreif ausgearbeitet	23	19	15	11
Vorschlag mit Ansatz für die Umsetzung	19	15	11	7
Ideenskizze	15	11	7	3

Die Einschätzung wird vom Ideenmanager oder in der Kommission durchgeführt. Diese Tabellen können auch weiter ausgebaut und mit detaillierteren Erklärungen versehen werden – im Laufe der Jahre entwickelt sich in der Regel bei den Entscheidern ein Gefühl dafür heraus, wie viele Punkte ein Vorschlag „wert" ist. Bewusst werden hier Lücken zwischen den Punktwerten gelassen, dies erleichtert die Einstufung von Vorschlägen, die nicht exakt einer Stufe zuzuordnen sind. Ist sich die Kommission einig, dass ein Verbesserungsvorschlag nicht exzellent, aber auf jeden Fall besser als „sehr gut" ist, dann werden eben sechs Punkte vergeben.

Häufig sind zweidimensionale Punktetabellen zu sehen, ein Beispiel zeigt Tab. 4.13.

In der Beispieltabelle Tab. 4.13 sind die Punkt symmetrisch verteilt, in diesem Fall gehen Anwendungshäufigkeit und Reife des Vorschlags gleich in die Bepunktung ein. Je nach Priorität im Unternehmen kann auch eine der beiden Dimensionen höher bewertet werden. Schließlich können auch drei Dimensionen einbezogen werden, das Beispiel hierfür findet sich in Tab. 4.14.

In Tab. 4.14 werden die Punkte der einzelnen Dimensionen miteinander multipliziert – Vorschläge, die nie angewendet werden, reine Störmeldungen ohne jeden innovativen Ansatz und Vorschläge ohne Nutzen für den Betrieb werden so stets mit null Punkten bewertet. Auch zeigt sich, dass die Anzahl der Stufen je Dimension unterschiedlich sein kann. Schließlich muss auch die Maximalzahl der Punkte nicht die gleiche sein – wenn in diesem Unternehmen der Nutzen für den Betrieb das wichtigste Kriterium ist, dann sollte hierfür auch die höchste Punktzahl vergeben werden.

Die Tabelle gehört zu den „Grundlagen des Betrieblichen Vorschlagswesens", unterliegt also der Mitbestimmung.

Tab. 4.14 Dreidimensionale Punktetabelle

Häufigkeit der Anwendung	Punkte	Reife des Vorschlags	Punkte	Nutzen für den Betrieb	Punkte
Nie	0	Reine Störmeldung	0	Kein Nutzen	0
Selten	5	Ideenskizze	3	Geringer Nutzen	3
Häufig	10	Grober Lösungsansatz	6	Mittlerer Nutzen	6
		Umsetzungsreif ausgearbeitet	9	Hoher Nutzen	9
				Überragender Nutzen	12

Wenn nun aus der jeweils gültigen Tabelle die Punktezahl ermittelt wurde, dann muss diese Punktzahl in einen Eurobetrag umgerechnet werden, der als Prämie ausgezahlt wird. Dies kann entweder mit einem festen Faktor geschehen – ein Punkt entspricht x Euro. Oder der Faktor wird, häufig jährlich, um die durchschnittliche Gehaltserhöhung erhöht. Damit ergeben sich zwar ungerade Prämien, andererseits passt sich die Prämie der Inflation an. Ansonsten muss nach einigen Jahren neu über die Höhe dieses Prämienfaktors diskutiert und entschieden werden.

4.24.3 Anerkennungsprämien

Manche Verbesserungsvorschläge können nicht prämiert werden, obwohl dies zur Bestärkung der Einreicher und in Anbetracht der von ihnen geleisteten Arbeit durchaus sinnvoll wäre. Beispiele sind:

- Ein guter und sinnvoller Vorschlag wird eingereicht – doch zwei Tage zuvor hat ein Kollege aus einer anderen Abteilung den gleichen Vorschlag eingereicht. Der erste Einreicher hat die Priorität, doch der zweite Einreicher hat sich auch die Arbeit gemacht.
- Eine Verbesserung an einer Maschine wird vorgeschlagen. Doch diese Maschine wird in zwei Wochen durch eine neue Anlage ersetzt, was der Einreicher allerdings nicht wissen konnte.
- Ein neuer Mitarbeiter ist begeistert, dass es bei uns ein Betriebliches Vorschlagswesen gibt, und reicht seinen ersten Vorschlag für eine Änderung an einem Produkt ein. Leider sind in der gültigen Betriebsvereinbarung Vorschläge für Produktänderungen ausgeschlossen. Doch soll der Enthusiasmus des neuen Kollegen nicht durch eine sofortige brüske Ablehnung gebremst werden.

In derartigen Fällen kann zumindest eine Anerkennungsprämie ausgegeben werden. Dies kann ein Geldbetrag (50 € oder 200 €) sein, häufig handelt es sich um eine Sachprämie. Die Auswahl der Prämie erfordert großes Fingerspitzengefühl: Wird der Wert zu gering angesetzt, dann spüren die Einreicher eher geringe Wertschätzung und weniger eine Anerkennung. Wird der Wert zu hoch angesetzt, so werden vermehrt nicht realisierbare Verbesserungsvorschläge eingereicht in der Hoffnung, dann wenigstens die Anerkennungsprämie zu erhalten.

4.24.4 Minimalprämie

Grundsätzlich soll die Prämie dem Einreicher (s)einen fairen Anteil an der Einsparung geben, die das Unternehmen durch seinen Verbesserungsvorschlag erhält. Bei Vorschlägen mit geringem Nutzen ist von einer entsprechend geringen Prämie auszugehen. Doch wäre es fast peinlich, eine Prämie in Höhe weniger Euro auszuzahlen, ganz abgesehen von dem Ungleichgewicht zwischen der Prämienhöhe und den durch die Auszahlung verursachten Verwaltungskosten. Daher sehen einige Unternehmen eine Mindestprämie vor.

Bei der Festsetzung der Mindestprämie ist Fingerspitzengefühl notwendig: Eine geringe Mindestprämie schadet dem Ideenmanagement nicht, sorgt aber auch nicht für zufriedene Einreicher. Eine hohe Mindestprämie freut zwar die Einreicher, führt aber auch dazu, dass Kleinstvorschläge unangemessen hoch prämiert werden. Dadurch kann bei Beschäftigten wie bei Führungskräften der Eindruck entstehen, im Ideenmanagement gehe es nicht mit rechten Dingen zu, dies sei eher ein Selbstbedienungsladen als ein Führungs- und Rationalisierungsinstrument.

4.24.5 Gerundete Prämie

Die Prämie kann mit den dargestellten Verfahren bis auf den Cent genau, teilweise bis auf den Bruchteil eines Cents genau ausgerechnet werden, obwohl in die Berechnung an der einen oder anderen Stelle auch wenig präzise Einschätzungen eingehen. Daher runden einige Unternehmen die Prämie auf den nächsten ganzen Eurobetrag auf – einige Unternehmen runden auch auf den nächsten glatten Betrag (ohne Rest durch fünf oder sogar durch zehn teilbar) auf.

4.24.6 Maximalprämie

Einige Führungskräfte in Unternehmen, die wenig Erfahrung mit dem Ideenmanagement haben, plagt die Sorge, was wohl passieren würde, wenn ein Einreicher einen Verbesserungsvorschlag mit einem enormen Nutzen einreichen würde. Dann müsste doch das Unternehmen auch eine enorme Prämie ausschütten. Aber: Wird der Nutzen auch immer richtig berechnet? Muss das Unternehmen vielleicht eine hohe Prämie für einen dann doch nicht ganz so großen Nutzen ausgeben? Manchmal mit der fürsorglichen Frage: Kann der Mitarbeiter mit einer so großen Prämie überhaupt verantwortungsvoll umgehen? Manchmal mit der Sorge: Wird der Mitarbeiter die Prämie nutzen, um sich zur Ruhe zu setzen? Erfolgreiche Einreicher sind meist jene Mitarbeiter, die ein Unternehmen gerne behalten möchte. Als Mittel gegen alle diese Befürchtungen wird dann eine Maximalprämie vorgeschlagen – egal, wie hoch der Nutzen ist, der Einreicher erhält nie mehr als beispielsweise 100.000 €.

Die Gegenargumente liegen auf der Hand: Wenn die Nutzenberechnung zweifelhaft ist, dann hilft nur Transparenz in der Nutzenberechnung, nicht aber eine Maximalprämie. Wenn das Unternehmen kein Ort ist, an dem die Beschäftigten gerne arbeiten, dann werden gute Mitarbeiter das Unternehmen früher oder später verlassen, einerlei, ob sie nun eine Prämie im Vorschlagswesen erhalten oder nicht.

Ein weiteres Argument für eine Maximalprämie lautet: Der Streitwert wird so im Falle eines Arbeitsgerichtsverfahrens begrenzt.

Eine weitergehende Argumentation lautet:

> Könnte es sein, dass Prämien ab einer gewissen Höhe jegliche Entgelt-Relationen in einem Unternehmen in Frage stellen, wenn nicht gar sprengen würden? [...] Vor dem Hintergrund einer ausgewogenen Unternehmenskultur mag es daher durchaus sinnvoll sein, Prämien für Verbesserungsvorschläge beispielsweise auf die Größenordnung eines Jahresgehalts der höchsten tariflichen Entgeltgruppe zu beschränken (Koblank 2005, S. 2).

In der Tat: Im praktischen Leben sind Verbesserungsvorschläge, die zu einer sehr großen Prämie führen würde, extrem selten. Eine vernünftig hoch angesetzte Maximalprämie kommt kaum jemals zum Einsatz. Schließlich kann man eine Öffnungsklausel in die Betriebsvereinbarung einstellen: „Der Unternehmensführung steht es frei, in Einzelfällen eine höhere Prämie auszuzahlen." Vermutlich ist es in einigen Fällen einfach diplomatisch, eine Maximalprämie zuzugestehen.

4.24.7 Prämienshop

Ursprünglich wurden die Prämien im Betrieblichen Vorschlagswesen in Geld ausgezahlt. So schrieb der Holz-Fabrikant Heinrich Freese (1909, S. 91): „Die ersten Prämien sind bei mir im Jahre 1903 verteilt worden. Ich erließ eine Bekanntmachung, durch die ich vier Prämien für Verbesserungen an den Erzeugnissen, an den Arbeitmethoden [sic!] oder an den Werkzeugen der Fabrik aussetzte. Es wurden zusammen 100 Mark ausgesetzt.". Das hat einen großen Vorteil: Geld kann jeder gebrauchen und für seinen Zweck einsetzen. Aber Geld als Prämie hat auch einige Nachteile:

- Heutzutage schwanken die Gehaltszahlungen pro Monat aus verschiedenen Gründen: Überstunden, Spät- oder Nachtschicht, Dienstreisen mit ihren Spesen. Dann droht die Prämie, in diesen Schwankungen einfach unterzugehen. Wenn aber die Prämie im Vorschlagswesen nicht mehr wahrgenommen wird, kann sie auch keine Motivationswirkung mehr entfalten.
- Vielleicht nicht politisch korrekt, aber in der Realität kommt es vor, dass praktisch das gesamte Gehalt für Miete, Haushalt etc. verwendet wird, der Einreicher selbst also sozusagen für sich selbst nichts von der Prämie hat.

- Zwar kann Geld „alles“ kaufen – aber wenn beispielsweise das Unternehmen die Einkaufsmacht bündelt, kann das Unternehmen „mehr“ Prämie bei gleichem finanziellem Aufwand ausgeben.
- Geld ist „langweilig“. Niemand wird seinen Freunden erzählen: „Stellt euch vor, ich habe 200 € Prämie bekommen.“ Aber: „Stellt euch vor, ich habe ein neues Tablet bekommen, nur für einen Verbesserungsvorschlag, und das Tablet kann ...“ – so eine Geschichte kann man schon erzählen.

Derartige Überlegungen haben dazu geführt, dass eine Reihe insbesondere größerer Unternehmen den erfolgreichen Einreichern einen „Prämien-Shop“ anbietet. Für die ausgeschüttete Prämie können sich die Einreicher eine Sachprämie aus dem Shop aussuchen. Mehrere Prämien können zusammengefasst und dann für eine entsprechend größere Sachprämie eingelöst werden. Manchmal ist dies sogar eine Motivation: Wenn bis zur wirklich ersehnten Sachprämie noch etwas fehlt, dann werden Verbesserungsvorschläge entwickelt und eingereicht, bis die noch fehlende Prämie erreicht ist.

Für kleinere Unternehmer lohnt sich ein eigener Prämienshop vielleicht nicht, doch gibt es auch für diese die Möglichkeit, den Prämienshop eines entsprechenden Dienstleisters in Anspruch zu nehmen.

Aus Sicht des Ideenmanagers ist auch darauf zu achten, dass die Prämienshop-Software mit der eigenen Ideenmanagement-Software zusammenarbeitet.

In der Zeit vor der Allgegenwart des Internets lautete ein Argument für Prämienshops: Wenn ein Unternehmen viele Prämien einkauft, dann wird es diese als Großkunde günstiger erhalten. Der erfolgreiche Einreicher erhält also eine wertvollere Prämie, als wenn er den Prämienbetrag in Euro ausbezahlt bekommen hätte und sich die entsprechende Sachprämie selbst in einem Geschäft gekauft hätte.

Doch nun haben wir das Internet, und für manche Sachprämien kann ein Mitarbeiter sogar eine günstigere Bezugsquelle finden. Dann ärgert sich ein erfolgreicher Einreicher, dass er eine weniger wertvolle Prämie erhält, als wenn er den Prämienbetrag in Euro ausgezahlt bekommen hätte und sich die entsprechende Sachprämie selbst im Internet bestellt hätte.

Daher berichten erste Unternehmen, dass sie ihren Prämienshop stillgelegt haben.

Eine Alternative können Gutscheinkarten sein, die mit maximal 44 € pro Monat aufgeladen werden (um unter der Steuerfreigrenze zu bleiben), diesen Betrag über mehrere Monate aufaddieren können und dann den gesamten Betrag, oder wieder Teile davon, bei einem Vertragspartner einlösen können. So ist zwar kein Einkauf bei jedem Internethändler, aber doch bei Kaufhäusern, Tankstellen etc. möglich. Derartige Gutscheinkarten werden beispielsweise als „IdeenmanagementCARD“ angeboten.

4.24.8 Immaterielle Anerkennungen

Anerkennung für einen Verbesserungsvorschlag muss nicht nur die Prämie im Sinne eines Geldbetrages oder einer Sachprämie sein. Anerkennung (Abschn. 4.1) kann auch sein

- die Erwähnung in der Werkszeitung oder im Internet als „Einreicher des Monats" oder dergleichen,
- das ehrliche „Dankeschön" einer der obersten Führungskräfte,
- die Ernennung zum Ideenmanagement-Ansprechpartner für die Abteilung,
- die Mitgliedschaft im „Club der Denker", dem „Kreis der Kreativen" oder einer ähnlichen Gruppe von ausgezeichneten Einreichern,
- Teilnahme am Kamingespräch mit der Geschäftsführung, bei dem diese die aktuellen Herausforderungen des Unternehmens darstellt, für die Verbesserungsvorschläge besonders notwendig sind,
- eine Beförderung, bei der das Engagement im Ideenmanagement ein Argument ist,
- eine Fortbildung in „kreativer Problemlösung" und ähnlichen Themen, gerne in einem angenehmen Seminarhotel.

Kurz: Es gibt eine Vielzahl von Möglichkeiten, immaterielle Anerkennungen zu geben. Nicht jede dieser Möglichkeiten wird in die Kultur jedes Unternehmens passen, und sicherlich ist diese Liste nicht abschließend, sondern kann erweitert werden.

Wie auch bei den materiellen Anerkennungen gilt: Die Beschäftigten nehmen genau wahr, was zu einer Anerkennung führt. Wenn besonders Gruppenvorschläge anerkannt werden, kann dies die Zusammenarbeit im Betrieb verbessern. Wenn die Verbesserungsvorschläge mit der höchsten Einsparung öffentlich gepriesen werden, dann werden vermehrt Verbesserungsvorschläge mit hohem Rationalisierungspotenzial entwickelt. Auch immaterielle Anreize sollten also sehr gezielt und überlegt gegeben werden.

4.25 Qualitätsmanagement

Die Geschichte des Ideenmanagements ist immer wieder eng mit dem Qualitätsmanagement verbunden gewesen – und zwar immer dann, wenn „Qualität" eine wichtige Anforderung an Unternehmen sowie ihre Produkte und Dienstleistungen wurde.

In den Anfängen des Ideenmanagements, der Industrialisierung Ende des 19. Jahrhunderts, spielte Qualität kaum eine Rolle, und dies blieb auch im Aufschwung des Ideenmanagements im Zweiten Weltkrieg bis in die Nachkriegszeit hinein der Fall. Doch bereits in der Nachkriegszeit begann der Wechsel: In der japanischen Wirtschaft wurde zunehmend ein Streben nach Qualität sichtbar, unterstützt durch W. Edwards Deming. Sein P-D-C-A wurde bereits (Abb. 1.6) vorgestellt. Dieses Streben nach Qualität war bald in Europa und Nordamerika ebenfalls zu beobachten.

In dieser Zeit entwickelte das Qualitätsmanagement eine Methode, die sich sehr dem Ideenmanagement nähert: den Qualitätszirkel. Hier werden Beschäftigte, die die Produkte bzw. die Dienstleistungen erstellen, zusammengerufen und entwickeln unter Anleitung Ideen für die Verbesserung der Qualität. Im Grunde ist dies ein Kontinuierlicher Verbesserungsprozess, der sich auf die Qualität konzentriert.

Vor diesem Hintergrund wurde im Projekt KrIDe unter Leitung des Fraunhofer Instituts ISI, des Ingenieurbüros IdeenNetz und der GOM Aachen die Grundlage des Qualitätsmanagements in einem Modell für das Ideenmanagement nutzbar gemacht. Der Ansatz geht von zwei Dimensionen des Qualitätsmanagements aus.

Das Qualitätsmanagement wird in zwei Dimensionen gelebt. Ausgangspunkt ist in jedem Fall die Qualitätskontrolle: Nur Produkte und Dienstleistungen, die den definierten Anforderungen entsprechen, dürfen zum Kunden gelangen. Die Fortentwicklungen in der ersten Dimension waren technischer Natur. Statistische Prozesskontrolle, FMEA, Software, Normen und Modelle wurden entwickelt und verbessern, wenn sie gewissenhaft angewendet werden, die Qualität. Auf jeden Fall werden so weniger mangelhafte Produkte und Dienstleistungen entwickelt und erstellt.

In der zweiten Dimension entwickelte sich das Qualitätsmanagement als Qualitätsdenken, als Geisteshaltung, als qualitätsorientierte Unternehmenskultur. Maßgebliche Autoren sind hier Joseph M. Juran und W. Edwards Deming. Juran gab „Juran's Quality Control Handbook" heraus, das als Bibel des Qualitätsmanagements gilt und umfassend über alle Aspekte des Qualitätsmanagements informiert (Juran und Gryna 1951). W. Edwards Deming betonte, dass Qualität ein Führungsthema ist – und dass die Führung sich zwar Modellen und Checklisten bedienen könne, im Grunde aber die Produktion verstehen müsse, um selbst über Qualität nachdenken zu können und dann auch zu einer Qualitätsverbesserung zu führen.

Im Rahmen des KrIDe-Projektes wurde eine dritte bedeutsame Dimension identifiziert, das Schaubild findet sich in Abb. 4.48.

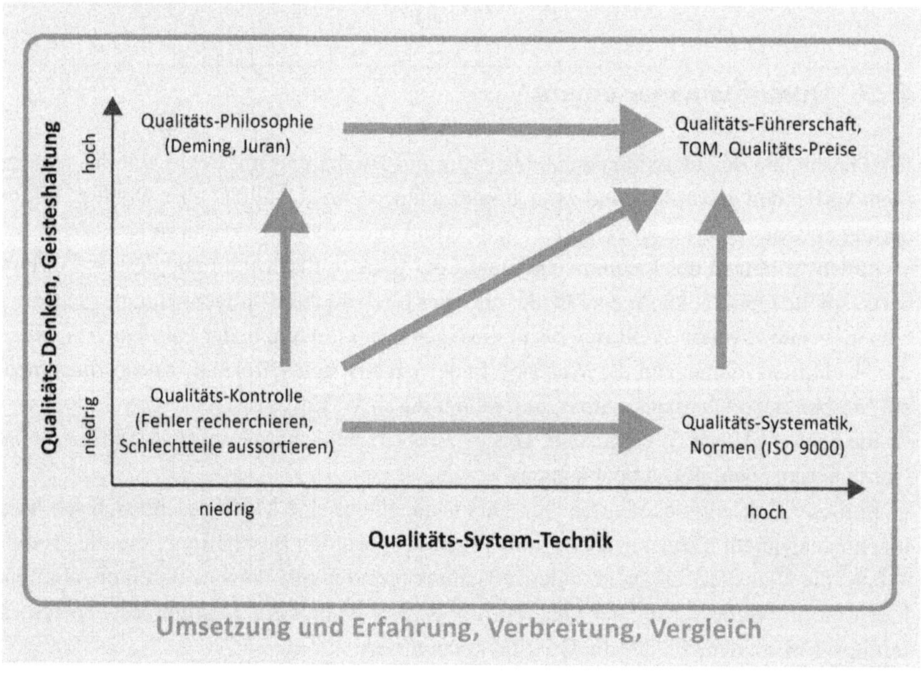

Abb. 4.48 Drei Dimensionen des Qualitäts- und Ideenmanagements. (Mühlbradt und Schat 2013, S. 10)

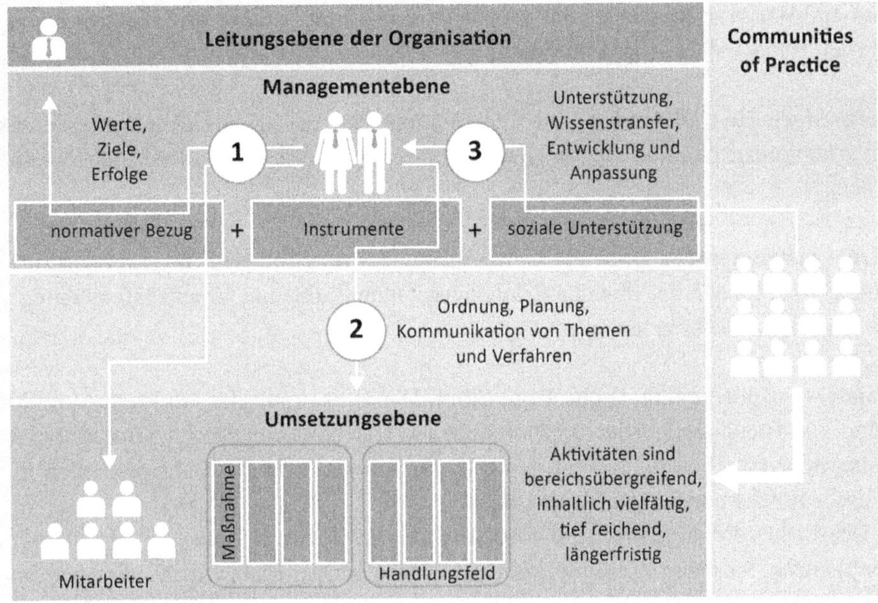

Abb. 4.49 Zwei Dimensionen des Qualitäts- und Ideenmanagements benötigen Hirn, Herz und Hände. (Mühlbradt und Schat 2013, S. 11)

In früheren Zeiten konnte noch eine Führungskraft, ein „Industrie-Kapitän", dem Unternehmen seinen Stempel aufdrücken. Doch die Zeiten der Grundigs, Mendes und Neckermanns sind vorüber, heute benötigt jede Führungskraft, bis in die höchsten Ebenen, Verbündete und Partner. Nicht alles kann selbst entwickelt werden, vielfach hilft der Austausch innerhalb des Unternehmens und über die Unternehmensgrenzen hinaus. Damit ergibt sich die Struktur der Abb. 4.49.

Die diesem Ansatz zugrunde liegende Hypothese lautet: Betriebe mit einem übergreifenden Konzept können viele personenbezogene Maßnahmen erfolgreich umsetzen – unabhängig davon, ob es sich hierbei um einen Ansatz nach dem Business-Excellence-Modell der EFQM (Abschn. 4.14.1), der Balanced Scorecard (BSC) (Abschn. 4.14.2) oder einem ähnlichen Modell handelt. Gemeinsam ist diesen Ansätzen, dass sie vollständige Modelle der Unternehmensführung sein wollen – mit dem Anspruch der nachhaltigen Förderung der Innovations- und Wettbewerbsfähigkeit. Aus einer Metaperspektive enthalten diese Modelle Elemente in drei verschiedenen Dimensionen:

- Normative Dimension: Handlungsleitung und Gültigkeitsanspruch.
- Instrumentelle Dimension: Werkzeuge zur Umsetzung.
- Soziale Dimension: Communities of Practice und Benchmarking.

Etwas plakativ könnte man formulieren: Exzellentes Ideenmanagement benötigt Herz, Hirn und Hände. Dabei entspricht dem Herz die normative, dem Hirn die instrumentelle und den Händen die soziale Dimension:

Herz – normative Dimension Die Überzeugung, dass exzellentes Ideenmanagement nur durch kontinuierliche und ausgewogene Verbesserungen erreicht werden kann („Qualitätsdenken").

Hirn – instrumentelle Dimension Werkzeuge zur Erfassung der Situation und zur Ableitung von Maßnahmen, die den Erfolg einer Organisation unter breiter Beteiligung verbessern („Qualitätssystemdenken").

Hände – soziale/pragmatische Dimension Die Umsetzung der Werkzeuge und Maßnahmen in Handlungen. Hierzu gehört auch die Unterstützung durch interne und externe Kollegen und die Bestätigung von Erfolgen durch Berichte in der Fachpresse sowie durch Preise, Auszeichnungen und Zertifikate.

Ein solches dreidimensionales, übergreifendes Konzept kann man eine „Dachkonstruktion" nennen. Sie übernimmt eine dreifache Funktion: Darstellen, Organisieren und Schützen.

Als gemeinsames Dach für Maßnahmen wirkt eine solche Dachkonstruktion, indem sie eine zusammenhängende Darstellung der Maßnahmen erlaubt, Ordnung und Organisation der Maßnahmen gewährleistet und den Schutz der Maßnahmen vor Angriffen durch ihre Einbindung und Organisation realisiert. Konkretisiert heißt dies:

Darstellung Erstellt wird ein klar formuliertes Konstrukt, das zur Sprache und zur Kultur des Unternehmens passt.

Organisation Der Geltungsbereich wird klar abgegrenzt, innere Zusammenhänge werden beschrieben und operative Maßnahmen aus dem Dachkonstrukt abgeleitet und begründet.

Schutz Alle Maßnahmen haben einen belegbaren Bezug zum Unternehmenserfolg, integrierte Messkonzepte und -instrumente sind vorhanden.

Diese drei Funktionen können vom Business-Excellence-Modell der EFQM, der Balanced Scorecard und weiteren Ansätzen realisiert werden. Wenn die Wahl besteht, wird ein Betrieb sich für ein Modell entscheiden, das bei der Anwendung (Planen, Messen, Kommunizieren) sparsam im Verbrauch von Ressourcen ist.

Ein durchaus überlegenswerter Ansatz besteht darin, eine solche Dachkonstruktion für das eigene Unternehmen selbst zu entwickeln. Hierdurch kann nicht nur dem Kriterium der Ressourcenschonung Rechnung getragen werden. Durch eine Beteiligung von Beschäftigten des eigenen Betriebs kann die Akzeptanz deutlich erhöht werden – ein fremdes Konzept wird eher abgelehnt als ein eigenes.

Durch Sprache, Gliederung und Schwerpunktsetzung kann eine eigene Dachkonstruktion dem eigenen Betrieb und seinen Rahmenbedingungen gut angepasst werden (vgl. zu diesem Ansatz Mühlbradt et al. 2012).

4.26 Software

4.26.1 Stellung und Funktion von Software im Ideenmanagement

Software hat im Ideenmanagement eine Stellung, die Frederick Herzberg (2003) als Hygienefaktor beschrieben hätte: Kein Ideenmanagement feiert große Erfolge, nur weil die Software optimal funktioniert. Aber wenn die eingesetzte Software das Ideenmanagement nicht optimal unterstützt, kann das gesamte Ideenmanagement Probleme bekommen.

In jedem Fall ist Ideenmanagement ohne unterstützende Spezialsoftware heute nur noch in kleineren Unternehmen vorstellbar. Der Verfasser hat über einige Jahre ein kleineres Vorschlagswesen mit 30 bis 40 Vorschlägen pro Jahr geleitet. In dieser Größenordnung genügt eine gut gepflegte Tabellenkalkulation. Bei etwas größerem Aufkommen kann eine selbstentwickelte Datenbank die Vorschläge aufnehmen. Wenn jedoch von mehr als einem Arbeitsplatz auf die Daten des Ideenmanagements zugegriffen werden soll, wenn hohe Anforderungen an Datenschutz und Datensicherheit gestellt werden und wenn zertifizierte Kennzahlen als Vergleichsgrundlage dienen sollen – dann ist eine Spezialsoftware notwendig (Schat 2005).

4.26.2 DV-technische Anforderungen

Die DV-technischen Anforderungen an betriebliche Informationssysteme haben sich in den letzten Jahrzehnten rasant verändert.

Der Beginn dieser Entwicklung war durch einzeln arbeitende Großrechner, dann durch einzelne PCs gekennzeichnet. Heute ist EDV fast nur noch als Vernetzung von Geräten sinnvoll zu betreiben.

In diesem Kapitel werden die DV-technischen Anforderungen spezifisch des Ideenmanagements behandelt. Ohne Weiteres versteht sich, dass auch ein Ideenmanager seine Texte und seine Präsentationen mit entsprechenden Programmen erarbeitet, diese Programme zur Verfügung haben und auch professionell bedienen können muss.

Ideenmanagement ist, aus Sicht der Hardware, eine sehr genügsame Anwendung. Zunächst einige Worte zur Hardware der Server, also der Komponente, die üblicherweise im Rechenzentrum steht. Auch wenn speziell im deutschsprachigen Raum aus Gründen der Datensicherheit nach wie vor Befindlichkeiten gegenüber extern betriebenen IT-Infrastrukturen – Stichwort Cloud Computing – bestehen, sind auch Tendenzen zu einer Auslagerung insbesondere des Betriebs von Spezialsoftware zu erkennen. Anschließend charakterisieren wir die Hardware, die dem Einreicher, Gutachter oder Ideenmanager zu Verfügung steht – die Clients.

Als Server genügt – je nach eingesetztem Softwareprodukt und Lastverhalten – eine Zwei-CPU-Maschine mit gängigen Multicore-Prozessoren und sechs bis acht GB RAM. In größeren und komplexen DV-Umgebungen werden Änderungen typischerweise zunächst auf einem Testsystem auf ihre Seitenwirkungen zu anderen DV-Komponenten überprüft. Dieses Testsystem kann noch kleiner ausgelegt sein als das aktive System – oder, insbesondere wenn mit den realen Daten überprüft wird, gleich dem produktiven System ausgelegt werden. In sehr großen und anspruchsvollen Umgebungen kann ein weiteres System als Back-up bereitgehalten werden. Ferner ist je nach erwartetem Lastverhalten ein Clustering und/oder Loadbalancing zu prüfen. Bei hohen erwarteten Zugriffszahlen und intensiven Reporting-Anforderungen empfiehlt sich, auf jeden Fall das Sizing auf Basis von simulierten Lasttests im Rahmen des Einführungsprojekts zu überprüfen. Ideenmanagement-Software für größere Organisationen wird häufig auch als „Software as a Service" angeboten, d. h., die Software arbeitet im Rechenzentrum des Softwareanbieters. Dieser ist für Betrieb, Datenschutz und Datensicherheit verantwortlich. Hier werden auch Anwendungen angeboten, die ausschließlich in einheimischen Rechenzentren arbeiten und so den gewünschten Datenschutz garantieren können. Die Hardware-Komponenten (Prozessor, Speicher) sind in aller Regel Standardkomponenten, besondere Anforderungen bestehen hier nicht.

Die Hardware der Einreicher, Gutachter oder Ideenmanager ist in der DV-Sprache die „Client-Seite". Wenn, wie heute zumeist der Fall, Ideenmanagement-Software auf dem Client nur die Ein- und Ausgabe tätigt, dann wird dies in aller Regel über die bekannten Internetstandards abgewickelt. Das heißt: Wenn einer der weit verbreiteten Browser (Microsoft Internet Explorer, Mozilla Firefox) auf einem Gerät installiert ist, dann kann auch die Ideenmanagement-Software verwendet werden. Die Eingabemasken können, selbst für eine so gängige Anwendung wie das Eingeben eines Verbesserungsvorschlags bzw. einer Idee hierzu, sehr unterschiedliche Komplexität aufweisen, wie die Beispiele der Abb. 4.50 und 4.51 zeigen.

Je nach Bildschirmgröße kann es sinnvoll sein, wenn die Ideenmanagement-Software auch eine Darstellung mit wenigen Informationen, etwa für Smartphones, anbietet. In diesem Anwendungsszenario werden die Daten unmittelbar in einer zentralen Datenbank auf dem Server gehalten und sind damit für jeden Anwender aktuell. Allerdings: Wenn keine Inter- oder Intranetverbindung zum Server besteht, muss der Ideenmanager eine Pause einlegen.

Üblicherweise ist für den Betrieb einer Ideenmanagement-Software auf dem physischen Server als Laufzeitumgebung ein sogenannter (softwaretechnischer) *Application Server* erforderlich. Dieser dient als Laufzeitumgebung für die Ideenmanagementapplikation und hängt entsprechend von der Programmiersprache ab, in der die Ideenmanagementanwendung programmiert wird. Über den Application Server erfolgt auch üblicherweise der Zugriff auf die Datenbank, in der die Inhalte der Ideenmanagementanwendung gespeichert werden.

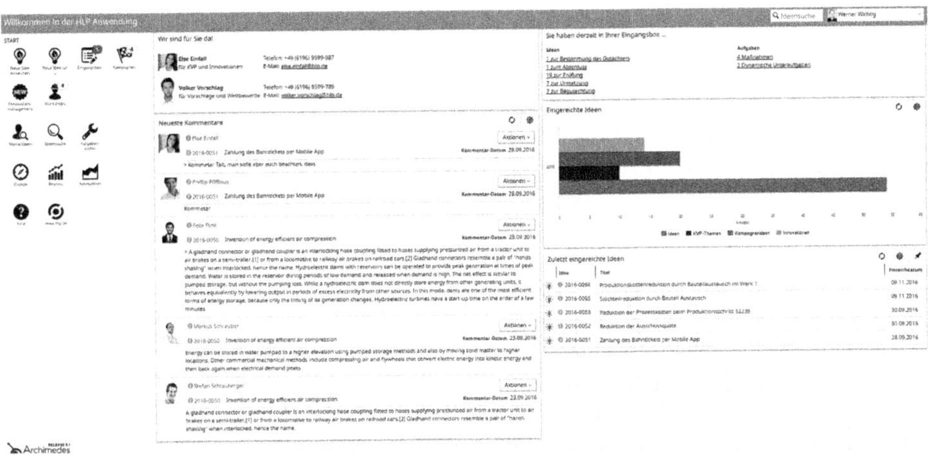

Abb. 4.50 Einfache Eingabe von Ideen (1). (Landmann und Schat 2016)

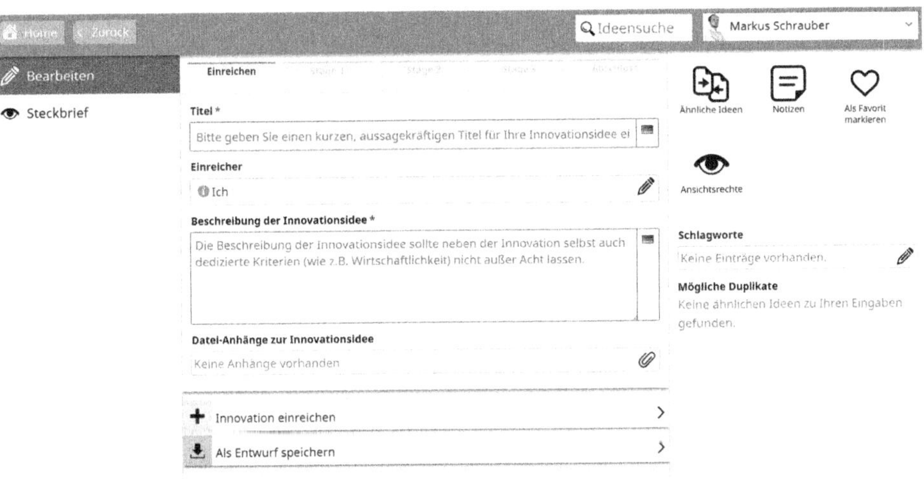

Abb. 4.51 Einfache Eingabe von Ideen (2). (Landmann uns Schat 2016)

Professionelle Ideenmanagement-Software für umfangreiche Anwendungen speichert ihre Daten vollständig in einer Datenbank. Damit können unterschiedliche Stände nachgehalten werden. Dies ist beispielsweise notwendig, wenn die Beteiligung von Mitarbeitern, die unterdessen die Organisation verlassen haben, in die Berechnung der Leistungsvergütung des Vorgesetzten eingehen soll. Ein weiterer Vorteil ist: Wenn ab einem bestimmten Zeitpunkt die Bearbeitung fehlerhaft war, sei es aus menschlichen oder aus technischen Gründen, dann kann ein Zustand vor Beginn der fehlerhaften Bearbeitung wiederhergestellt werden und so eine neue, korrekte Bearbeitung auf einer fehlerfreien Basis geschehen. In weniger anspruchsvollen Umgebungen können Daten auch einfach auf einem

Server gespeichert werden, dessen Datenbestand regelmäßig gesichert wird. Als Standard hat sich die Datenbankabfragesprache SQL etabliert, die regelmäßig auch von Ideenmanagement-Software verwendet wird.

Datenbankzugriffe sind notwendig, um einerseits Stammdaten aus den jeweiligen Verwaltungssystemen auszulesen, andererseits um beispielsweise Prämien in die Lohn- und Gehaltsbuchhaltung zu übernehmen. Diese Datenbankzugriffe können direkt durch Abfragen oder über eine Zwischendatei (gerne XML-Format) geregelt werden. Die Entscheidung für eine dieser Varianten kann den EDV-Experten überlassen werden, beide Möglichkeiten funktionieren.

In einigen DV-Umgebungen greift die Software nicht direkt auf die Hardware zu, sondern wird virtuell betrieben. Wenn in einem Unternehmen diese Anforderung besteht, so muss eine Ideenmanagement-Software gewählt werden, die entsprechend programmiert wurde.

Auf Serverseite wurden Datenbanken bereits angesprochen, typischerweise werden in größeren Unternehmen viele Daten mit Enterprise Ressource Programms (ERP) verarbeitet. Standard-ERP-Systeme arbeiten in der Regel problemlos mit professioneller Ideenmanagement-Software zusammen, doch muss hier im Vorfeld die spezielle Konstellation überprüft werden. Gleiches gilt für Anwendungen zur Datensicherung und zur Dokumentation von Transaktionen. Der Betrachtung von Schnittstellen für den Datenaustausch zwischen den Systemen ist hier besondere Aufmerksamkeit zu widmen.

Einige Unternehmen verwalten die Prämien des Ideenmanagements in einem eigenen System, einem Online-Prämienshop. Derartige Shopsysteme sind speziell auf den Einsatz im Ideenmanagement ausgelegt und verfügen in der Regel über die notwendigen Schnittstellen für gängige Ideenmanagement-Software.

In größeren Unternehmen nutzen die Beschäftigten oft eine Vielzahl an Programmen. Hier wäre es unpraktisch, wenn für jedes Programm eine eigene Benutzerkennung und ein eigenes Passwort notwendig wären. Für einen Ideenmanager wäre es vielleicht noch praktikabel, eine eigene Kennung und ein eigenes Passwort für die Ideenmanagement-Software zu nutzen. Für den Gelegenheitseinreicher, der vielleicht zwei Mal pro Jahr die Ideenmanagement-Software nutzt, wäre eine solche Regelung nur abschreckend. Daher werden in diesen Umgebungen häufig Verfahren eingesetzt, durch die sich ein Benutzer nur einmal „am System“ anmelden muss und dann Zugriff auf alle Programme erhält. Wenn Ideenmanagement-Software in einer solchen Umgebung eingesetzt wird, dann muss sie sich an diesem „Single Sign-on“-Verfahren auch beteiligen. Gängige Industriestandards im B2B-Umfeld sind hierfür Kerberos, SiteMinder, SAML und SAP Logon Tickets. Dem widerspricht nicht, dass die Ideenmanagement-Software sich mit einem eigenen Eingangsbildschirm meldet (Abb. 4.52).

Für Clients werden Ausgaben teilweise nicht auf dem Bildschirm, sondern als Datei übermittelt. Hierfür bieten sich, je nach Ausgabeart, PDF, Tabellenkalkulations- oder Textverarbeitungsdateien an. Auf den Endgeräten muss dann Software verfügbar sein, die diese Dateien lesen und ggf. bearbeiten kann. Eine Ergänzung bietet Ideenmanagement-Software, die Grafiken so bereitstellt, dass sie direkt in ein Präsentationsprogramm kopiert werden können.

Abb. 4.52 Übersichtliche Startseite mit rollenspezifischen Funktionen. (Landmann und Schat 2016)

Im Ideenmanagement fallen viele Aufgaben/To Dos und Termine an. Die Beschäftigten verwalten ihre Aufgaben und Termine häufig in eigener Software, verbreitet sind Microsoft Outlook und Lotus Notes. Für spezielle Arbeitstechniken findet sich weitere Software, alleine für den „Getting-Things-Done"-Ansatz von David Allen (2001) (Abschn. 4.4) wurden weit über 100 Programme geschrieben. Jeder Ansatz systematischer Arbeitstechnik verlangt, dass die Aufgaben und Termine für eine Person an einer Stelle zusammengeführt werden. Daher muss Ideenmanagement-Software zumindest in der Lage sein, Aufgaben und Termine an derartige Software zu senden.

Soll sich die Ideenmanagement-Software in ein Mitarbeiterportal/Intranet integrieren können, so muss sie auch hierfür programmiert worden sein. Im Kern geht es hierbei dann darum, die Ideenmanagement-Software in die Navigationsstruktur, das Log-in-Verfahren sowie die Suche eines Portals zu integrieren.

4.26.3 Welche „Zweige" des Ideenmanagements kann Software unterstützen?

Ideenmanagement besteht aus (mindestens) zwei Komponenten (Kersting 2014): Bei der einen Komponente entwickeln die Beschäftigten aus eigenem Antrieb Ideen und reichen sie als Verbesserungsvorschläge ein. Diese Komponente entstand im Zuge der Industrialisierung um 1900 und wurde als „Betriebliches Vorschlagswesen" weiterentwickelt (Schat 2014a).

Die andere Komponente wird stärker durch das Unternehmen geprägt: Hier werden Beschäftigte durch ihre Vorgesetzten in Verbesserungsgruppen zusammengerufen und arbeiten an Problemen und mit Methoden, die das Unternehmen vorgibt. Diese Komponente wurde in den USA und in Europa als „Kontinuierlicher Verbesserungsprozess" (Deming 1986) und in Japan als „Kaizen" (Imai 1992, 1997) entwickelt.

Das Konzept des Ideenmanagements geht davon aus, dass grundsätzlich beide Komponenten im Unternehmen notwendig sind und beide Komponenten auch organisatorisch miteinander verzahnt werden sollten. Die Begründung lässt sich von den Problemen wie auch von Beschäftigten her denken. Problembezogene Begründungen lauten etwa wie folgt: Das Unternehmen hat Verbesserungspotenziale. Diese müssen gehoben werden, wenn das Unternehmen langfristig wettbewerbsfähig bleiben soll. Dabei ist es für den Unternehmenserfolg einerlei, ob die notwendigen Verbesserungen über das Betriebliche Vorschlagswesen oder über den Kontinuierlichen Verbesserungsprozess/Kaizen abgewickelt werden. Wenn in einem Unternehmen Verbesserungspotenziale vorhanden sind, dann können diese von den Beschäftigten wahrgenommen werden (und zu einem Verbesserungsvorschlag im Betrieblichen Vorschlagswesen führen), oder Führungskräfte sehen den Handlungsbedarf (und rufen einen Workshop im Rahmen des Kontinuierlichen Verbesserungsprozess/Kaizen zusammen). Begründungen aus Sicht der Beschäftigten lauten: Wenn ein Beschäftigter eine gute Idee hat und einen Verbesserungsvorschlag entwickelt, dann sollte er diesen so einfach wie möglich zur Umsetzung bringen können, und wenn der Verbesserungsvorschlag eine Sonderleistung ist, dann soll diese auch fair vergütet werden. Ob dieser Vorschlag nach den Regeln der aktuellen Betriebsvereinbarung im Betrieblichen Vorschlagswesen oder im Kontinuierlichen Verbesserungsprozess/Kaizen zu bearbeiten ist, das sollte den Beschäftigten nicht interessieren müssen. Manchmal kommen Beschäftigte im Rahmen eines Workshops des Kontinuierlichen Verbesserungsprozesses/Kaizen auf eine gute Idee, die über den Workshop hinausgeht und außerhalb des Workshops vollendet wird. Manchmal hat ein Verbesserungsvorschlag nicht die Anwendbarkeit, die im Betrieblichen Vorschlagswesen erwartet wird, kann aber in einem Workshop einen wertvollen Impuls liefern. Diese Querverweise sollten so einfach und unauffällig wie möglich geschehen können. Daher ist es sinnvoll, das Betriebliche Vorschlagswesen und den Kontinuierlichen Verbesserungsprozess/Kaizen organisatorisch zusammenzuführen – wie konkret (In eigener Abteilung? Im Rahmen einer Abteilung „Innovationsmanagement"? In zwei Bereichen mit regelmäßiger enger Abstimmung?), das wird je nach der konkreten betrieblichen Situation unterschiedlich zu realisieren sein. Um allen Beteiligten den integrativen Charakter des Ideenmanagements vor Augen zu führen, werden häufig grafische Darstellungen verwendet, wie in Abb. 4.53.

Aus der organisatorischen Zusammenfassung folgt, dass es sinnvoll wäre, auch die Softwareunterstützung zusammenzufassen. Hier gelten die gleichen Argumente: Angestrebt werden muss die Umsetzung vieler guter Verbesserungsvorschläge, wobei die Frage, aus welcher Komponente des Ideenmanagements diese Vorschläge stammen und in welcher Komponente sie realisiert und ggf. prämiert werden, relativ gleichgültig ist.

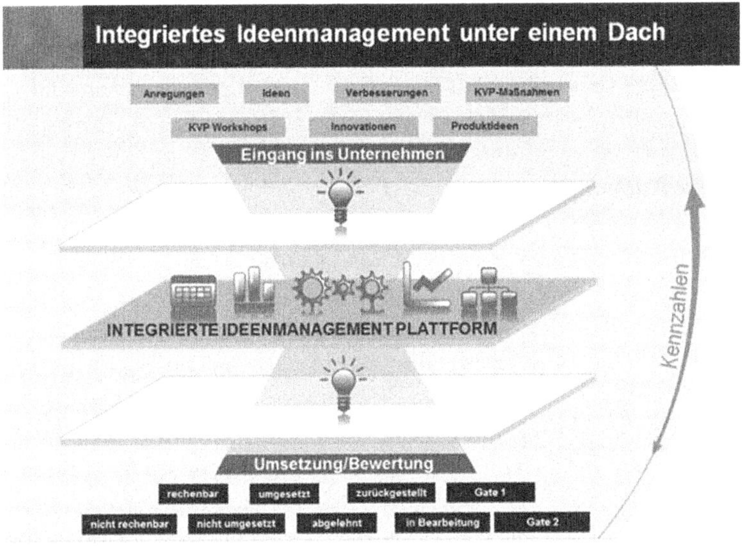

Abb. 4.53 Ideenmanagement als integrativer Ansatz. (Landmann und Schat 2016)

Die Unterstützung des Betrieblichen Vorschlagswesens durch Software hat eine lange Tradition und folgte der Verbreitung von Computern und dann von PCs in den Unternehmen sehr rasch. Aber auch für den Kontinuierlichen Verbesserungsprozess Kaizen steht mittlerweile Software bereit, als Beispiel siehe Abb. 4.54.

Abgesehen davon, dass die Softwareunterstützung für beide Komponenten gut funktionieren und sich den betrieblichen Notwendigkeiten anpassen sollte, ist auch das Zu-

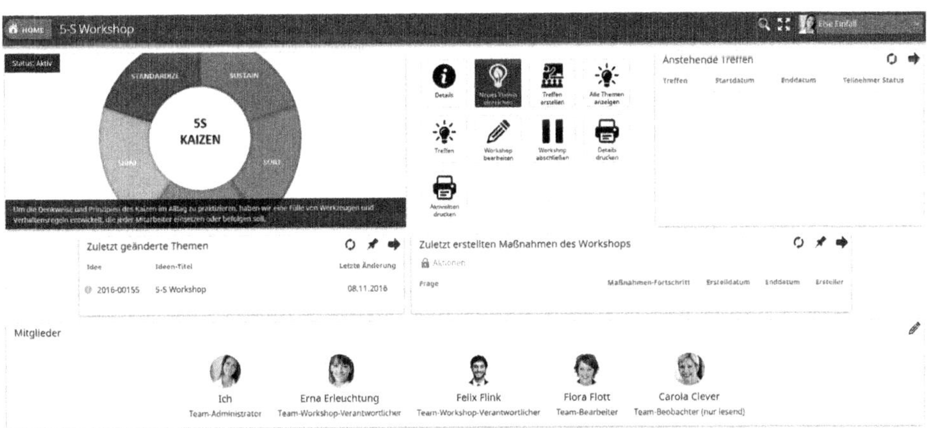

Abb. 4.54 Screenshot KVP-Cockpit. (Landmann und Schat 2016)

sammenspiel beider Komponenten wichtig – aus Sicht der Anwender (Einreicher, Führungskräfte, Gutachter, Ideenmanager) sollte es sich um *ein* System handeln, auch wenn beispielsweise unterschiedliche Bearbeitungsmöglichkeiten vorgesehen sind.

4.26.4 Der Auswahlprozess

Software für das Ideenmanagement wird von einer Reihe Softwarehäusern angeboten – welche soll eingesetzt werden, oder ist vielleicht doch eine Eigenentwicklung sinnvoll? Wie häufig bei betriebswirtschaftlichen Fragestellungen ist es sinnvoll, zunächst das Ziel zu bestimmen: Welche Ziele verfolgt das Ideenmanagement im Unternehmen? Und, daraus abgeleitet: Welche Funktionen muss die Software vorrangig erfüllen?

Die Anforderungen an die Ideenmanagement-Software sollten nach Priorität gegliedert werden, bewährt hat sich die Einteilung in zwingend notwendige Eigenschaften und solche Eigenschaften, die zwar einen Nutzen für das Unternehmen bieten, bei der das Unternehmen aber unter Umständen auch mit einer nicht optimalen Erfüllung dieser Anforderungen weiterarbeiten kann. Ferner müssten technische K.O.-Kriterien bei der Auswahl berücksichtigt werden.

Inhaltlich werden die unterschiedlichen Rollen des Ideenmanagements auch unterschiedliche Anforderungen stellen. Daher ist es sinnvoll, die Anforderungen der Einreicher, Gutachter, Ideenmanager, Betriebsräte, IT-Verantwortlichen und auch des Managements getrennt zu sammeln. Sicherlich ist es zu Beginn eines Projektes mühsamer, alle möglichen Betroffenen bereits früh einzubeziehen. Viel einfacher erscheint es, in einer kleinen Projektgruppe nur für das Ideenmanagement die Anforderungen zu betrachten. Doch in den späteren Projektphasen macht es sich bezahlt, wenn die beteiligten Abteilungen eine Ideenmanagement-Software einführen, die auch „ihre" Software ist, weil sie von Beginn an dem Projekt beteiligt waren. Viele Hürden lassen sich einfach überwinden, wenn alle Beteiligten tatsächlich ein Interesse an dem Projekt, in diesem Fall an einer neuen Ideenmanagement-Software, entwickelt haben. Um dieses Interesse zu entwickeln, müssen die (möglicherweise) Betroffenen frühzeitig beteiligt werden.

Unabhängig von diesem Ansatz, der im Grunde für alle Softwareprojekte gilt, hat das Ideenmanagement einen besonderen Grund, Betroffene früh einzubeziehen: Kerngedanke des Ideenmanagements ist, allen Beschäftigten die Möglichkeit zu geben, sich für Verbesserungen in ihrem Bereich einzusetzen. Auch in Unternehmen mit einer langen und erfolgreichen Ideenmanagementtradition ist dies keine Selbstverständlichkeit, Stichworte wie „Not-invented-here-Syndrom", „überlastete Gutachter" und „Prioritäten der Führungskräfte" mögen genügen. Daher steht in vielen Unternehmen das Ideenmanagement unter scharfer Beobachtung: Ist der Anspruch des Ideenmanagements ernst gemeint? Werden die Ansätze umgesetzt, oder bleibt es, wie so oft, bei schönen Sätzen auf Hochglanzpapier? Wenn das Ideenmanagement glaubwürdig bleiben möchte, dann muss es selbst für eine breite Beteiligung auch bei seinen eigenen Projekten sorgen, beispielsweise bei der Auswahl und der Einführung einer neuen Software.

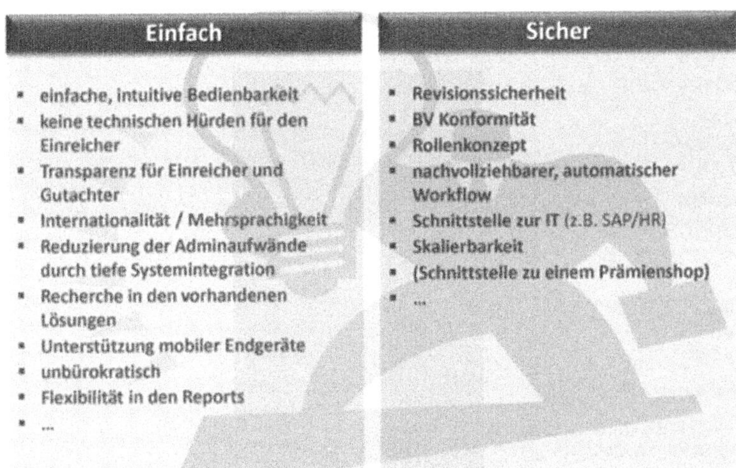

Abb. 4.55 Allgemeine Anforderungen an eine Ideenmanagement-Software. (Peters 2014, Folie 2)

Für die konkreten Anforderungen an eine Ideenmanagement-Software wurden verschiedene Listen entwickelt, beispielhaft seien in Abb. 4.55 die Anforderungen von Wincor-Nixdorf vorgestellt.

Diese inhaltlichen Anforderungen sind nun in die beiden Kategorien der Muss- und der Kannkriterien einzuteilen. Dabei sollten die Musskriterien nur solche Anforderungen enthalten, ohne die eine Ideenmanagement-Software im Unternehmen überhaupt nicht sinnvoll zu betreiben ist. Typischerweise gehören technische Voraussetzungen, also die Fähigkeit, in der vorgefundenen IT-Umgebung zu arbeiten, dazu. Ebenfalls notwendig ist, den Workflow der Ideen so zu organisieren, dass er gemäß der aktuellen (oder zukünftigen) Betriebsvereinbarung gestaltet werden kann. Wird ein Musskriterium von einer Software nicht erfüllt, dann heißt dies nach der Definition, dass die Software aus dem weiteren Auswahlprozess ausgeschlossen wird. Um zu verhindern, dass eine Software mit einer Schwäche und vielen Stärken frühzeitig aus dem Entscheidungsfeld herausgenommen wird, sollten die Musskriterien auf die wirklich absolut unverzichtbaren Eigenschaften beschränkt werden.

Trotz sparsamer Nutzung der Musskriterien kann es vorkommen, dass bereits nach dem Abprüfen nur dieser Musskriterien eine einzige Software als die sinnvolle Lösung erscheint, und diese dann eingeführt wird. Häufiger werden mehrere Lösungen grundsätzlich möglich sein, ohne dass offensichtlich eine Software den anderen in allen relevanten Punkten überlegen ist. In diesen Situationen ist eine systematische Entscheidungsfindung sinnvoll, bewährt hat sich die Nutzwertanalyse (Abb. 4.56): Für jedes Kriterium wird ein Gewicht festgelegt. Für jede Software wird ermittelt, zu welchem Prozentsatz das jeweilige Kriterium erfüllt wird. Die Punkte werden dann aufaddiert.

	Gewichtung	Anbieter 1	Pkt.	Anbieter 2	Pkt.	Anbieter n	Pkt.
Kosten Lizenzen, Wartung, Einführung							
Prozessabbildung							
IT-integration							
Internationalität							
WEB-basiert							
Reporting							
Rollenkonzept							
SW-Ergonomie							
Intuitiv bedienbar							
Recherchemöglichkeiten							
Offen für Externe							
Mobile devices							
Single sign on							
...							

Abb. 4.56 Einführung einer neuen IDM-Software: Entscheidungsmatrix. (Peters 2014, Folie 5)

Die Addition der Punkte für die jeweilige Software ergibt deren Nutzen. Dividiert man die Nutzenpunkte durch die Gesamtkosten der Einführung der jeweiligen Software, so erhält man deren Nutzwert.

Der letzte Schritt einer Nutzwertanalyse ist die Sensitivitätsanalyse: Wenn zwei oder drei Softwarelösungen mit einem sehr ähnlichen Nutzen bzw. Nutzwert aus der Analyse hervorgehen, dann werden noch einmal die Bewertungen ausschließlich für diese zwei oder drei Lösungen unter die Lupe genommen, um so zu einer wirklich fundierten Entscheidung zu gelangen.

Ein Sonderfall liegt vor, wenn nicht zum ersten Mal eine Software eingesetzt werden soll, sondern das Ziel das Absetzen einer vorhandenen Software ist.

In einigen Fällen muss die Software ersetzt werden, beispielsweise wenn das aktuelle System nur auf einem einzigen PC arbeitet (Ein-Platz-Software), nun aber mehrere Ideenmanager, Einreicher und Gutachter auf das System zugreifen sollen.

In den Fällen, in denen ein eigentlich noch funktionsfähiges System abgelöst werden soll, ist der Nutzen der neuen Software gegen die Funktionalität des bestehenden Systems zu stellen. Nicht immer lohnt ein Umstieg – und nur sehr, sehr selten ist die Software der Grund, wenn ein Ideenmanagement nicht optimal arbeitet.

4.26.5 Wie wird die EDV-Abteilung zum Förderer des Ideenmanagements?

In einigen Unternehmen steht die EDV-Abteilung in einem besonderen Verhältnis zum Ideenmanagement: Wie viele anderen Fachbereiche auch benötigt das Ideenmanagement spezielle Software, und nicht immer ist die Software, die sich optimal in die bestehende DV-Struktur integrieren lässt, auch die Software, die sich Ideenmanager aus fachlicher Sicht wünschen. Diese Konstellation trifft auch auf viele andere Fachbereiche zu.

Hinzu kommt, dass die DV-Abteilung beispielsweise in Unternehmen mit hohem Verwaltungsanteil einen großen Teil der eingegangenen Verbesserungsvorschläge umsetzen muss oder zumindest an der Umsetzung beteiligt ist. Selbst wenn einige dieser Vorschläge langfristig zu einer Optimierung in der DV-Abteilung führt – alle diese Verbesserungsvorschläge sind zunächst mit einem gewissen DV-Aufwand verbunden.

Die DV-Abteilung ist in vielen Unternehmen einer der Engpassfaktoren und wäre auch ohne Ideenmanagement ein Nadelöhr für Projekte der Prozessoptimierung. Dieses Nadelöhr wird dann durch das Ideenmanagement zusätzlich beansprucht. Wenn dann auch noch die Priorität zwischen der Realisierung von Verbesserungsvorschlägen, anderen Projekten und dem Tagesgeschäft unklar ist, dann kann das Ideenmanagement aus Sicht der Beschäftigten in der DV-Abteilung leicht als eine weitere Belastung wahrgenommen werden.

Damit ergeben sich zwei Ansätze, die DV-Abteilung zu Förderern des Ideenmanagements zu machen: Das klassische Projektmanagement und die Nutzung von Software für das Ideenmanagement, um der DV-Abteilung eine klare Priorisierung der Nutzer zurückzuspiegeln.

„Betroffene zu Beteiligten machen" ist eine altbewährte Forderung bei der Umsetzung von Organisationsprojekten (z.B. Büchi und Chrobok 1994, S. 76). Dieser Grundsatz gilt auch für die Einführung oder Änderung des Ideenmanagements. Die frühzeitige Einbeziehung des Betriebsrats hat sich als Erfolgsfaktor im Ideenmanagement inzwischen herumgesprochen – die frühzeitige Einbeziehung der DV-Abteilung ist genauso sinnvoll. Ziel ist hier zum einen, die fachlichen Anforderungen von Ideenmanagement und EDV-Abteilung frühzeitig abzustimmen, aber auch die notwendigen Ressourcen in der EDV rechtzeitig zu planen und die zeitliche Abstimmung möglichst früh zu beginnen.

Eine Vielzahl von Verbesserungsvorschlägen betrifft die EDV. Diese Vorschläge würden häufig tatsächlich die Arbeit der Beschäftigten verbessern, zeigen allerdings keinen direkt berechenbaren Nutzen. Dieser kann jedoch mit einem entsprechenden System diskutiert werden, ein Beispiel gibt Abschn. 1.4.2.2, „Communitybasierte Modelle".

In den Anfangsjahren des Ideenmanagements wurden Verbesserungsvorschläge in ein Formular eingetragen und in einen Briefkasten gesteckt – der Briefkasten des Betrieblichen Vorschlagswesens war lange *das* Symbol für mitarbeitergetriebene Verbesserungsaktivitäten. In den älteren Büchern zu diesem Thema werden ausführliche Kapitel der Frage der Nummerierung, Verwaltung und Archivierung dieser Verbesserungsvorschlagsformulare gewidmet.

Hier hat die EDV deutliche Verbesserungen ermöglicht: Verbesserungsvorschläge werden heute überwiegend direkt in die Software eingegeben. Wenn ein Einreicher keinen Zugang zum System hat oder dieses nicht bedienen kann oder will, dann kann er in vielen Unternehmen immer noch ein Papierformular ausfüllen. Dieses wird dann eingescannt oder die Daten werden übernommen, und die weitere Bearbeitung kann lückenlos elektronisch erfolgen.

Der gesamte Arbeitsablauf (sogenannter „Workflow") kann von der Ideenmanagement-Software gesteuert und dokumentiert werden. Hierfür ist es notwendig, dass die Arbeitsschritte der Software den Vorgaben der betrieblichen Organisation und der jeweiligen Betriebsvereinbarung angepasst werden können, nicht etwa umgekehrt.

Die Organisation und Verwaltung von Verbesserungsvorschlägen durch Software hat zwar die Effizienz des Ideenmanagements deutlich verbessert, verwendet aber im Grunde die gleichen Funktionen wie eine papierbasierte Verwaltung.

Neue Funktionen sind durch den Einsatz von EDV möglich. Dies beginnt für die Einreicher bei der Dokumentation der Vorschläge: Anstatt einer verbalen Beschreibung können nun Fotos der Situation, vielleicht auch ein kleiner Film angehängt werden. Technisch problemlos können auch Töne einen Verbesserungsvorschlag erläutern, doch ist in der Praxis eine akustische Dokumentation nur in Ausnahmefällen notwendig. Dann allerdings kann sie sehr effektiv sein: Man führe sich nur die Schwierigkeit vor Augen, ein bestimmtes Quietschgeräusch an einer Maschine zu beschreiben, für das dann eine Abhilfe vorgeschlagen wird.

In der Vergangenheit entstanden viele Reibungen im Ideenmanagement dadurch, dass Ideenmanager oder Gutachter einen Vorschlag vollkommen anders verstanden, als der Einreicher ihn gemeint hat. Hier können Fotos und Filme die Kommunikation deutlich verbessern. Selbstverständlich sind beim Einsatz, z. B. von Smartphones, die betrieblichen Anforderungen an Daten- und Informationsschutz einzubeziehen.

4.26.6 Fazit zur Software

Wenn es eine innerbetriebliche Funktion gibt, die zu Recht als „People Business" bezeichnet werden kann, dann ist es das Ideenmanagement. In einer Reihe von Unternehmen ist das Ideenmanagement von der Persönlichkeit des Ideenmanagers geprägt. Menschen werden auch in Zukunft über den Erfolg von Ideenmanagement entscheiden – und werden nur dann effektiv arbeiten können, wenn sie die entsprechenden Werkzeuge angemessen einsetzen. Software kann zum einen die Bearbeitung von Vorgängen im Ideenmanagement so unterstützen, dass Ideenmanager sich auf die Menschen konzentrieren können. Weitere Funktionen ermöglichen neue Anwendungsweisen – hier ist die Entwicklung noch in vollem Gange.

4.27 Steuern

Die Devise, unter der Steuern für das Ideenmanagement von Bedeutung sind, lautet: Mehr Netto bei gleichem Brutto. Konkret: Wie kann man Geld so ausgeben, dass die Empfänger möglichst hohen Nutzen spüren? Die steuerliche Begünstigung von Prämien im Betrieblichen Vorschlagswesen ist längst aufgehoben, somit bleiben zwei Gruppen: Prämien, die vollständig steuerbefreit sind und Prämien, die bis zu einer bestimmten Höhe steuerbefreit sind.

Vollständig steuerbefreit sind alle Aktivitäten, die zur normalen Geschäftstätigkeit des Unternehmens gehören, selbst dann, wenn sie für die Beteiligten besonders erfreulich sind. Das klassische Beispiel sind Bildungsmaßnahmen: Wenn ein Unternehmen zur Erkenntnis kommt, dass eine gewisse Gruppe von Beschäftigten, erfolgreiche Einreicher beispielsweise, unbedingt eine Schulung in kreativem Problemlösen benötigt, vielleicht gleichzeitig eine weitere Gruppe von Beschäftigten, die am häufigsten angefragten Gutachter beispielsweise, eine Schulung im Erstellen verständlicher Texte benötigen, dann sind dies selbstverständlich normale Aufwendungen und insbesondere für die Empfänger, also die Einreicher und Gutachter, eine während der Arbeitszeit standfindende steuerfreie Veranstaltung. Dem steht nicht entgegen, dass die Schulung vielleicht nicht auf dem Betriebsgelände, sondern in einer landschaftlich schönen, die Kreativität fördernden Umgebung stattfindet. Ebenso unschädlich ist, wenn die Veranstaltung in einem Geschäftshotel stattfindet, das vielleicht einen Stern mehr hat als die üblicherweise von diesen Einreichern und Gutachtern besuchten Hotels. Und wenn die Beteiligten die Einladung zu dieser Schulung als Auszeichnung verstehen, so ist auch dies unschädlich.

Ähnlich gehören Arbeitsmittel (Bücher, Laptop, Kamera), die für die am Ideenmanagement Beteiligten notwendig sind, zur normalen Geschäftsausstattung und sind von den Nutzern auch dann nicht zu versteuern, wenn es sich um besonders funktionale und daher besonders begehrte Geräte handelt.

Steuerbefreit bis zu einer bestimmten Obergrenze sind Gutscheine bis zu 44 € pro Monat, der Bezug von Produkten, die das Unternehmen selbst vertreibt, bis zu 1200 € pro Jahr und Zuschüsse für Kinderbetreuung und Gesundheitsförderung. Die Steuergrenzen und die Regeln, die bei der Vergabe solcher Gutscheine und Zuschüsse einzuhalten sind, ändern sich recht häufig und werden zudem von verschiedenen Finanzämtern teilweise unterschiedlich gehandhabt. Daher werden sie hier nur angedeutet und es wird auf die einschlägigen Zeitschriften und Informationsveranstaltungen verwiesen. Zudem sollte vor Einführung derartiger Prämien ein interner oder externer Steuerfachmann zurate gezogen werden, der die Vorgehensweisen des konkret für diesen Betrieb zuständigen Finanzamtes kennt.

4.28 Wissensmanagement

Ideenmanagement generiert Wissen. Wie kann dieses Wissen so verbreitet werden, dass es im gesamten Unternehmen hohen Nutzen generiert? Dies ist die Aufgabe des Wissensmanagements.

Wissen ist in der Software eingespeichert, Wissen findet sich aber auch in den Prozessen und in den Köpfen der Beschäftigten. Wissensmanagement kann also auf Software basieren, geht aber deutlich darüber hinaus. Umgekehrt: Die Aufgabe des Wissensmanagements stellt sich erst, wenn ein Unternehmen so groß geworden ist, dass das Wissen nicht mehr einfach durch die persönliche Kommunikation dorthin fließt, wo es gebraucht wird. Bei dieser Beschreibung wird klar, dass Wissensmanagement auch ein Thema für das Ideenmanagement sein kann.

Wichtig ist die Unterscheidung von explizitem Wissen, das als Text vorliegt, und implizitem Wissen, das als Handlungswissen im Alltag bedeutsam ist, aber nicht ohne Weiteres in Text umgewandelt werden kann. So „weiß“ ein erfahrener Ideenmanager, wie er einen Workshop moderiert oder ein schwieriges Gespräch erfolgreich führt. Aber er wird dies kaum in Worte fassen (immer, wenn Herr Müller beginnt, verkniffen dreinzuschauen, muss man seine vergangenen Erfolge als Einreicher loben. Dann ist er auch wieder für eine vernünftige Diskussion zugänglich).

Für Wissensmanagement ist explizites Wissen einfacher zu bearbeiten – wichtig sind beide, tacit knowledge und explizites Wissen. Beides ist notwendig, um Innovationen hervorzubringen. Insbesondere Prozessinnovationen sind zentral für das Ideenmanagement. Entsprechend sind einige typische Hindernisse für das Wissensmanagement auch Hindernisse für ein gutes Ideenmanagement:

- Wissen aus den niedrigen Hierarchiestufen, also von den einfachen Beschäftigten im Unternehmen, wird nicht akzeptiert.
- Eine „Wissen ist Macht“-Einstellung verhindert die Weitergabe von Wissen an Kollegen, eine „Nicht hier erfunden“-Einstellung verhindert die Aufnahme von Wissen der Kollegen.
- Der Nutzen von Wissens- wie von Ideenmanagementaktivitäten ist für den Einzelnen, auch für die einzelne Führungskraft, schwer messbar.

EDV-gestütztes Wissensmanagement begann in vielen Unternehmen mit „Gelben Seiten“: Mit Listen, welche Person für welche Themen zuständig ist, samt deren Kontaktdaten. Hinzu kamen weitere Dokumente (Geschäftsbedingungen, Versandanweisungen, Verfahrensvorschriften für alle möglichen Fälle, Gebrauchsanweisungen für im Unternehmen verwendete Geräte).

Implizites Wissen ist zum einen die Basis für viele Ideen und Verbesserungsvorschläge. Zum anderen benötigen Ideenmanager für ihre Arbeit selbst implizites Wissen. Wie lässt sich dieses gut erwerben?

Ein Ansatz liegt in der Auswahl der Ideenmanager: Häufig sind dies langjährige Mitarbeiter, die bereits einiges an implizitem Wissen über das Unternehmen gesammelt haben. Weiter lässt sich implizites Wissen durch Einarbeitung und Lernen „on the job" mit einem erfahrenen Ideenmanager aufnehmen.

Auch Ansätze in Ideenmanagement-Software finden sich, beispielsweise ein Empfehlungssystem, welches auf Basis des Nutzerverhaltens und Beteiligungsgrads an der Bearbeitung von Ideen ein Expertenprofil bildet, ohne dass hierzu Eingaben durch Ideenmanager oder Experten notwendig wären. Haben sich im Laufe der Zeit genügend Informationen gesammelt und Expertenprofile gebildet, dann kann ein Nutzer durch Freitextsuche für ein Themengebiet oder eine Fragestellung einen passenden Experten suchen. Diese Expertensuche ist noch nicht perfekt – doch in einem Unternehmen kann dies immerhin Hinweise geben. Es genügt, wenn die genannte Person vielleicht selbst nicht der gesuchte Experte ist, aber genug von dem Themengebiet oder der Fragestellung versteht, um dann auf einen tatsächlichen Experten verweisen zu können.

Später wurden diese Informationen dann teilweise aus unstrukturierten Informationen generiert bzw. ergänzt: Wenn jemand zu einem bestimmten Thema ständig Zeitschriften bei der Werksbibliothek bestellt, Internetseiten besucht oder E-Mails schreibt, dann wird diese Person wohl Experte für ein Thema sein. Offenkundig stehen hier technische Möglichkeiten im Spannungsfeld zum persönlichen Datenschutz.

Ein weiterer Ansatz verfolgte das Ziel, dem Topmanagement tagesgenau die Informationen zur Verfügung zu stellen, die es für seine Entscheidungen benötigt. Es entstanden „Dash-Boards", „Management-Informations-Systeme" und dergleichen – auch heute finden sich Softwarefunktionen, die einem Ideenmanager auf einen Blick die wichtigsten Kennzahlen seines Ideenmanagements tagesaktuell zusammenstellen.

Ein eher an zwischenmenschlicher Interaktion orientierter Ansatz sind „Wissensgemeinschaften" (Communities of Practice). Darunter sind informelle Netzwerke aus Fachleuten innerhalb und außerhalb des Unternehmens zu verstehen, die ähnliche arbeitsbezogene Aktivitäten und Interessen haben. Gerade für Ideenmanager, die selbst in mittelgroßen Unternehmen häufig als Einzelkämpfer unterwegs sind, ist es wichtig, in derartige Wissensgemeinschaften über das eigene Unternehmen hinaus eingebunden zu sein. Für den nebenamtlichen Ideenmanager, der alleine in einem kleineren Unternehmen das Ideenmanagement verantwortet, ist die Einbindung in eine überbetriebliche Wissensgemeinschaft ohnehin überlebenswichtig – eine E-Mail kann dann stundenlange Recherche ersetzen. Eine Kombination von EDV- und expertenbasierten Systemen kann dazu dienen, die Schwächen beider Ansätze zu kompensieren. Ein derartiger Ansatz wird eher in größeren Unternehmen zum Einsatz kommen und hier individuell konfiguriert sein.

Mit dem Wissensmanagement verwandt sind Lernmanagementsysteme. Hier können E-Learning-Anwendungen angeboten und diese sowie alle Arten von Lehr- und Lernangeboten verwaltet werden. Typischerweise wird hier kein eigenes Lernmanagementsystem für das Ideenmanagement aufgesetzt, jedoch Angebote des Ideenmanagements in das allgemeine Angebot des Unternehmens eingestellt.

Der Einsatz von Künstlicher Intelligenz zum (halb-)automatischen Bearbeiten von Ideenmanagementaufgaben (Begutachtung einfacher Ideen, Beantwortung von Anfragen zum Ideenmanagement) ist zwar denkbar, aktuell aber in den Unternehmen noch nicht zu beobachten.

4.29 Ziele und Zielvereinbarung

Peter Drucker beobachtete den immer größeren Anteil an Wissensarbeitern und machte sich Gedanken, wie hier „Führung“ funktionieren kann. Sicherlich kann man Ingenieure, Betriebswirte, Juristen oder Naturwissenschaftler nicht so führen, wie es Frederic W. Taylor um 1900 für die amerikanischen ungelernten Arbeiter vorschlug. Aber auch die Aktivitäten von Wissensarbeitern müssen auf das Ziel des Unternehmens ausgerichtet werden. Wie kann das funktionieren? Als Antwort entwickelte Drucker 1955 das Konzept des „Führens mit Zielen“, auch als „Management by Objectives“ bekannt.

Drucker geht von der Geschichte der drei Steinmetze aus, die auf einer Baustelle gefragt werden, was sie dort tun. „Der erste antwortete: ‚Ich verdiene meinen Lebensunterhalt.‘ Der zweite hämmerte weiter, als er sagte: ‚Ich mache die besten Steinmetz-Arbeiten im ganzen Land.‘ Der dritte blickte auf, als habe er eine Vision, und sagte: ‚Ich baue eine Kathedrale.‘ [...] Der zweite Mann ist das Problem.“ (Drucker 1955, S. 15, eigene Übersetzung). Der dritte Steinmetz ist eine geborene Führungskraft und kann selbstständig seine Handlungen an den Zielen und Notwendigkeiten im Unternehmen ausrichten. Der erste Steinmetz hat einen Vertrag geschlossen: Arbeit gegen Geld. Diesen Vertrag hält er ein, er ist keine Führungskraft und wird wohl auch niemals eine werden, aber zuverlässig seine Aufgaben abarbeiten. Warum ist der zweite Mann „das Problem“?

Fachkräfte sind notwendig, an vielen Arbeitsplätzen ist es notwendig, dass die Dinge „handwerklich gut“ ausgeführt werden. Aber bei der Konzentration auf handwerklich gute Arbeit kann der Blick auf das Ganze verstellt werden. Um im Bild zu bleiben: Der beste Steinmetz wird auch die nicht sichtbare Rückseite eines Steins perfekt bearbeiten. Und das ist Ressourcenverschwendung. Wie kann man also die Spezialisten in das Unternehmensganze einbinden? Sicherlich nicht durch direkte Anweisungen, denn *wie* eine Arbeit auszuführen ist, das weiß der Spezialist am besten. Das Mittel der Wahl ist es, in einem Zielvereinbarungsprozess die Ziele für Spezialisten und Wissensarbeiter festzulegen und die eigentliche Steuerung der Arbeit dann den Wissensarbeitern zu überlassen – „Management by Objectives and Self-Control“ lautet entsprechend auch der vollständige Titel bei Drucker.

Ideenmanager sind Wissensarbeiter, das Konzept des „Management by Objectives“ passt hier auf jeden Fall. Dabei können drei „Reifegrade“ unterschieden werden:

- Für das Ideenmanagement sind keine Ziele vorhanden,
- das Ideenmanagement hat Ziele, diese sind aber nicht in einen Zielvereinbarungsprozess integriert,
- die Ziele des Ideenmanagements wurden in einem Zielvereinbarungsprozess erarbeitet.

Abb. 4.57 Verteilung von Zielen und Zielvereinbarungen im Ideenmanagement. (Schat 2015a, S. 68)

Diese Reifegrade haben einen deutlichen Einfluss auf die Güte und die Erfolge im Ideenmanagement, was hier am Beispiel der Beteiligungsquote dargestellt werden kann. Eine Auswertung der 67 Betriebe, die sich seinerzeit am Benchmarking des Zentrum Ideenmanagement beteiligt hatten, kam zu dem Ergebnis der Abb. 4.57.

Gerundet heißt dies: 40 % haben keine Ziele definiert, 20 % haben Ziele, diese aber ohne eine Zielvereinbarung festgelegt, und 40 % gewinnen die Ziele aus einem Zielvereinbarungsprozess. Dies hat Auswirkungen auf die Ergebnisse – siehe Abb. 4.58.

Beteiligungsquote, Anzahl der realisierten Verbesserungsvorschläge je Mitarbeiter und Jahr und der Nutzen des Ideenmanagements pro Mitarbeiter sind umso höher, je besser die Ziele definiert sind. Zielvereinbarungen sind also im Ideenmanagement nicht (nur) sinnvoll, weil Zielvereinbarungen zum guten Ton im Management gehören oder weil Peter Drucker sie vorgeschlagen hat – Zielvereinbarungen führen ganz einfach zu besseren Ergebnissen im Ideenmanagement. Dabei kann es sinnvoll sein, sowohl „Ideenmanagement als Kulturarbeit" als auch „Ideenmanagement als Rationalisierungsinstrument" im Blick zu behalten:

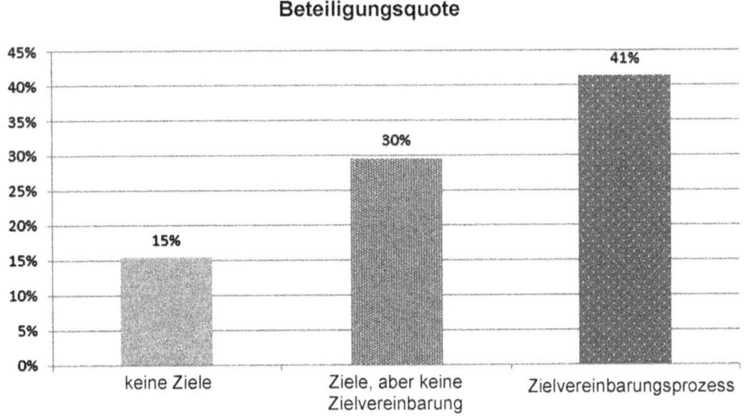

Abb. 4.58 Ergebnisse im Ideenmanagement in Abhängigkeit von den Zielen. (Schat 2015a, S. 69)

„Wo ist Deine Heimat?“ ist eine gute Frage für das Ideenmanagement. Es sei denn, der Ideenprozess ist dort fest verankert, wo Culture Change in einem Unternehmen gestaltet und gelebt wird. Sonst ist das Risiko groß, dass der Ideenprozess nur eine Alibifunktion einnimmt (nice to have), statt ein wesentlicher Bestandteil einer Organisation zu sein (Strategie success factor). Wir müssen in der Lage sein, mit den beiden Seiten in einem Unternehmen zu sprechen, die „2 Seiten einer Medaille“. Auf der einen Seite müssen die Verantwortlichen für Mitarbeitereinbeziehung und Ideenmanagement die Sprache von Empowerment, Engagement und der Begeisterung sprechen können. Die emotionale Seite ... die persönliche Seite ... die menschliche Seite unseres Geschäftes wird unsere Zukunft bestimmen. Nichts desto trotz und zur gleichen Zeit müssen wir die unter dem Strich harte Sprache der Einsparungen, aber auch die „Strategie value-add“ Terminologie sprechen (Sander 2006, S. 15 f.).

Die Ziele des Ideenmanagements können also in zwei Bereichen zu finden sein:

- Wirtschaftliche Ziele (rechenbarer Nutzen pro Mitarbeiter, ROI),
- Kulturelle Ziele (Beteiligung, Mitarbeiterzufriedenheit, Beitrag zur Gesundheit der Beschäftigten).

Das Verhältnis dieser beiden Zielgruppen ist je nach Unternehmen unterschiedlich.

Literatur

Allen, D. (2001). *Getting Things Done*. New York: Penguin.

Angerer, P., Siegrist, K., & Gündel, H. (2014). Psychosoziale Arbeitsbelastungen und Erkrankungsrisiken. In Landesinstitut für Arbeitsgestaltung des Landes Nordrhein-Westfalen (LIA.nrw) (Hrsg.), *Erkrankungsrisiken durch arbeitsbedingte psychische Belastung* (S. 30–160). Düsseldorf: Selbstverlag.

Baszenski, N. (2012). *Methodensammlung zur Unternehmensprozess-Optimierung*. Köln: Wirtschaftsverlag Bachem.

Baumeister, R., & Tierney, J. (2011). *Willpower*. New York: Penguin.

bayme Bayerischer Unternehmensverband Metall und Elektro e. V., & vbm Verband der Bayerischen Metall- und Elektro-Industrie e. V. (2012). *Information Ideenmanagement*. München: Selbstverlag.

Bokranz, R., & Landau, K. (2006). *Handbuch Industrial Engineering*. Stuttgart: Schäffer Poeschel.

Brynjolfsson, E., & McAfee, A. (2014). *The Second Machine Age*. New York: W. W. Norton & Company.

Büchi, R., & Chrobok, R. (1994). *GOM – Ganzheitliches Organisationsmodell*. Baden-Baden: FBO.

Camp, R. C. (1989). *Benchmarking*. London: Quality Resources.

Clausewitz, C. von (o. J.). *Vom Kriege*. Völlig neubearbeitete Ausgabe von Major Bruno Pochhammer. Berlin: Vier Falken.

Covey, S. (1989). *The Seven Habits of Highly Effective People*. New York: Free Press.

Deming, W. E. (1986). *Out of the crisis*. Cambridge: Massachusetts Institute of Technology, Center for Advanced Engineering Study.

Drucker, P. F. (1955). *The Practice of Management*. London: Pan Books.

Fotolia (2016a). *flat Vector icon – illustration of barrier with stop sign*. © fouaddesigns / Fotolia. https://de.fotolia.com/id/129208186. Zugegriffen: 8. Dezember 2016.

Fotolia (2016b). *Gegensätze – Ordnung und Chaos*. © Trueffelpix / Fotolia. https://de.fotolia.com/id/119439990. Zugegriffen: 7. Dezember 2016.

Fotolia (2016c). *Water drop*. © mshch / Fotolia. https://de.fotolia.com/id/86935551. Zugegriffen: 7. Dezember 2016.

Fotolia (2016d). *Capsulerie Bayonne, interior view, vintage engraving*. © Morphart / Fotolia. https://de.fotolia.com/id/106307360. Zugegriffen: 13. Dezember 2016.

Frank, G., & Storch, M. (2010). *Die Manjana-Kompetenz*. München: Piper.

Franklin, B. (1785). The Autobiography. In J. E. Chaplin (Hrsg.), *2012 Benjamin Franklin's Autobiography* (S. 9–160). New York: W Norton & Company.

Freese, H. (1909). *Die konstitutionelle Fabrik*. Jena: Gustav Fischer.

Fremmer, H. (1999). Ideen-Management – Eine Integration von Bausteinen des Verbesserungsprozesses. *Angewandte Arbeitswissenschaft, 160*, 55–71.

Friedel, H., & Orfeld, B. (2002). Psychische Belastungen am Arbeitsplatz sind einfach zu ermitteln. *Die BKK, 2*, 50–54.

Friedrich, K., Malik, F., & Seiwert, L. (2011). *Das große 1×1 der Erfolgsstrategie*. Offenbach: Gabal.

Gartner (2012). Gartner Says by 2014, 80 Percent of Current Gamified Applications Will Fail to Meet Business Objectives Primarily Due to Poor Design. http://www.gartner.com/newsroom/id/2251015. Zugegriffen: 7. Dezember 2016.

Herzberg, F. (2003). One More Time: How Do You Motivate Employees? Wieder abgedruckt von 1968. *Harvard Business Review, 81*(1), 87–96.

Höckel, G. (1964). *Keiner ist so klug wie alle. Chancen und Praxis des Betrieblichen Vorschlagswesens*. Düsseldorf: Econ.

ifaa – Institut für angewandte Arbeitswissenschaft e. V. (2015). Industrie 4.0. www.arbeitswissenschaft.net. Zugegriffen: 13. April 2016.

Imai, M. (1992). *Kaizen. Der Schlüssel zum Erfolg der Japaner im Wettbewerb*. München: Langen Müller Herbig.

Imai, M. (1997). *Gemba Kaizen*. New York: McGraw-Hill.

Initiative Ludwig Erhard Preis (2013). *Foliensatz ILEP Excellence Assessor*. Oberursel: ILEP.

Juran, J. M., & Gryna, F. M. (Hrsg.). (1951). *Juran's Quality Control Handbook*. New York: McGraw Hill.

Kamiske, G. F. (Hrsg.). (2000). *Der Weg zur Spitze: Business Excellence durch Total Quality Management*. Leipzig: Fachbuchvlg.

Kampker, A., Deutskens, C., & Marks, A. (2014). Die Rolle von lernenden Fabriken für die Industrie 4.0. In A. Botthof & E. Hartmann (Hrsg.), *Zukunft der Arbeit in Industrie 4.0* (S. 32–36). Wiesbaden: Springer Vieweg.

Kaplan, R. S., & Norton, D. P. (2005). The Balanced Scorecard: Measures That Drive Performance. Nachdruck von 1992. *Harvard Business Review, 70*(1), 172–180.

Kauffeld, S., & Hoppe, D. (2014). Arbeit und Gesundheit. In S. Kauffeld (Hrsg.), *Arbeits-, Organisations- und Personalpsychologie* (S. 241–264). Heidelberg: Springer.

Kerka, F. (2010). Viele Ideen zu produzieren, ist weniger das Problem – Zum aktuellen Stand des Ideenmanagements. *Angewandte Arbeitswissenschaft, 203*, 5–22.

Kersting, C. (2014). *Foliensatz „Aktuelle Herausforderungen des Ideenmanagements" anlässlich des achten Mannheimer Gesprächs der FOM Hochschule für Oekonomie und Management.* Frankfurt a. M.: Zentrum Ideenmanagement.

Koblank, P. (2005). Maximalprämien im BVW. http://www.koblank.de/ideethek/d_maxpraemie.pdf. Zugegriffen: 7. Dezember 2016.

Koblank, P. (2015). BVW Benchmarking. http://www.koblank.de/ideethek/d_bvwbench.pdf. Zugegriffen: 7. Dezember 2016.

Läge, K. (2002). *Ideenmanagement: Grundlagen, Optimale Steuerung und Controlling.* Wiesbaden: Gabler.

Landmann, N., & Schat, H.-D. (2016). *Erfolgsfaktoren im Ideenmanagement. Studie 2016.* Eschborn: HLP.

Lay, G., Schat, H.-D., & Jäger, A. (2009). *Mit EFQM zu betrieblicher Exzellenz.* Mitteilungen aus der Produktionsinnovationserhebung, Bd. 49. Karlsruhe: Fraunhofer Institut für System- und Innovationsforschung.

Malik, F. (2010). *Richtiges Denken – wirksames Managen.* Frankfurt: Campus.

Mertins, K., & Kohl, H. (2009). *Benchmarking: Leitfaden für den Vergleich mit den Besten.* Düsseldorf: Symposion.

Meyer, M., Modde, J., & Glushanok, I. (2014). Krankheitsbedingte Fehlzeiten in der deutschen Wirtschaft im Jahr 2013. In B. Badura, A. Ducki, H. Schröder, J. Klose & M. Meyer (Hrsg.), *Fehlzeiten-Report 2014* (S. 323–512). Heidelberg: Springer.

Moll, A., & Kohler, G. (Hrsg.). (2013). *Excellence-Handbuch.* Düsseldorf: Symposion.

Moll, A., & Kohler, G. (Hrsg.). (2014). *Excellence-Leitfaden.* Düsseldorf: Symposion.

Mühlbradt, T. (2015). *Was macht Arbeit Lernförderlich? Eine Bestandsaufnahme.* MTM-Schriften Industrial Engineering, Bd. 1. Hamburg: Deutsche MTM-Vereinigung e. V.

Mühlbradt, T., & Schat, H.-D. (2013). *Stellhebel demographiebewusster Personalarbeit* (S. 10). Eschborn: RKW Rationalisierungs- und Innovationszentrum der Deutschen Wirtschaft e. V. Kompetenzzentrum.

Mühlbradt, T., Schat, H.-D., & Steinmann, P. (2012). Wandel mit Herz, Hirn und Hand. Nicht Einzelmaßnahmen helfen letztendlich bei der Vorbereitung auf den demografischen Wandel, sondern allein die kluge und nachhaltige Abstimmung des Vorgehens. *Personalmagazin, 7*, 42–45.

Munzke, H.-R. (2013). Ideenmanagement in der Altenpflege. In S. Pfaff (Hrsg.), *Managementsysteme in der Lebensmittelwirtschaft.* Hamburg: Behrs.

Munzke, H.-R., & Schat, H.-D. (2013). Ideen- und Innovationsmanagement (IIM) mit Herz, Hirn und Hand. In C. Hanewinkel, C. Kersting, H.-R. Munzke & H.-D. Schat (Hrsg.), *Ideenmanagement in der Lebensmittelindustrie* (S. 75–83). Hamburg: Behr'S.

Passig, K., & Lobo, S. (2008). *Dinge geregelt kriegen ohne einen Funken Selbstdisziplin.* Berlin: Rowohlt.

Peters, T., & Waterman, R. H. (1982). *Auf der Suche nach Spitzenleistungen.* München: mvg.

Peters, W. (2014). *Foliensatz „IDM-SW: Was ist für uns das beste Werkzeug?"* Vortrag bei OWL Mitarbeiterideen am 12.02.2014.

REFA-Nachrichten (2008). *Problemlöseblatt*. Quelle vermutlich: Kaizen Institut, doch der genaue Bezug ist aktuell nicht mehr auffindbar

Reichel, F.-G., & Cmiel, H.-G. (1994). Vergütungsinstrumente für Verbesserungsaktivitäten der Mitarbeiter im Zusammenhang mit modernen Konzepten der Arbeitsorganisation in der Metall- und Elektro-Industrie. *Angewandte Arbeitswissenschaft, 140*, 21–36.

Reisinger, S., Gattringer, R., & Strehl, F. (2013). *Strategisches Management*. München: Pearson.

Rother, M. (2010). *Toyota Kata*. New York: McGraw Hill.

Sander, B. (2006). *Best of Bernie On Idea Management*. Elztal-Dallau: Laub.

Sander, B. (2012). Steuern mit Kennzahlen. *Ideenmanagement, 3*, 81–84.

Schat, H.-D. (2005). *Ideen fürs Ideenmanagement*. Köln: Wirtschaftsverlag Bachem.

Schat, H.-D. (2008). *Erfolgreiche Innovation mit älteren Belegschaften*. Reihe Leistung und Lohn. Bergisch Gladbach: Heider.

Schat, H.-D. (2014a). *Direkte Beteiligung von Beschäftigten. Historische Entwicklung und aktuelle Umsetzung*. Arbeitspapiere der FOM, Bd. 51. Essen: FOM.

Schat, H.-D. (2014b). Mehr Erfolg mit weniger Prämie – 20 Jahre „Sprenger-These". *HRperformance, 3*, 22–26.

Schat, H.-D. (2015a). „Ganzheitliches Ideenmanagement mit integrierender Software" und „Software im Ideenmanagement". In C. Hanewinkel, H.-R. Munzke, G. Richter & H.-D. Schat (Hrsg.), *Ideenmanagement aus der Lebensmittelwirtschaft. Praxisbeispiele und Handlungsempfehlungen* (S. 35–66). Hamburg: Behr's.

Schat, H.-D. (2015b). Ideenmanagement als Kulturarbeit. In P. Buchenau (Hrsg.), *Chefsache Nachhaltigkeit* (S. 299–314). Wiesbaden: Springer-Gabler.

Schat, H.-D. (2016). Der Ideenmanager als Prozess- und Methoden-Coach. *HR Performance, 1*, 58–60.

Schat, H.-D., & Mühlbradt, T. (2016). Der Ideenmanager in der Industrie 4.0. In A. Jäckel, C. Kersting & O. Sträter (Hrsg.), *Zukunftsorientiertes Ideenmanagement*. Frankfurt a. M.: Zentrum Ideenmanagement.

Schumpeter, J. A. (1911). *Theorie der wirtschaftlichen Entwicklung*. Berlin: Duncker & Humblot.

Siegrist, J. (1990). Berufliche Gratifikationskrisen und körperliche Erkrankung – Zur Soziologie menschlicher Emotionalität. In H. Oswald (Hrsg.), *Macht und Recht. Festschrift für Heinrich Popitz* (S. 79–94). Opladen: Westdeutscher Verlag.

Stern, T., & Jaberg, H. (2007). *Erfolgreiches Innovationsmanagement*. Wiesbaden: Gabler.

Stock-Homburg, R. (2010). *Personalmanagement. Theorien – Konzepte – Instrumente*. Wiesbaden: Springer Gabler.

Sun Tzu, um 500 v. Chr. *Sun-Tzu über die Kunst des Krieges*. Übersetzt von Gitta Peyn 2011. Lüchow: Phänomen.

Thom, N. (1978). Einflußgrößen auf die Effizienz des Betrieblichen Vorschlagswesens. In E. Grochla, E. Brinkmann & N. Thom (Hrsg.), *Stand und Entwicklung des Vorschlagswesens in Wirtschaft und Verwaltung. Arbeitsgemeinschaft für Rationalisierung des Landes Nordrhein-Westfalen* (S. 57–78). Dortmund: Rhein-Ruhr-Druck Sander.

Thonemann, U. (2005). *Operations Management*. München: Pearson.

Vahs, D., & Burmester, R. (2002). *Innovationsmanagement. Von der Produktidee zur erfolgreichen Vermarktung*. Stuttgart: Schäffer-Poeschel.

VBG – Verwaltungs-Berufsgenossenschaft (2016). VBG-Arbeitsschutzpreis. http://www.vbg.de/DE/3_Praevention_und_Arbeitshilfen/3_Aktuelles_und_Seminare/6_Aktuelles/Arbeitsschutzpreis/arbeitsschutzpreis_node.html. Zugegriffen: 6. April 2016.

Vogt, U. (2010). Gesundheitszirkel, Workshops und Arbeitssituationsanalysen. In B. Badura, U. Walter & T. Hehlmann (Hrsg.), *Betriebliche Gesundheitspolitik* (S. 247–252). Heidelberg: Springer.

Wikipedia (2016). Benchmark. https://de.wikipedia.org/wiki/Benchmark. Zugegriffen: 6. April 2016.

ZI – Zentrum Ideenmanagement (2016). http://www.zentrum-ideenmanagement.de. Zugegriffen: 6. April 2016. und angehängte Seiten.

Printed by Printforce, the Netherlands